汽车动力学原理与性能仿真

Principles of
Automotive Dynamics and
Performance Simulation

主　编 ◎ 欧阳鸿武

副主编 ◎ 李　洲　吴　洋

中南大学出版社
www.csupress.com.cn
·长沙·

内容简介

　　本书是一部系统讲解汽车动力学核心概念、基本原理及研究方法的车辆工程专业本科教材。汽车动力学基于动力学理论和分析方法，对汽车的动力性、燃油经济性、制动性、操控性、舒适性和通过性等关键性能进行评估和参数优化，通过建立模型和分析对车辆在各种工况下的行驶状态进行描述、表征和预测，是汽车工程学科的核心理论基础，也是动力学研究中最富活力的分支之一。

　　全书共分为五章，从动力学基础理论出发，系统阐述了轮胎特性、车辆驱动与制动性能、行驶平顺性、操纵稳定性等问题的建模与仿真分析。书中内容兼具理论深度与实践应用，旨在为汽车工程领域的学生、研究人员及工程师提供丰富的理论知识与实用的分析工具，同时激发读者创新思维，助力我国汽车工程技术的持续发展与突破。

前言 PREFACE.

　　动力学方法在解释汽车复杂的动力学行为、解决设计与性能优化问题以及建立理论体系的过程中，展现出独特的魅力，伴随汽车产业及计算机和测试技术的飞速发展，逐步形成了一套系统化的理论框架，并不断丰富与完善。学习汽车动力学不仅有助于理解汽车的工作原理和性能特征，还能激发探索未知的兴趣，实现一段富有成效的学习旅程。

　　本书是一本全面探讨汽车动力学的课程教材。从理论基础出发，系统介绍了轮胎特性、驱动与制动性能、平顺性、操纵稳定性等方面的建模与仿真方法，为汽车工程领域的研究者和工程师提供理论支持和实践指导。

　　书中首先对汽车动力学进行了概述，明确了其在汽车工程中的核心地位，阐释了汽车动力学研究的基本方法。接着，深入探讨了轮胎构造和力学特性，强调了轮胎作为车辆与道路接触的唯一部件对车辆操纵性和综合性能具有决定性影响。通过对轮胎特性的细致分析，为理解车辆动力学打下了坚实基础。

　　在驱动与制动性能方面，书中建立了详细的数学模型，并通过仿真分析，展示了车辆在不同工况下的动态响应，为车辆的动力性能优化提供了理论依据和参考。平顺性研究则着重关注了悬架系统的设计和振动特性分析，以及如何通过仿真分析提高乘坐舒适性。

　　操纵稳定性是本书的重点之一，书中建立了复杂的数学模型，并通过仿真分析，深入探讨了车辆在不同驾驶条件下的稳定性和操纵性。此外，书中还提出了汽车综合性能评价方法，涵盖了燃油经济性、动力性、操纵稳定性和舒适性等方面。

　　学习汽车动力学不仅需要理论知识，还需结合实际问题，通过实验和动手实践深化理解。例如，差速器问题长期被忽视，但随着对转矩分配与调控重要性的认知提升，差速器的关键作用愈发得到重视。

　　在仿真工具的应用方面，书中展示了如何利用 Simulink 等仿真工具对汽车动力学问题进行定量分析，验证理论模型的实用性。通过实际案例，如汽车过减速带的仿真分析，书中将理论知识与实际应用相结合，增强了内容的可操作性和实用性。

　　随着智能驾驶技术的发展，汽车动力学研究将更加注重智能化控制系统集成及数字孪生系统的构建与应用。新能源技术的发展也将影响汽车动力学特性，需要研究者考虑电池、电机和电控等对动力学性能的影响。此外，多学科交叉融合、环境适应性研究、安全性与可靠性分析、仿真技术的发展、国际合作与标准制定以及教育与培训等方面，都将推动汽车动力学研究不断发展。

展望未来，汽车动力学将随着智能化与信息化的发展迈向新的高度，硬件与控制系统的深度融合提出了前所未有的挑战和机遇。例如，"纯无人驾驶汽车是否可行"已被列为 *Science* 杂志2024年提出的125个世界未解难题之一，彰显了汽车动力学研究的复杂性与丰富性。尽管悬而未决的问题层出不穷，但也正是这些未知激发了研究者更广泛的兴趣和创新潜能。一沙一世界，从一个简单的模型出发，逐步探索实际问题，汽车动力学无疑将成为推动汽车工业与科技进步的重要支柱。

本书得到国家自然科学基金"胎－路极端附着动态特性与智能增摩机理（52375138）"和湖南省重点研发计划项目"高效大功率 SiC 集成式电控关键技术（2023GK2044）"的支持。本书共分为5章，由欧阳鸿武担任主编，李洲和吴洋担任副主编，编写成员分工为：欧阳鸿武负责绪论、各章节内容协调，李洲、欧阳新宇和陈家一负责第二章、第三章，吴洋、郝梓均、肖方智和宁太宇负责第四章、第五章、附录。期待本书中的理论和方法能够激发更多的创新思维，推动汽车工程领域的持续发展。

编 者

2025年5月

CONTENTS. 目录

第 1 章
绪　论

1.1　汽车动力学概述

任何一门工程专业都有其核心理论。从 1903 年开始发行车辆工程的专业期刊至今，汽车动力学理论已经历如图 1-1 所示的三个时期，逐步形成了一整套描述和分析汽车动力学特性的理论体系和研究方法。随着能源、信息革命的推进，新能源汽车智能化为汽车动力学理论发展提出新的挑战。

动力学方法和方程具有通用性，广泛应用于分析各种机械系统运动和设计，这些方法和工具也适用于车辆工程。汽车动力学发展源于汽车产品设计、制造、测试和使用过程中出现的各种各样的问题和奇特现象，蕴含极为复杂的物理学原理和多因素非线性耦合机制。

从汽车行业现实需求中，明确提出科学和技术问题，并通过必要的假设、简化和抽象处理，建立相应的物理模型和数学模型，这是开展动力学研究的基础，是从实践到理论迈出的一大步。在此基础上，采用合适的数值方法和工具进行数值仿真和结果分析，从中获得有用信息，从而形成结论和得出优化设计方案，应用于产业技术发展。从实际到理论再到实际，汽车产业在这样的循环迭代过程中不断形成更为完善的设计理念从而实现更为优异的汽车性能。

第一阶段： 建立汽车动力学	第二阶段： 先进汽车动力学	第三阶段： 现代汽车动力学与设计
汽车动力学分析、优化与控制	开放架构 逆向动力学模型 多学科和多标准融合 以优化和控制为基础	敏捷化、开放架构的逆向汽车动力学和汽车操纵属性控制 敏捷化、多域融合、控制耦合的系统动力学 耦合和交互作用的汽车系统动力学 基于机电一体化的系统设计
20世纪初	20世纪80年代	21世纪初

图 1-1　汽车动力学和汽车系统动力学主要发展阶段

汽车动力学运用动力学方法及测试技术对车辆行为进行描述、表征和预测及参数优化，探讨诸如车辆如何高效制动、如何高速过弯、什么轮胎能提供最佳性能等问题，并从汽车动力性、燃油经济性、制动性、操控性、舒适性和通过性诸多方面对汽车性能进行评测和优化。要全面和深入理解车辆行为和性能表现，必须具备充分的汽车动力学知识。汽车动力学作为汽车工程的核心理论基础，是最受欢迎和最具活力的动力学分支之一。

汽车动力学系统可能是线性的，如非极端状态下的行为；或是非线性的行为，如当轮胎路面附着状态接近极限工况时(车辆前轮侧滑或后轮打滑)。汽车动力学所建立的模型既要复杂到足以捕捉汽车动力学现象的本质，也要简单到足以被受过良好训练的从业人员理解和应用，这是科学的本质要求，汽车动力学也不例外。人们熟知的动力学基于清晰的概念和严谨的推理，而汽车动力学方法往往依靠直觉和经验，从某种程度上看，汽车动力学是动力学中一个很特别的分支。定性推理和直觉对于复杂系统和动力学过程的研究非常有价值，但研究工作不能纯靠经验，必须用科学的方法、恰当的工具和相应数据来支持和证实。

汽车动力学研究不可避免地运用人们的直觉和经验来处理实际问题，这是当前汽车动力学研究的特色之一。根据合理的假设来构建汽车动力学体系，必须基于清晰的定义、物理概念和模型公式，然后进行严格的数学分析，其中还必须借助数学工具来"解析"所涉及的问题。基于合理的解释来建立知识体系，并相信数学方程是分析和解决问题最好的途径，当然也包括相信物理推理和直觉，这样有利于加深对汽车动力学特殊性的理解。

汽车动力学的形成和发展过程涉及一些经典概念，它们至今仍是非常模糊或不够严谨的，经常被误解、误用。为此，在处理汽车动力学问题时应持有怀疑的、批判的、创造性的态度：①即使某些被普遍认为是正确的，或者看起来很合理的事情，它也仍有可能是完全或部分错误的；②对于新观点和有价值的事物，也存在某种可改进和发展空间。汽车动力学研究中涉及的概念和方法仍需不断凝练，这是值得关注的重要问题。

对于动力学分析的数学建模，本书尽可能简单解释清楚每个公式所表达的含义，有助于读者掌握汽车动力学，建立清晰的概念。编写过程中，笔者结合多年的车辆工程专业"汽车理论"教学实践，力图避免理所当然地给出定义和结论，并尽可能多地吸收其他同行的研究成果、新的认知和表达方式。希望读者能从中受到启发和有较大的收获，丰富相关知识和积累经验，对汽车的理论体系有比较完整和深入的掌握。

本书将汽车动力学作为车辆工程专业的专业基础课程来研究，致力于对汽车动力学中的问题进行简洁的定义和清楚的假设，提供和建立可靠的数学模型，批判性地分析经典概念，在前人的基础上进一步发展和完善汽车动力学理论和实际应用。同时，对于问题定义和模型尽可能地从定性和定量两个角度去分析、阐述，更好地解释一些汽车动力学问题和现象，从理论上定性或定量得出更接近真实的分析结果，丰富和完善汽车动力学研究方法。

1.2 汽车动力学发展历程

汽车动力学的研究起始于20世纪初，Maurice Olley在1903年首次将工程应用引入汽车领域。Lanchester在1907年首次提出"转向过度"的概念。1925年，Broulhiet发现了轮胎横向滑移现象，这标志着对车辆操纵性能研究的开始。同时，美国和英国的汽车工程协会相继成立，推动了汽车动力学的早期发展。

20世纪40年代中期，研究者开始关注汽车的瞬态运动，如加速、减速以及不同转向角下的操纵性能。50年代，研究重点转向瞬态速度和转向相关的操纵稳定性。同时，地面接触力学和汽车动力学的研究也开始兴起，如Bekker在1956年发表的"Theory of Locomotion"。

在60—80年代，地面接触力学和汽车动力学的研究得到了快速发展。这一时期，俄罗斯的研究者对农用拖拉机和工程设备动力学、汽车的线性和非线性操纵稳定性进行了深入研究。同时,多轮系统的寄生功率循环和多轴汽车的转向理论也得到了发展。

20 世纪 70 年代,计算机模拟成为车辆工程研究的重要组成部分,为汽车动力学提供了新的分析工具。80 年代至 90 年代,系统方法被完全集成到汽车动力学研究领域,对汽车动力学问题的复杂性有了新的认知,并与控制和车辆系统设计的联系更加紧密。

进入 21 世纪,汽车动力学的研究促进了新技术和新系统的形成,如牵引力控制、电子稳定程序、车轮扭矩矢量系统等。这些系统都基于机电一体化的本质,使汽车能够在极短的时间内做出响应,并与环境和驾驶员进行快速和精确的互联。

汽车动力学的未来研究将集中于敏捷性、开放架构的逆向汽车动力学和车辆操作特性控制,多物理领域/网联车辆系统动力学,以及多因素强耦合和互联的车辆系统动力学。这些研究方向将推动车辆系统设计向更高层次的机电一体化和智能化方向发展。

总的来说,汽车动力学从最初的由问题和需求导向展开基础研究和应用研究,发展到今天理论与高科技的深度融合,经历了从稳态到瞬态的转变,从单一的力学分析到多物理场、多体系统的综合研究,再到今天的计算机模拟和系统方法的应用。随着科技的不断进步,汽车动力学将继续向着更加智能化和综合化的方向发展。

1.3 汽车动力学研究的基本方法

1.3.1 动力学建模和分析方法

多数情况下,车辆的行为可采用线性模型来描述,即由轮胎侧偏角、车身状态及行驶速度等变量构建的线性微分方程。其中,侧倾、俯仰以及车辆弹性等因素对汽车的操纵行为有轻微影响,可以通过简单方法添加到方程中。驾驶员的输入引起车辆动态响应,车辆的惯性力被轮胎和道路之间的作用力所抵消。线性范围内,这些力与车轮的滑移率成正比。一般来说,轮胎滑移率描述了轮胎变形与轮胎接触面上纵向力的比例关系。轮胎滑移与车辆状态、车辆行驶速度和车轮转速有关,尤其在加速或制动工况下(纵向滑移)。对这种线性系统的分析,着重于车辆的稳态特性,构成了车辆操纵稳定性的基础。任何进一步提高模型的复杂性,如增加车轮运动或载荷转移等,都将有助于提升车辆性能的评估效果或精度,不过简化的车辆系统动力学中这些因素都被忽略了。

建立线性汽车系统动力学方程,运用状态空间相关的分析工具,如局部稳定性分析,即通过线性车辆系统的特征值,从理论上分析汽车的动力学性能。例如,汽车操纵稳定性问题可用以下方程描述:

$$\dot{x} = A\underline{x} + D\underline{u}$$
$$y = C\underline{x} + D\underline{u}$$
(1-1)

式(1-1)中,x 表示状态向量(如:横摆角速度、车速),u 表示输入(如:转角、制动力),y 表示系统输出。

简化的线性模型便于应用,分析结果应与实际测试经验联系起来,尤其是针对模型验证和参数识别。研究真实车辆行为通常会涉及如下一些问题:

悬架特性或者车辆重心位置对汽车操控性的影响是什么?

悬架特性与运动学设计有什么关系？

悬架特性与悬架顺从性关系如何？

悬架特性参数可靠性及对参数变化的分析结果是否可靠？

简化数学模型得到的前后悬架侧倾刚度的影响如何？

如何精确计算车辆行驶阻力？

胎/路附着性能的理论模型及其动态特性。

……

当动力学模型更为复杂或存在强非线性耦合时，仅依靠系统动力学的物理学背景不足以解决汽车动力学问题，充分掌握多变量分析、拉普拉斯变换和微分方程等数学知识后，更有利于深化对汽车动力学复杂性问题的认知。对于解释极端情况下的车辆行为，必须面对车辆数学模型将变为非线性的问题。车辆模型的稳定性，取决于车辆及轮胎特性。车辆对驾驶员特定输入的反应，以及车辆对车辆参数变化的灵敏度等成为基本研究内容。对此，必须结合定性工具和非定性工具在实验验证基础上分析车辆模型。

车辆模型的非线性特性，主要存在于悬架和轮胎系统，例如轮胎与地面的接触力非线性地依赖于轮胎的纵向和侧向滑移率。图 1-2 所表示的是轮胎性能测试台架和轮胎变形，以及不同轮胎载荷下轮胎制动时的纵向力 F_X 和滑移率 κ 的关系。对于较小的滑移率 κ，κ 与 F_X 的关系是线性的。当制动滑移率为 0.05 或者更高时，线性的结论就不正确了。当讨论车辆安全性时，必须考虑非线性情况下的车辆表现。

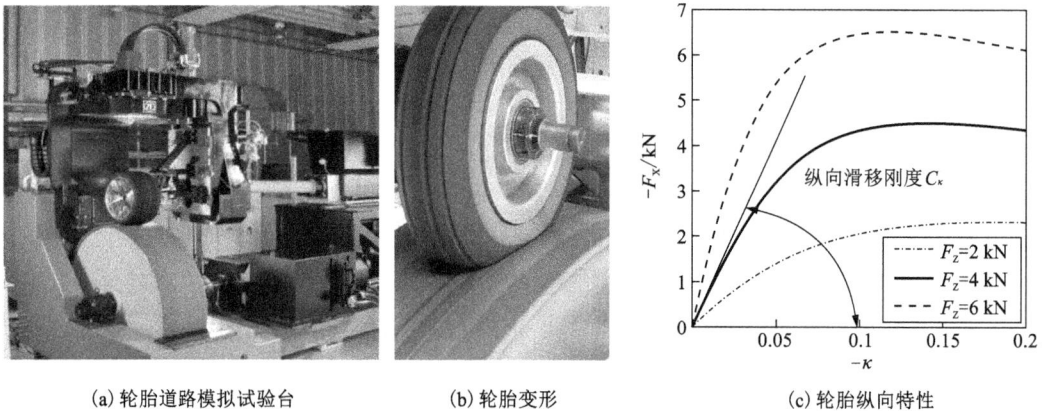

(a) 轮胎道路模拟试验台　　　　(b) 轮胎变形　　　　(c) 轮胎纵向特性

图 1-2　轮胎性能测试、变形和纵向特性

在稳定的线性数学模型中，任何微小的扰动（输入、外部影响）都将导致汽车产生响应。对于一个原本稳定的非线性系统而言，微小的干扰都将导致不稳定的表现，即车辆响应有很大差异。例如，一个正在进行高速稳态回转运动的车辆，只需一个微小的路面凸起或者方向盘摆动就可能导致转向失稳。

通过模型稳态解附近的模型线性化（此处可能有多个解，与线性模型相反，此处一般都能找到一个解）来拟合系统在任意运动状态局部的非线性特性，是一种常用的处理非线性的方法，利用分析工具对线性模型进行分析，这样能在稳态解附近确认模型的特征。定性（绘图法）的分析工具也同样适合解决非线性的动力学系统问题，例如采用平面制图（MMM 图和

"g-g"图)的方法绘制稳定性和操纵性之间的关系图。

定量的响应只有在与定量结构模型相匹配时才有意义。系统恰当的指令、演化趋势以及参数敏感性难道都是由模型所决定的吗? 换句话说, 在赋予正确参数值的情况下, 汽车的表现难道仅由数学模型来描述就足够了吗? 对于这样的问题, 理论分析仍需要与实验相结合, 可以确定的答案是: 汽车的非线性行为(特别是悬架和车轮的行为)可以通过实验来得到验证。

非线性系统分析是定量的, 并且需要使用合适的图解工具来进行评估和展现。

①相平面分析是用可视化曲线上的临界点(稳定状态点)来解决问题的, 并支持从全局系统沿着曲线来解释性能。

②稳态图根据轴特性和汽车速度来显示汽车的侧偏程度。

③操纵图根据轴特性、汽车速度、转向角以及转弯半径来显示汽车的稳态以及非稳态的条件。

④MMM 图根据侧向力和横摆力矩来显示汽车的潜在性能。

⑤"g-g"图用来将轮胎的附着力与汽车的纵向力、侧向力相结合并据此判断在恶劣的工况下哪个力先达到极限。

数学分析车辆操控性是为了更好地理解车辆的具体表现, 或者是为了确保汽车的表现在可控范围内。在匹配定量反馈与特定情况实验结果时, 仅仅只能确保在特定情况下的具体表现。

1.3.2　汽车动力学的重要概念

首先, 将道路视为一条长而窄的路线, 将汽车视为具有明确前进方向的刚体。例如, 购物车就不能算是汽车, 因为它可以向任意方向移动。此外, 道路往往是弯曲的, 因此汽车必须有相当精确的操控能力, 即驾驶员通过操作制动踏板、油门踏板和方向盘, 同时控制车辆的转向角度和车速。车辆的操纵特性及其表征是汽车动力学发挥作用的主要方面, 并且驾驶员操作行为很大程度上取决于汽车的动力学特性和状态。

图 1-3 展示了车辆变线、过弯时的轨迹、运动姿态及速度, 图(a)为车辆变线时的运行轨迹, 图(b)为弯道迹线, 图(c)为实验车辆极限过弯的车身姿态, 而图(d)表明赛车过弯时的漂移状态。可以看到, 与正常过弯相比, 图(d)中的赛车后轴车轮会发生滑转和横向滑移, 车辆表现为可控的漂移状态。

再者, 所有汽车都装配充气轮胎。事实上, 各个车轮也都有明确的航向。这就是为什么使车辆转向的主要方法是转动部分(或全部)车轮。为了使车辆具有良好的定向和循迹能力, 车轮转动几乎与航向"一致", 即彼此尽可能协调。然而, 轮胎在小滑移角下确实工作得很好, 所出现的一些"分歧"或"不协调"不仅可以容忍, 甚至可能是有益的。

轮毂通过几类典型的悬架机构连接到底盘(车身)。尽管悬架类型多种多样, 但总体可以分为两类:非独立悬架和独立悬架。在非独立悬架中, 同轴的两个车轮刚性连接;独立悬架中, 每个车轮通过一个单自由度联动装置连接到底盘, 该联动装置具有一定的弹性和柔性, 如果适当调整, 可以增强车辆的操控能力。弹性和柔性源于杆件和橡胶垫的弹性变形, 从而使得系统具有一定的"柔性", 在汽车动力学模型中, 考虑系统的柔性和弹性后, 系统特性会出现明显的变化。

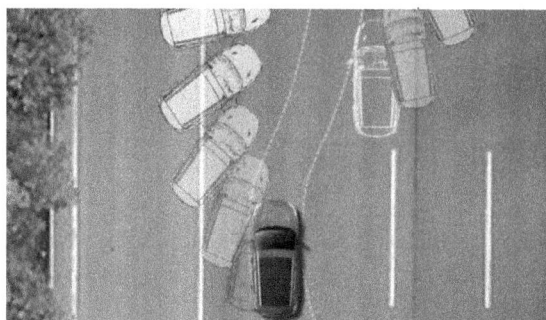

(a) 车辆变线

(b) 弯道正常行驶

(c) 过弯车辆严重侧倾

(d) 赛车漂移过弯

图1-3   车辆变线和过弯状态示例

汽车的数学模型并不唯一，但必须简约、具有明确的物理意义，清楚地说明每个简化所依据的假设，这样才可以明确模型在哪些条件下能够可靠地预测车辆行为，符合研究的目标要求。一个重要但简单的汽车物理模型通常具有以下特征的假设：车身为单个刚体；每个轮毂通过一个单自由度联动机构(独立悬架)连接到车身；每个(前)车轮的转向角取决于方向盘的角位置 δ_v，由驾驶员确定或智能转向机构控制；车轮质量(非簧载质量)相比于车身质量(簧载质量)很小；车轮为充气轮胎(具有垂向、横向和纵向三向变形特征)；在车身和悬架之间，以及同一轴的两个悬架之间(防倾杆)，有弹簧和阻尼器(也许还有惯性器)；前后互连的悬架也是有可能的，但不常见；可能存在空气动力学装置，如赛车尾，可能会显著影响下压力。前两个假设忽略了底盘和悬架连杆的弹性和柔性，而第三个假设为建立具有柔性转向系统的车辆模型留有空间。汽车基本模型如图1-4所示。

图1-4(a)中给出了车身坐标系的方向规定：车身坐标系原点位于车辆几何中心，以车头前进方向为坐标系 x 方向；h 是从道路平面到车辆质心 G 的垂向距离；a_1 和 a_2 分别是质心 G 到前后轴的纵向距离；整车轴距 $l = a_1 + a_2$；t_1 和 t_2 分别是前后轴的宽度；b 是质心 G 到坐标系 x 轴的侧向距离。除了侧向位置 b 之外，所有这些长度都是正的。必须指出的是，车辆运动时，由于悬架挠度，这些几何参数可能会发生微小的变化。因此，通常的做法是在"静态条件"下取它们的参考值，静态工况指汽车在平坦的道路上匀速行驶。用单位向量 (i, j, k) 定义车身固定参考坐标系 $S = (x, y, z; G)$，具有质量中心 G 的原点和相对于车辆固定的轴。水

平 x 轴表示前进方向,而 y 轴表示横向方向,z 轴表示垂直于道路方向,正方向向上。

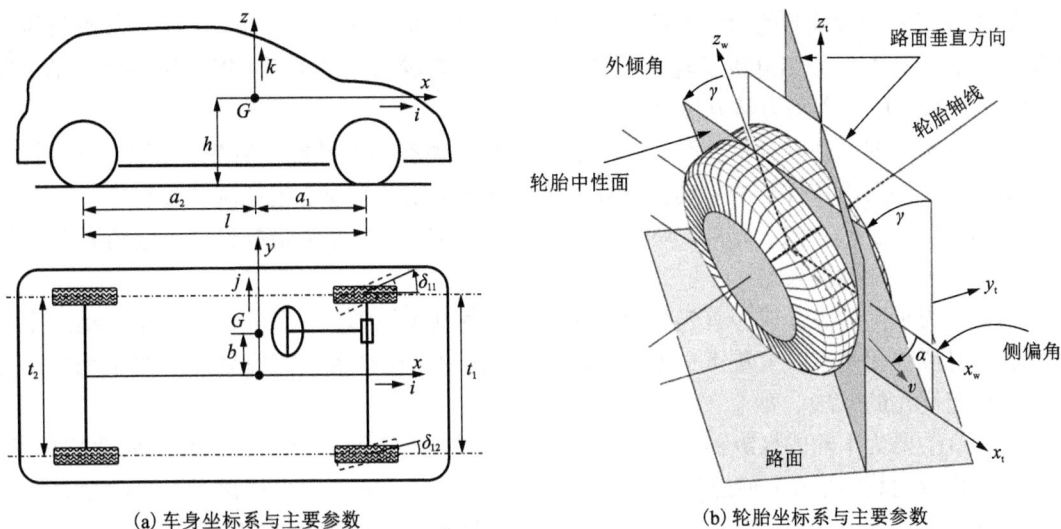

(a) 车身坐标系与主要参数 　　　　　　　　(b) 轮胎坐标系与主要参数

图 1-4　车辆基本构架、坐标系及几何参数

　　轮胎坐标系是用于描述轮胎在汽车动力学分析中受力和运动状态的参考系。图 1-4(b) 中给出了轮胎坐标系的方向规定:x_t 指向轮胎前进方向(通常与车辆前进方向一致);y_t 指向轮胎的侧向,即垂直于前进方向的横向;z_t 指向轮胎的垂直方向,即垂直于地面;z_w 沿轮胎的中性面指向接地点上方。轮胎坐标系用于分析轮胎与地面之间的相互作用,以及轮胎对车辆整体动力学性能的影响。

　　通过这些坐标系,工程师可以更精确地表述、计算和分析车辆和轮胎的运动状态,包括车辆的行驶速度、车身侧倾/俯仰角、轮胎滑移率、纵向/侧向力等重要参数,从而准确地分析车辆系统的动力学响应,为优化车辆的操控性、稳定性和安全性提供标准测度。

1.4　本书内容编排

　　本书以介绍汽车动力学基础理论知识和应用为出发点,收集整理了当今汽车动力学研究的重要理论成果,依据纵向、垂向和横向运动特性,分别介绍了汽车动力学的主要方面,包括轮胎特性、驱动与制动性能(纵向)、平顺性(垂向)、操纵稳定性(横向)等,并结合仿真分析,为读者提供了一个较为全面而深入的视角。

　　本书的主要内容包括:汽车动力学物理模型和控制方程的建立,控制方程性质的分析和求解,以及典型动力学问题的探讨和应用。其中,纳入了编写人员近年来一些研究工作,例如,汽车综合性能评价方法、差速器原理、动态胎路附着模型等,并给出了汽车燃油经济性、制动性、汽车操纵稳定性和汽车舒适性的数值分析实例。不完全等同于传统意义上的"汽车理论",本书涉及完整的建模过程和概念,学术性更强,其中包含数值分析方法和应用,因此具有较强的实用性。本书针对车辆工程专业汽车理论知识要教什么、要学什么,怎么教、怎么学,汽车理论知识的难点是什么、特点是什么等主题,进行了一些新的尝试。

第 1 章对汽车动力学进行了宏观的阐述，对发展历程、基本研究方法和内容作了简要说明。

第 2 章深入探讨轮胎的力学特性。轮胎作为车辆与路面的唯一接触点，其性能直接影响车辆的操纵性。本章详细分析了轮胎的纵向、侧向力与滑移率的关系，以及轮胎动力学模型的建立，为后续的汽车动力学分析奠定基础。

第 3 章为纵向动力学分析，重点讨论了汽车的驱动和制动性能。首先介绍了驱动模型，包括车辆在不同路面条件下的驱动力计算，接着讨论了制动模型，包括制动过程中的力学原理和制动系统的工作方式。此外，还介绍了驱动/制动性能的评价指标，并通过仿真分析展示了不同工况下的性能表现。

第 4 章为垂向动力分析。首先介绍了振动系统的基本原理，然后分析了汽车振动的来源和特性。悬架优化是本章的重点，通过仿真分析，探讨了悬架参数对车辆平顺性的影响，并提出了悬架优化的方法。

第 5 章主要为车辆的操纵稳定性。从操纵稳定性概述开始，讨论了良好操纵性的标准，并建立了相应的数学模型；通过对双轨模型和单轨模型的分析，深入探讨了汽车的稳态和非稳态操纵性能。此外，还介绍了汽车操纵稳定性的图解评估方法，如 MMM 图和 g-g 图等。

总体而言，本书不仅提供了汽车动力学的理论基础，还通过仿真分析和案例研究，展示了如何将理论应用于解决实际问题。对于汽车工程师和研究人员来说，汽车动力学的建模、仿真方法和评价指标，是开展工程实践的有益参考。通过对汽车动力学的深入分析，读者能更好地理解和优化汽车的性能。此外，为了使读者迅速成为懂车爱车的业内人士，本书还给出了案例分析，以便于读者更好地理解和掌握所学的概念和方法。

第 2 章
轮胎基本特性

充分准确地了解轮胎和路面之间的相互作用对于描述和评估车辆的动力学至关重要。除了空气动力因素的影响外，轮胎-路面的接触是唯一可以主动影响车辆运动的关键因素。轮胎所受的力和力矩都通过轮胎-路面接触区传递，这块明信片大小的区域称为轮胎-路面之间的接触区。

轮胎是汽车传动系、行驶系(悬架)、制动系和转向系所共有的核心组件。车轮根据不同的应用有三个基本属性，必须在力学建模中表示出来：

①承受垂向载荷，并保护车辆各部件和乘客免受载荷冲击；

②传递纵向驱动力和制动力；

③传递转弯时的侧向力。

物理上，这意味着力和力矩会在全部三个空间方向上传递。在这个过程中，车轮与车身这两个功能独立的子系统产生密切联系。一方面，轮胎是悬架的一部分；另一方面，轮胎是传动系的一部分。在这两个领域中，它都是因果链的最后一个元素，也就是与路面的直接界面。

从生产的角度来看，现代轮胎都是精心设计的黏弹性构件；从建模的角度来看，轮胎在车辆中则是具有复杂的非线性和动态特性的受力组件。因此，应用于车辆的轮胎模型的复杂程度取决于情况和应用，跨度涵盖了从简单的线性到极为复杂的非线性模型。

对于汽车动力学模型，轮胎的特性曲线通常首先是通过测试平台进行测量，然后采用合适的模型尽可能准确表述。物理建模则是基于力产生的确切机理，与汽车动力学中使用的模型相比，物理方法需要更多的计算量。另一个不同之处在于，汽车动力学模型适用于高至 20 Hz 的汽车动力学(低频力和变形)，与此相比，舒适模型可以表征高达 80 Hz 甚至更高的高频动态情况(例如：不平整表面上的振动)。通过这种方法，可以预测无法实际测量工况下的结果。根据工作需求选择合适的轮胎模型，以实现计算时间和性能之间的最佳组合。

2.1　轮胎构造

轮胎作为车辆与道路的主要接触点，其与路面的接触界面对于车辆的操纵性至关重要，如图 2-1 所示。轮胎在各种路况下，通过转向、制动和驾驶来传递作用在车辆上的水平和垂直力。轮胎力不是车辆受到的唯一作用力，但车辆与道路的接触是影响车辆行驶安全性的主导因素。轮胎与路面之间的接触面随着车辆的运动而变化，轮胎负荷的变化将改变轮胎的性能，这在车辆处理分析中必须考虑到。轮胎轮廓用于在湿路面条件下引导水离开接触区域，并且适应路面以保持轮胎与道路之间的良好接触。

轮胎必须满足以下功能需求以确保车辆性能：在各种道路条件下，保持汽车纵向（制动/行驶）和侧向（转弯）运动时与路面的良好接触；低能耗（低滚动阻力）；低轮胎噪声，包括对车内环境的影响和对外部环境的影响，其中噪声对车内环境的影响涉及轮胎的震动通过悬架传递给驾驶员，这是一个舒适性问题，而从环境角度来看，排放到环境中的噪声是不可取的；耐用性好，因此耐磨性要好，轮胎性能会随着磨损而改变；良好的舒适性能（过滤道路干扰）和减弱内部噪声传递；良好的主观评估，包括可预测性（一致性）。

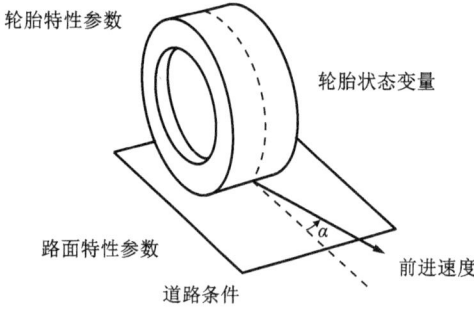

图 2-1　胎-路界面

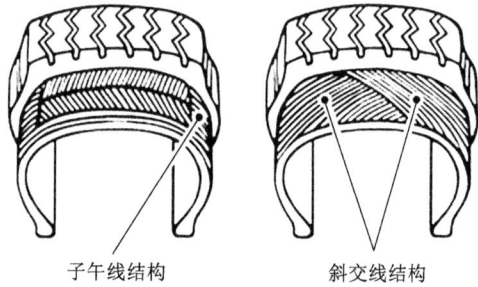

图 2-2　子午线轮胎和斜交线轮胎的示意图

子午线轮胎和斜交线轮胎是两种典型的轮胎结构，它们各自有不同的特点，如图 2-2 所示。子午线轮胎的帘布层是径向排列的，这意味着它们从轮胎的一侧胎圈延伸到另一侧胎圈，几乎与轮胎的滚动方向平行。这种结构使得子午线轮胎具有较高的强度和弹性，同时也提供了更好的耐磨性和较低的滚动阻力。子午线轮胎在湿滑路面上有较好的抓地力，且因为其结构特性，能够更好地保持轮胎的形态，减少热量的产生，从而延长轮胎的使用寿命。此外，子午线轮胎的舒适性也较好，因为它们能够更均匀地分布车辆的重量，减少震动。斜交线轮胎，也称为斜交轮胎，其帘布层是斜向排列的，与轮胎的中心线形成一定角度，通常是在 30°到 40°之间。这种设计使得斜交线轮胎在负荷下能够提供较好的支撑，但与子午线轮胎相比，它们的耐磨性和抗冲击能力较差。斜交线轮胎的滚动阻力较大，这可能导致燃油效率降低。不过，斜交线轮胎的成本相对较低，因此在一些预算有限或对性能要求不高的应用中仍然被使用。

子午线轮胎因其性能优势，在现代汽车中更为常见，图 2-3 给出了子午线轮胎的详细剖面结构。可以看到，其基本组成包括胎面、轮胎骨架、带束层和两个胎圈。胎面由橡胶制成，并且通常设计有花纹，以提供良好的摩擦力和抓地力。轮胎骨架由多层帘布材料组成，如人造丝绸、尼龙和人造纤维；胎体和轮胎压力一同赋予了轮胎强度。带束层

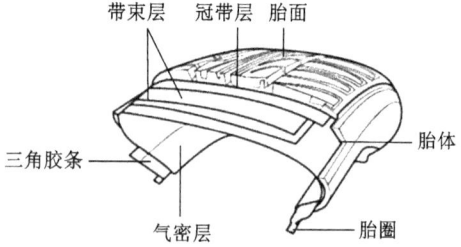

图 2-3　子午线轮胎结构示意图

通常是一种由钢丝材料编织成的复合层，安装在车身胎面表面，从外部包裹轮胎，并赋予胎面强度。两个胎圈确保轮胎与车轮紧密配合，并与密封橡胶一起，保证轮胎和轮辋之间的密封。

在本章后续内容中，将对轮胎的输入和输出之间的关系进行详细讨论，确定什么力和力矩作用于轮胎，以及这些力和力矩所依赖的输入变量（如滑动、外倾和速度），并定义轮胎特性的描述方法。分析轮胎与地面接触区域内的形变状态、轮胎力的产生机理，并讨论轮胎特性的经验描述，特别是 Pacejka 首次提出的 Magic Formula 描述。需要指出的是，为了简化分析过程，上述内容中都将假设轮胎对滑移、负载的变化能够立即做出响应。

2.2　轮胎力学响应

2.2.1　轮胎输入量和输出量

图 2-4 展示了轮胎的受力分析，显示了所有的输出量（力和力矩）和速度。请注意，Z 轴选择向下的方向。轮胎上有 3 个力和 3 个力矩（输出量）：F_x 为纵向的制动力和驱动力，F_y 为侧向力，F_z 为垂向载荷，M_x、M_y 和 M_z 分别为对应方向的力矩。这些力和力矩取决于轮胎的多个输入量组合，将在随后的内容中详细讨论：

d——径向形变，轮胎空载和满载半径之间的差值；

Ω——车轮转速；

γ——外倾角，车轮平面的法向量与路面之间的角度（或路面法线方向与车轮平面之间的角度）；

图 2-4　作用在轮胎上的力、力矩、速度

α——侧偏角，平行于路面的平面内速度方向和轮胎方向之间的角度；

κ——纵向滑移率，滑移速度（车轮滚动速度与车辆前进速度之差）与车辆前进速度之比；

φ——策划，车轮旋转速度在垂直方向上的分量。

轮胎以分别在纵向和横向上具有分量 V_x 和 V_y 的水平速度 V 行驶。由于刹车或驱动扭矩和转弯力量，将发生滑动，这意味着轮胎在路面上以非零速度滑动。图 2-4 也显示了相应的滑动速度 V_{sx} 和 V_{sy}。注意，先前引入的滑移量 $\tan \alpha$ 和 k 对应于 x 方向上滑动速度和前进速度的负比。轮胎以角速度 Ω 滚过表面，导致滚动速度

$$V_r = \Omega \times R_e \tag{2-1}$$

R_e 是自由滚动轮胎的有效滚动半径。对于自由滚动轮胎（零滑动速度），滚动速度与 V_x 一致，因此，有效滚动半径被定义为在这些条件下 V_x 和 Ω 之间的比值。

值得注意的是，载荷作用下轮胎的承载半径 R_l 和等效滚动半径 R_e 是两个不同的概念，承载半径 R_l 是指轮胎在载荷作用下，轮辋中心到地面的距离；而有效滚动半径 R_e 是指轮胎滚动时，轮辋角速度与地面线速度之间关系的半径，该半径考虑了轮胎变形的影响。

对于充气轮胎而言，轮胎圆周上的点与车轮中心之间的距离，从刚好在进入接触区域之前的接近无负载半径的值变化到刚好在接触区域上的负载半径的相同值在接触区域的车轮

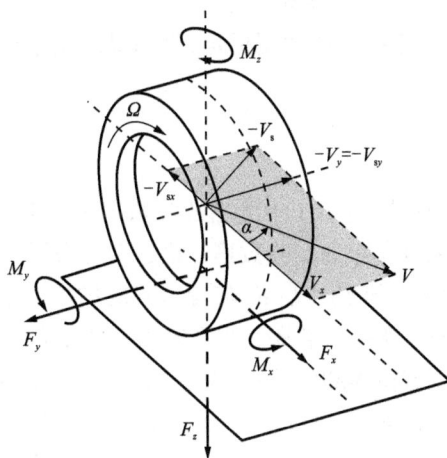

中心。此时，胎面的圆周速度（相对于轮心）与自由滚动轮胎的轮心的水平速度 V 一致。移出接触区域，胎面恢复其原始长度，圆周速度返回到 $\Omega \times R$，其中 R 是未加载的半径。因此，在充气轮胎自由滚动条件下的车轮的转速小于刚性车轮的转速：

$$R_1 < R_e < R \tag{2-2}$$

这意味着轮子的旋转中心通常位于表面之下的某处。与有载轮胎半径相比，在自由滚动条件下轮胎的有效滚动半径与变化的轮胎载荷不同。加载的轮胎半径在载荷 F_z 中几乎线性地表现，即轮胎表现为具有垂直方向上的刚性 C_{F_z} 的线性弹簧。有效的滚动半径也随着轮胎载荷而变化，但是对于大的 F_z 趋于饱和。这可以根据经验拟合来描述：

$$R_e = R - d_0 \cdot \left[D \cdot \arctan\left(B \cdot \frac{d}{d_0} \right) + E \cdot \frac{d}{d_0} \right] \tag{2-3}$$

其中，d 是轮胎胎体的形变量，而 d_0 则是轮胎在公称载荷 F_{z0} 下的胎体形变量拟合参数，B，D，E 可根据试验数据标定，通常取值范围如下：

$$3 < B < 12$$
$$0.2 < D < 0.4$$
$$0.03 < E < 0.25$$

本节中选择表 2-1 中给出的参数值来分析轮胎载荷和有效滚动半径之间的关系。这些参数不是来自实际的实验数据，而是仅用来展示 F_z 与 R_e 之间的关系。图 2-5 中给出了加载的轮胎半径 R_l 与 F_z。当 R_l 随着负载的增加而线性减小时，对于大的负载，有效轮胎半径趋于饱和。对于子午线轮胎，对于较大的 F_z，斜率接近零。因此，对于车轮载荷的真实范围（在公称轮胎载荷 4000 N 附近变化），子午线轮胎显示出很小的 R_e 变化，与偏置帘布层轮胎相比，其显示出 F_z 显著降低。子午线轮胎的最初变化是最强的。

随着速度的增加，轮胎带的径向加速度也越来越大。结果，有效滚动半径将随着速度的增加和胎压的增加而增加。随着速度的变化强烈依赖于轮胎径向刚度和轮胎胎体结构。在这方面，偏置帘布层轮胎比子午线轮胎更敏感。

表 2-1 垂向载荷与有效滚动半径的关系

参数	子午线轮胎-新	子午线轮胎-旧	斜交线轮胎-新	斜交线轮胎-旧
$C_{F_z}/(\text{N} \cdot \text{m}^{-1})$	2×10^5	2×10^5	2×10^5	2×10^5
R/m	0.32	0.32	0.32	0.32
F_{z0}/N	4000	4000	4000	4000
B	10	10	3	3
D	0.4	0.2	0.4	0.2
E	0.03	0.03	0.2	0.2

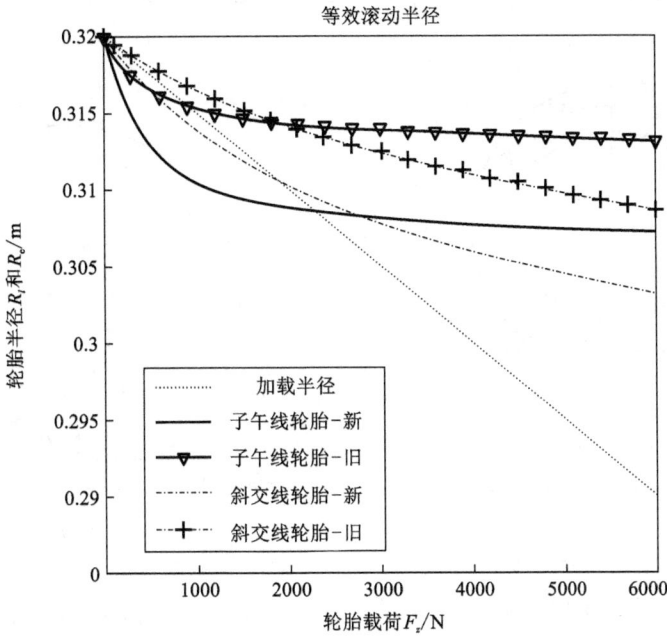

图 2-5　自由滚动条件下的有效轮胎半径

2.2.2　自由滚动轮胎

考虑图 2-6 所示接触区域的局部条件。车辆滚动时，胎面进入和移出接触区域，到轮胎半径从无载半径变成有载半径，再返回到无载半径。假定轮胎在接触区域中完全黏附，即没有局部滑动，接触区域中的圆周速度(相对于轮胎中心的圆周速度)必须等于轮胎的前进速度并且对应于有效滚动半径 R_e。因此，圆周速度在进入接触区域时下降，这意味着在该点处剪切应力是负的(橡胶被推入接触区域)；相反，在接触区域的后缘橡胶处于拉伸状态，即正剪切应力。

当轮胎以圆周速度 $\Omega \cdot R$ 进入接触区域时，该速度必须降低。当没有局部滑动时，接触区域的圆周速度将等于 $\Omega \cdot R_e$。考虑与轴心的距离(超过 R_e)，轮胎圆周上与路面开始接触的点应该移动得更快，当其通过接触区域的中心时，与车轮中心的距离等于 R_l($R_l < R_e$)，这表明该点的实际速度比基于半径计算的速度(速度＝半径×角速度)更快。因此，接触区(x 方向)的剪切变形速度开始为负值，并在该区域的中心附近变为正值。

剪切应力遵循剪切变形，即剪切应变沿接触区域的积分。从图 2-7 的剪应力模式可见，该剪切应力的总积分等于滚动阻力 F_R，并且为负值。这两种压力的相对数量级与实际数据没有关系。预计法向应力比自由碾压过程中的剪切应力大得多。随着车轮自由滚动，即没有任何制动或驱动力矩，车轮中心必须保持力矩平衡。

$$F_z \cdot h = F_R \cdot R_l = f_R \cdot F_z \cdot R_l \tag{2-4}$$

其中，f_R 为滚动阻力系数。因此，车轮载荷 F_z 将略微位于接触区域中心的前方(车轮中心在地面上的投影），并有 $h=f_R \cdot R_l$ 或 $f_R=\dfrac{R_l}{h}$，即轮胎滚动阻力系数。

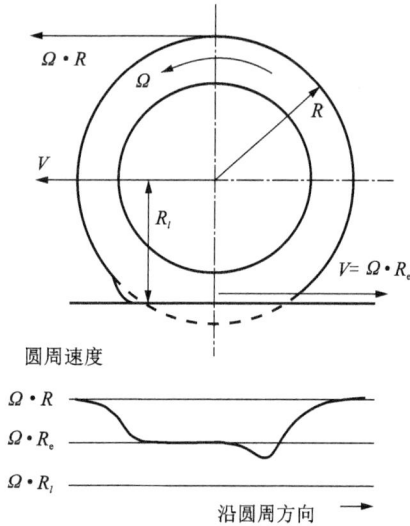

图 2-6　自由滚动轮胎

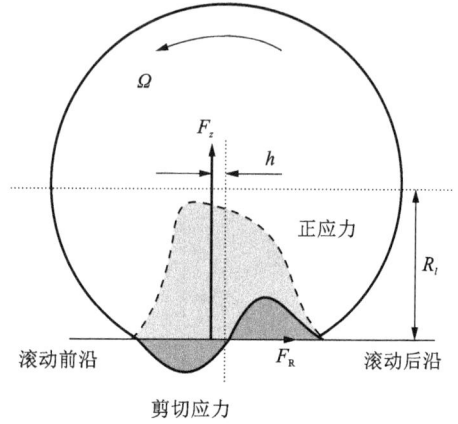

图 2-7　接触区域的剪切和正应力行为

2.3　轮胎动力学模型

2.3.1　滚动阻力

对于滚动轮胎，轮胎材料在进入接地面时发生变形。当变形区域再次离开接地面时，原始（未变形）条件恢复。这个过程涉及能量损失，主要是由于橡胶材料的迟滞损耗。这些损失出现在胎面区域、胎体和侧壁上。图 2-8 显示了这些能量损失的分布情况，所有损耗一起构成滚动阻力（系数）f_R。

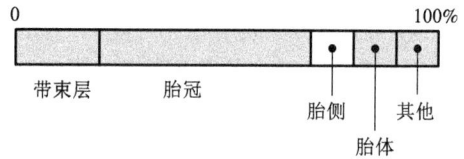

图 2-8　自由滚动条件下轮胎部件的能量损失的分布

对于刚性道路或硬土而言，滚动阻力系数为 0.01~0.05；对于潮湿的饱和土壤，滚动阻力系数可能很容易增加到 0.35；对于柔软的泥泞表面，则可能更高；混凝土或柏油路面，f_R 在 0.01 和 0.02 之间变化。

滚动阻力不是轮胎的固定属性，滚动条件的变化，如制动/驱动、温度和速度将改变滚动阻力。滚动阻力取决于以下因素

- 制动/驱动工况
- 定位参数（如前束角、外倾角）
- 温度
- 胎压
- 轮胎载荷

- 车轮速度
- 路况
- 轮胎结构、尺寸和几何设计(卡车轮胎与乘用车轮胎的区别)
- 轮胎老化(磨损)

1)制动/行驶条件

接触区的部分滑动总是伴随着纵向力的产生,这意味着随着滚动阻力系数增大会增加更多的能耗。请注意,制动力和牵引力也会影响接触面上的变形,除了会发生局部滑动外,还会影响滚动阻力。为了理解制动和驱动对滚动阻力的影响,假设纵向力 F_x 线性地取决于车轮载荷和纵向滑移率 κ,则有

$$F_x(k) = c_k \cdot F_z \cdot \kappa \tag{2-5}$$

$$k = \frac{\Omega \cdot R_e - V}{V} \tag{2-6}$$

纵向运动时,接近于非线性关系。参数 c_x 被称为标准纵向滑动刚度。如果假设 k 接近零,那么这个参数的取值大致为 20。对于较大的 κ 范围,c_k 较小,说明 F_x-k 凸形的特征。

在制动情况下滑动是负的,在牵引情况下滑动是正的。通过车轮与路面接触处的输入功率与有效功率之间的差异可以得到有效滚动阻力为

$$F_R \cdot V = M \cdot \Omega - F_x \cdot V \tag{2-7}$$

式中:M 是驱动力矩或制动力矩;F_x 是轮胎与道路之间的纵向力,包括自由滚动下的滚动阻力 $f_R \cdot F_z$。在平衡条件下,力矩 M 必须等于接触力 F_x 乘负载的轮胎半径 R_1。式(2-9)用纵向滑移率来表示滚动阻力系数。

$$F_R = f_{Rx} \cdot F_z \tag{2-8}$$

$$f_{Rx} = \frac{R_1}{R_e} \cdot c_k \cdot (1+k) + f_R - c_k \cdot \kappa \tag{2-9}$$

Genta 和 Morello 用归一化的纵向力 F_x/F_z 表示这个系数,即在纵向轮胎特性中代入 k 值,其线性方程如式(2-9)。取 $R_1 = 0.95 \times R_e$,$c_k = 12$,$f_R = 0.025$,绘制出这种关系(图 2-9)。事实上,人们观察到正向滑动(牵引力)的最小值,可以很容易地证实,这与轮胎负载和有效轮胎半径的比率以及车轮负载有关。

2)定位参数

由于车轮定位的影响,车轮在直行时也可能具有小的转向角(偏转角)α,这将导致一个较小的横向力 F_y,并在车辆纵

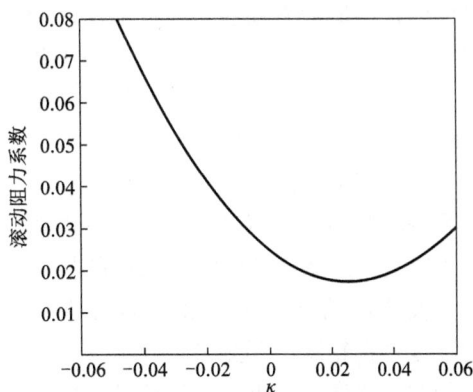

图 2-9　刹车或行驶时的滚动阻力系数(近似)

向方向上形成分量 $F_y \sin \alpha \approx F_y \cdot \alpha$,这将产生滚动阻力。对于小角度情况,侧向力 F_y 可以用 α 的线性函数来近似,从而得到滚动阻力系数的表达式为

$$f_{R\alpha} = f_\alpha + c_\alpha \cdot \alpha^2 \tag{2-10}$$

式中,c_α 是归一化的侧偏刚度,其值为 10~15。当取值为 15 时,侧偏角度 1° 和 2° 对 $f_{R\alpha}$ 的贡

献分别为 0.0045 和 0.018。

对于外倾角 γ，需要考虑两种效应。首先，外倾角会导致外倾推力，这部分效应可以使用 γ 的线性函数来近似。

$$f_{R\alpha\gamma} = f_R + c_\alpha \cdot \alpha^2 + c_\gamma \cdot \alpha \cdot \gamma \tag{2-11}$$

第二个效应与回正力矩 M_z 有关。该力矩在外倾角存在的情况下具有垂直于倾斜车轮平面的分量 $M_z \cdot \sin\gamma$，形式等效滚动阻力 $M_z \cdot \sin(\gamma)/R_1$。同时，自由滚动过程中的滚动阻力系数将会变为 $\cos\gamma$ 倍，从而得到以下滚动阻力系数表达式：

$$f_{R\alpha\gamma} = f_R \cdot \cos\gamma + \frac{M_z}{R_1 \cdot F_z} \cdot \sin\gamma + c_\alpha \cdot \alpha^2 + c_\gamma \cdot \alpha \cdot \gamma \tag{2-12}$$

3）温度

滚动的轮胎内部会产生具有迟滞性的能量损失，进而形成滚动阻力。车轮开始滚动后，其温度通常会随时间升高，这种温度升高将产生以下影响：

- 橡胶的内部阻尼会随着温度的升高而降低。
- 路面与轮胎之间的摩擦力会随着温度的升高而减小，从而减少了局部滑动在滚动阻力中的贡献。
- 充气压力会增加，轮胎的径向变形降低。

所有这些因素都会导致滚动阻力的减小，从而反过来降低能量的耗散，并限制温度的升高。因此，滚动阻力的降低有助于稳定轮胎温度。有测试结果表明，轮胎在直径 2.5 m 的滚筒上以恒定速度加速至 185 km/h 后，其温度会升高到 110 ℃，但这一升温过程会有超过 5 分钟的滞后时间。这意味着轮胎的温度 $T(t)$ 可以用以下关系式近似：

$$\tau_{lag} \cdot \dot{T} + T = T_{sat} \tag{2-13}$$

其中，时间延迟系数 τ_{lag} 约为 5 min，轮胎的饱和温度 T_{sat} 为 110 ℃。滚动阻力系数 f_R 随着同样的滞后时间逐渐减少，温度和滚动阻力的时间变化过程如图 2-10 所示，图中将这两者的变化过程分别与最终轮胎温度和初始 f_R 值进行了归一化处理。由于轮胎橡胶材料的导热性很低，轮胎壁可能会出现急剧的温度变化，导致外侧温度远高于平均温度，而外侧温度则决定了轮胎与地面的接触条件。需要指出的是，图 2-10 中绘制曲线所用的温度是在轮胎内部测量的。

轮胎的最终温度取决于车轮速度。以恒定速度 120 km/h 为例，轮胎温度的平衡值约为 80 ℃。随着速度的提高，这一平衡值会逐渐增加。此外，由于滚筒的热特性与平坦道路存在一定差异，在平坦道路上行驶时的轮胎温度会略低于图中数据。

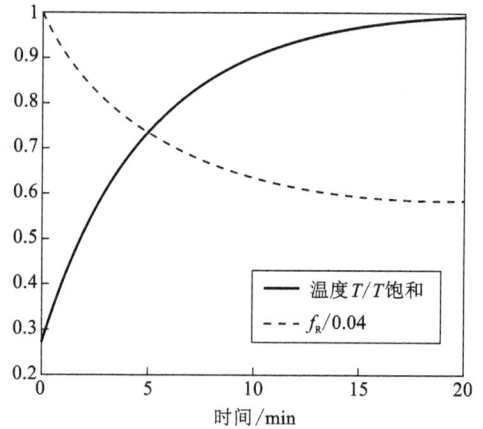

图 2-10　轮胎温度和滚动阻力的变化

4）速度

滚动阻力对前进速度 V 的依赖性可以通过高阶公式来近似，其中二阶和四阶近似是最常见的。在四阶近似表达式中，常常忽略二阶项（这个项与气动力相比较小）：

$$f_R = f_{R0} + f_{R1} \cdot \left(\frac{V}{100}\right) + f_{R4} \cdot \left(\frac{V}{100}\right)^4 \tag{2-14}$$

对于三种不同类型的轮胎，系数 f_{R0}、f_{R1}、f_{R4} 的数值列在表 2-2 中。

表 2-2 不同类型轮胎的参数

轮胎类型	$f_{R0}/10^{-2}$	$f_{R1}/(10^{-2} \cdot \text{h} \cdot \text{km}^{-1})$	$f_{R4}/(10^{-2} \cdot \text{h}^4 \cdot \text{km}^{-4})$
SR	0.7~1.1	0.03~0.3	>0.08
HR	0.8~1.0	0.1~0.25	0.02~0.04
M+S	0.9~1.2	0.23~0.34	0.04~0.07

表 2-2 中的标称轮胎压力：

S——最大允许速度 180 km/h；

H——最大允许速度 210 km/h；

M+S——M 表示泥地胎，S 表示雪地胎。

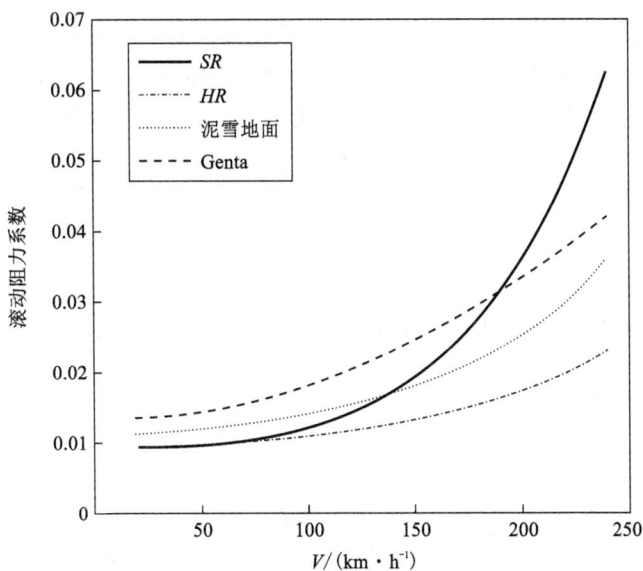

图 2-11 不同类型轮胎的滚动阻力与速度的关系

从表 2-2 中可以观察到：高性能（H）轮胎的参数取值范围比较明确；H 轮胎的 f_{R4} 值最低，这意味着该轮胎对温度影响最不敏感；相反，S 轮胎在温度方面具有最高的灵敏度。如前所述，二阶描述是最常用的：

$$f_R = f_{R0} + f_{R2} \cdot \left(\frac{V}{100}\right)^2 \tag{2-15}$$

与实验结果相比，方程（2-15）可能低估了高速的影响。

为了对比两种近似公式的计算结果，在公式（2-14）中将各项参数设置为表 2-2 中的平

均值,而在公式(2-15)中,选择 $f_{R0} = 0.013$ 和
$f_{R2} = 0.005$,对比结果如图2-12所示。正如预期
的那样,*HR* 轮胎对速度的敏感度最低。*SR* 轮胎
在高速时具有最高的敏感度。对于不太高的速
度,二阶近似公式与四阶公式的拟合效果没有很
大差异。然而,对于 *SR* 轮胎在高速时的滚动阻
力系数激增情况,公式(2-15)就无法体现了。

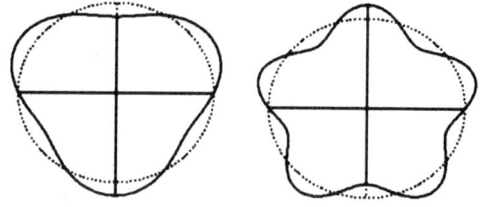

图2-12 一些轮胎驻波

对于 *SR* 轮胎而言,当速度增加时,较大的 f_R 意味着更多的发热量,导致轮胎在接触区
域的温度将随着速度的增加而显著升高。同时,轮胎周围会出现驻波,随着速度的增加,驻
波的模态也会增多。

图2-12展示了驻波模态增加的影响,即接触区域的压力分布将显示出更多的压力集中点,
导致更多的热量散发,这种自我强化效应最终会破坏轮胎。即我们将轮胎允许的最大速度定义
为临界速度,并在轮胎侧壁上用速度指数符号表示,当轮胎超过其临界速度时,即可能发生破
坏。上面提到的 *H* 和 *S*(分别对应180 km/h 和210 km/h)就是临界速度的符号标识。

5)充气压力

增加轮胎充气压力导致较硬的胎面,因此滚动阻力较低。增加轮胎负荷会导致更多的变
形,并因此增加滚动阻力。在这些情况下,临界速度随着滚动阻力的降低而增加。温度升高
导致充气压力增加,这降低了滚动阻力和相应的散热,因此对温度具有稳定作用。

根据经验公式,由胎压 P_i(N/m²)、前进速度 V(m/s)和轮胎载荷 F_z(N)确定滚动阻力:

$$f_R = \frac{K}{1000} \cdot \left(5.1 + \frac{5.5 \times 10^5 + 90 \cdot F_z}{P_i} + \frac{1100 + 0.0388 \cdot F_z}{P_i} \cdot V^2 \right) \tag{2-16}$$

子午线轮胎的系数 K 为0.8,非径向轮胎的系数 K 为1。在150 km/h 的固定速度下,计
算得到不同充气压力和车轮负载时的滚动阻力系数,结果如图2-13所示。可以观察到充气
压力是影响滚动阻力系数的主导因素,而改变车轮负载的影响很小。

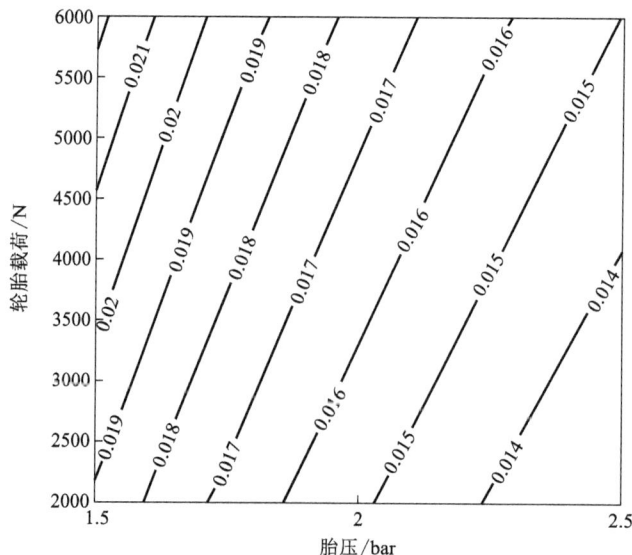

图2-13 不同充气压力和轮胎负载下的滚动阻力系数

18

6) 卡车轮胎与轿车轮胎

对于重型货车而言，轮胎的滚动阻力至关重要，发动机产生的能量中，约有三分之一用于克服滚动阻力。试验数据表明轮胎的滚动阻力几乎与轮胎载荷呈线性关系，且随着胎压的降低，这种线性关系的斜率会略有增大。如图 2-14 中给出了滚动阻力系数随载荷和胎压的变化情况。从中可以观察到，随着载荷的增加和胎压的提高，f_R 值呈下降趋势。同时可以发现，图中 F_z 的影响并不符合公式(2-16)，显然该公式并不适用于所有轮胎(包括卡车轮胎)。

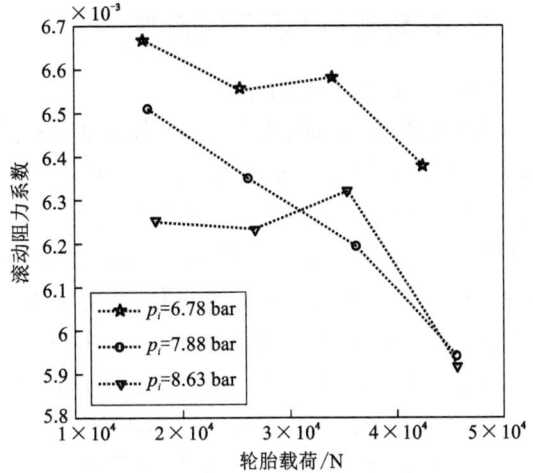

图 2-14 卡车轮胎的滚动阻力系数
与轮胎负荷和轮胎压力的关系

7) 子午线轮胎与斜交线轮胎

子午线轮胎的滚动阻力通常比斜交轮胎低 20% 甚至更多，并且具有更高的临界速度。因为与斜交轮胎相比，子午线轮胎的橡胶变形能量更小。当本世纪初引入低滚动阻力轮胎时，这种差异进一步增大。低滚阻子午线轮胎可以在传统子午线轮胎的基础上继续降低 40%，只有斜交轮胎滚动阻力的一半。

还有其他许多设计因素也会对滚动阻力产生影响，例如帘布层数量和方向、橡胶配方的选择以及胎面的设计。天然橡胶的阻尼比合成橡胶低，这导致滚动阻力降低，但代价是轮胎的临界速度更低，使用寿命更短。

8) 其他因素

当路面上有大量积水时，轮胎在滚动过程中必须排开这些积水，这会导致更大的滚动阻力。这种阻力的大小取决于积水的高度 h、轮胎的速度 V 以及轮胎的宽度 b。随着速度的增加，这种阻力会逐渐增大，直到轮胎几乎完全浮在水面上为止。超过这一临界速度之后，继续增大速度则不会影响阻力的大小了。

速度对于滚动阻力的影响可以表示为如下公式

$$F_{RW} = A(h) \cdot b \cdot V^n \tag{2-17}$$

当水深 h 小于 0.5 mm 时，指数 n 大约等于 1.6；而当水深 h 为 0.2 mm 时，n 可以近似为 2.2。系数 $A(h)$ 取决于水深 h。当 h 为 0.5 mm 时，系数 $A(h)$ 大约为 5.5；而当 h 增加到 1.0 mm 时，$A(h)$ 则约为 11.0 $[N \cdot s^n \cdot m^{-2-n-1}]$。

滚动阻力会随着轮胎的磨损而降低。由于橡胶迟滞特性导致的能量损失主要发生在胎面带。因此，减少胎面带材料的使用量可以有效降低滚动阻力。

此外，对滚动阻力有影响的两个轮胎几何参数分别是：

● 轮胎半径

● 胎侧比(截面高度与轮胎宽度之比)

较大的轮胎半径或较低的胎侧比(即低扁平率轮胎)有助于降低滚动阻力。因此，较小的轮胎通常具有较大的滚动阻力系数。然而，这类轮胎通常用于较轻的汽车，由于其轮胎载荷较低，因此滚动阻力也相对较小。

2.3.2 制动驱动工况下的轮胎

1) 驱动/制动工况的轮胎

当轮胎受到制动扭矩作用时，如图 2-15 所示，制动扭矩 M_z 必须通过制动力 F_x 和轮胎载荷 F_z 产生的力矩来平衡。与自由滚动的轮胎相比，制动条件下轮胎载荷相对于轮辋中心的偏移量会增加。轮胎会产生相对于地面的滑移速度，导致其角速度的降低，从而增加等效滚动半径 R_e。在极端情况下，当轮胎纯滑动且不滚动时，等效滚动半径将变得无限大，旋转中心移动到点 $z = \infty$ 的位置。这意味着在一般制动条件下，制动时的有效滚动半径 $R_{e,\ braking}$ 会大于轮胎未承载时的滚动半径。

接触区域的总纵向剪切应力由自由滚动部分（图 2-15 中的虚线）和由于制动产生的附加剪切应力组成。因此，接触区域的大部分胎面由于制动扭矩而被拉伸。进入接触区域的胎面单元首先试图附着在路面上，纵向变形和剪切应力沿接触区域线性增加。在某个临界点，剪切应力达到摩擦极限

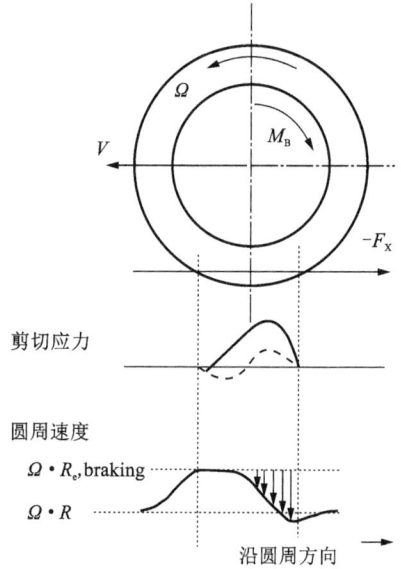

图 2-15 制动轮胎

$(\mu \cdot \sigma_z$，其中 μ 是局部路面摩擦系数，σ_z 是库仑定律下的法向应力)，胎面开始滑动。然后，剪切应力在接触区域的后部下降。类似于自由滚动轮胎的分析，可以得到胎面相对于轮辋中心的周边速度分布，如图 2-15 最下方所示。

需要注意的是，滑动从接触区域的后部开始，并随着制动力矩的增加向接触区域的前部扩展，直到最终整个接触区域都出现滑动。

在驱动条件下，角速度增加，因此驱动时的有效滚动半径 $R_{e,\ driving}$ 减小。在极端情况下，即轮胎原地打滑时，有效滚动半径减小到零(没有前进速度)，旋转中心与轮辋中心重合。驱动扭矩必须平衡接触区域的驱动力和轮胎载荷产生的力矩。与自由滚动轮胎相比，轮胎载荷相对于轮辋中心的偏移量减小。剪切应力从自由滚动分布建立，包括沿接触区域的三角形模式，轮胎胎面处于压缩状态。

定义轮胎的纵向滑移率 κ 如下

$$s_x \equiv -\kappa = \frac{V_{sx}}{V_x} = \frac{V_x - \Omega \cdot R_e}{V_x} \equiv \frac{\Omega_0 - \Omega}{\Omega_0} \qquad (2\text{-}18)$$

其中，Ω_0 为轮胎在自由滚动条件下的角速度，V_{sx} 是胎面单元相对于路面的滑移速度，该速度由轮辋中心的前进速度 V_x 与轮胎的圆周速度 $\Omega \cdot R_e$ 之间的差值得到。

当驾驶员采取制动措施时，车轮在制动力矩的作用下开始减速并产生制动力

$$J_{wheel} \cdot \dot{\Omega} = -M_B - R_l \cdot F_x(\kappa) \qquad (2\text{-}19)$$

其中，J_{wheel} 是轮胎的转动惯量。当 $F_x > 0$ 时，表示纵向力沿 x 正方向。这个方程是描述车辆制动过程的方程组中的一部分。显然，车辆的前进速度(通过滑移率 κ 包含在车轮角速度的方程中)并不是一个常数，而是会随着制动过程不断降低，车辆前进速度变化则遵循牛顿第

二定理。

$$m \cdot \dot{V}_x = \sum_{\text{wheels}} F_x(\kappa) \qquad (2-20)$$

其中, m 是车辆的质量。上式中忽略了诸如坡度、风阻等其他纵向力的影响。值得注意的是, 通常对于一辆整车而言, 其各个车轮的纵向速度和滑移率都是不一样的。

为了求解每个车轮的角速度方程, 需要将制动力 $F_x(\kappa)$ 用实际滑移率 κ 来表示。图 2-16 展示了不同轮胎载荷下的纵向轮胎特性。在左图中绘制了绝对制动力 $-F_x$ 与 $-\kappa$ 的关系; 在右图中绘制了归一化的轮胎力 $-\mu_x \equiv -F_x/F_z$ (也称为纵向力系数或纵向摩擦系数) 与不同轮胎载荷的关系。

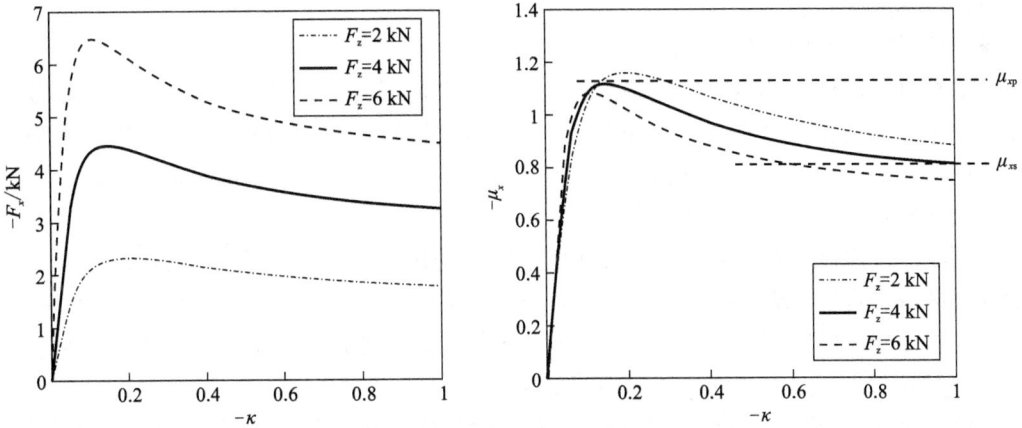

图 2-16　不同车轮载荷下的制动力和标准化制动力与制动器滑移 κ 的关系

通常, 这些曲线不会恰好经过原点 (由于滚动阻力和轮胎的不准确性)。在两个图中, 可以看到纵向轮胎力几乎与轮胎载荷成正比。将纵向力系数的峰值和饱和值分别记为 μ_{xp} 和 μ_{xs} (即在纯滑动时 μ_x 的极限, 对应于 $\kappa = -1$)。峰值 μ_{xp} 通常出现在制动滑移率约为 0.1 到 0.15 (即 10% 到 15% 的滑移率) 的范围。

对于制动滑移率较小的情况, F_x 与 κ 的关系可以用线性关系近似, 其斜率称为纵向滑移刚度 C_κ (图 2-17)。峰值对应最佳制动效果, 但一旦滑移率超过对应于该峰值的最佳值 $-\kappa_0$ 时, 车轮将在很短时间内抱死。为了理解这一点, 可以将 κ 接近某个值 κ_1 ($|\kappa_1| > |\kappa_0|$) 的情况带入方程 (2-19)。

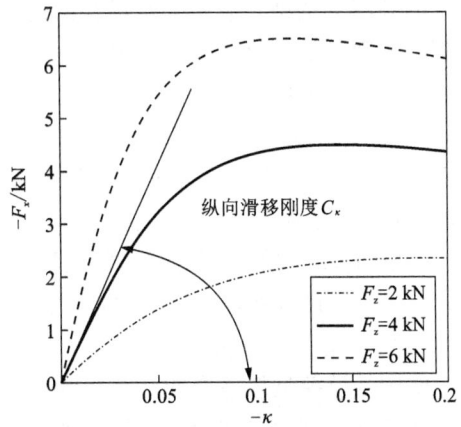

图 2-17　纵向滑动刚度

在 $\kappa = \kappa_1$ 附近对方程 (2-19) 进行线性化, 并假设车辆的纵向速度 V_x 缓慢变化, 并且制动力矩恒定不变, 可以得到如下方程:

$$J_{\text{wheel}} \cdot (\dot{\Omega} - \dot{\Omega}_1) + \frac{R_1 \cdot R_e}{V_x} \cdot \frac{dF_x}{d_\kappa}(\kappa_1) \cdot (\Omega - \Omega_1) = 0 \qquad (2-21)$$

因为导数 $\dfrac{\mathrm{d}F_x}{\mathrm{d}_\kappa}(\kappa_1)$ 是小于零的,这个方程的非零解将随时间发散,导致系统将变得不稳定。

这就是为什么所有新车都配备了防抱死系统,以防止制动滑移过多。同样地,也可以讨论驱动滑移以及在牵引力过大时车轮打滑的风险。这种现象可以通过牵引力控制系统来预防。

归一化的轮胎力 μ_x(以及纵向轮胎力本身)取决于轮胎与路面的条件,包括:

- 路面粗糙度。路面有三种类型的粗糙度:微观纹理(波长小于 0.5 毫米)、宏观纹理(波长在 0.5 到 50 毫米之间)和巨型纹理(波长超过 50 毫米)。
- 轮胎花纹磨损情况。
- 湿滑条件(如雨、雪、冰等)。

宏观纹理与路面整体粗糙度相关,主要影响因素是石屑的数量、类型和尺寸,而微观纹理则与单个石屑的粗糙度有关。理想的轮胎花纹有助于轮胎排水和产生显著的迟滞摩擦力(局部压力),但也会增加轮胎磨损。能在湿滑条件下提供良好摩擦力的尖锐胎面设计则可能会导致磨料磨损。

宏观纹理和微观纹理还会随轮胎使用的时间而变化。由于轮胎橡胶与地面之间存在许多小的接触区域,因此在滚动过程中会产生较强的抛光效果,从而使得凸起变得圆滑,这会影响轮胎与路面接触的粘附性能。宏观纹理对于轮胎与湿滑路面的接触有更显著的影响,而微观纹理则对轮胎干燥路面的附着情况影响更大。

在湿滑路面上,轮胎的纵向力系数最大值会降低为约 0.6 至 0.8,在雪地上会降低为 0.4 至 0.5,而在冰面上则进一步降低为 0.2 至 0.4。当路面上有大量积水时,轮胎必须将水排出以保持与路面的接触。这一过程可以通过调整轮胎的花纹来改善(例如设计纵向沟槽,或者设计向外弯曲的结构以引导水沿径向远离轮胎的沟槽,详见图 2-2)。随着车速的增加,排水过程的时间减少,轮地接触区域会进一步缩小,制动力和摩擦系数会随着车速的增加而显著下降。在某个速度下,轮胎可能会完全浮在一层水膜上,摩擦系数降至非常低的值(约 0.1)。换句话说,当轮胎被前方和下方的水层抬起时,就会发生水漂移。

动态水漂移(水排出速度不足以防止失去接触)和粘性水漂移(路面被污垢、油、油脂、树叶等污染)是两种不同的情况。通常,常规降雨会冲走导致粘性水漂移的路面污染物。然而,在特别长时间的干燥期后,污染物会堆积,突然的降雨可能会在路面上形成更粘稠的混合物,从而导致意外且危险(即低摩擦)的情况。

2)纵向轮胎行为建模

使用轮胎模型描述纵向滑移行为的方式有许多种,通常可以分为物理模型和经验模型。物理模型基于制动过程中公认的物理现象来描述轮胎,通常是较为简化的。这种简化模型的目标不是提供轮胎操控性能的定量描述,而是解释定性现象。而更复杂的物理模型(例如有限元模型)则是基于轮胎结构和材料特性来实现更详细的轮胎行为建模,推导出定量的轮胎性能模型。有限元模型也提供了轮胎设计和性能分析之间的桥梁。然而,有限元模型的应用通常非常耗时,无论是建模时间还是计算时间。经验轮胎模型基于相似性原理,利用实验结果来确定某些数学函数的参数。一个著名的经验轮胎模型是由 Pacejka 提出的魔术公式模型。

描述轮胎纵向特性的魔术公式如下：

$$F_x(\kappa) = D_x \cdot \sin(C_x \cdot \arctan(B_x \cdot \kappa_x - E_x \cdot (B_x \cdot \kappa_x - \arctan(B_x \cdot \kappa_x)))) + S_{Vx} \quad (2\text{-}22)$$

$$\kappa_x = \kappa + S_{Hx} \quad (2\text{-}23)$$

S_{Hx} 和 S_{Vx} 是描述曲线不通过原点的偏移量，它们是由于滚动阻力和轮胎不规则性（不对称）造成的。余下 4 个参数分别是：

D_x　峰值参数，决定 F_x 的最大值。

C_x　形状参数，决定曲线是单调递增（$0 < C_x < 1$）或者存在局部最值（$C_x > 1$）。

B_x　决定曲线在原点 $\kappa_x = 0$ 处的斜率。

C_κ　滑移率等效刚度参数，计算如下

$$C_\kappa = B_x \cdot C_x \cdot D_x \quad (2\text{-}24)$$

E_x　形状参数，决定曲线在关键滑移率 $|\kappa_0|$ 右侧的形状

除 C_x 外，这些参数均取决于轮胎垂向载荷 F_z。为了保持魔术公式的无量纲化，将轮胎载荷表示为其与公称载荷 F_{z0} 的相对偏差：

$$\mathrm{d}f_z = \frac{F_z - F_{z0}}{F_{z0}} \quad (2\text{-}25)$$

在给定特定使用温度和临界速度的情况下，轮胎的公称载荷与其最大允许静载荷有关，通常将公称载荷 F_{z0} 设计为其最大静载荷的 80%。对于不同类型的车辆，F_{z0} 的参考值汇总于表 2-3 中。

一类具有相同最大允许工作速度的轮胎通常具有相同的公称轮胎载荷。不同的公称轮胎载荷对应于不同的轮胎类别，而不是对应某一个轮胎的载荷变化（静载荷变化、转弯时的载荷转移等）。

表 2-3　不同类型车辆的 F_{z0} 参考值

类型	$F_{z0}(\mathrm{N})$
紧凑型	3000
中型	5000
中大型	6000

参数 D_x 与纵向力系数的峰值（归一化纵向力）和轮载有关，表示为：

$$D_x = \mu_{xp} \cdot F_z \quad (2\text{-}26)$$

假设轮胎处于纯纵向滑移（无外倾角，无滑移角）条件，峰值参数 μ_{xp} 可以表示为 $\mathrm{d}f_z$ 的函数：

$$\mu_{xp} = (P_{Dx1} + P_{Dx2} \cdot \mathrm{d}f_z) \quad (2\text{-}27)$$

其中，P_{Dx1} 和 P_{Dx2} 为需要根据试验数据拟合的参数。纯纵向滑移工况下的魔术公式中，其他参数可以表示如下：

$$C_x = P_{cx1} \quad (2\text{-}28)$$

$$B_X \cdot C_x \cdot D_x = F_z \cdot (P_{Kx1} + P_{Kx2} \cdot \mathrm{d}f_Z) \cdot \exp(P_{Kx3} \cdot \mathrm{d}f_Z) \quad (2\text{-}29)$$

$$E_x = (P_{Ex1} + P_{Ex2} \cdot \mathrm{d}f_z + P_{Ex3} \cdot \mathrm{d}f_z^2) \cdot (1 - P_{Ex4} \cdot \mathrm{sign}(\kappa)) \quad (2\text{-}30)$$

$$S_{Hx} = P_{Hx1} + P_{Hx2} \cdot \mathrm{d}f_Z \quad (2\text{-}31)$$

$$S_{Vx} = P_{Vx1} + P_{Vx2} \cdot \mathrm{d}f_z \quad (2\text{-}32)$$

2.3.3　转弯工况下的轮胎

在忽略侧倾的前提下，轮胎在转向工况下的情况如图 2-18（俯视图）所示。图中将车轮中心平面定义为轮胎的对称平面，在转向条件下，通常存在一个不平行于车轮中心平面的局

部速度矢量。在接触区域的前部，轮胎的胎面试图沿着这个局部速度的方向运动，这导致胎面会逐渐从中心平面偏离，该偏移从零开始(在接触区域前方)线性增加，直到由偏移产生的侧向剪切应力刚好达到极限。根据库仑定理，这一极限可以由局部路面摩擦系数 μ 和轮地接触面法向应力 σ_z 的乘积 $\mu \cdot \sigma_z$ 计算。在剪切应力首次达到 $\mu \cdot \sigma_z$ 之后，轮胎的胎面将产生滑动，导致剪切应力在接触区域后缘方向逐渐减少。所以在最大侧向偏移点之后，胎面的侧向位移在接触区域的后缘将会逐渐减少到零。显然，当发生侧向滑动且没有纵向滑移时，侧向剪切应力将保持为 $\mu \cdot \sigma_z$。随着 σ_z 在接触区域边缘的下降，剪切应力的摩擦极限将逐渐降低，侧向滑动可能会扩展到接触区域的后缘。

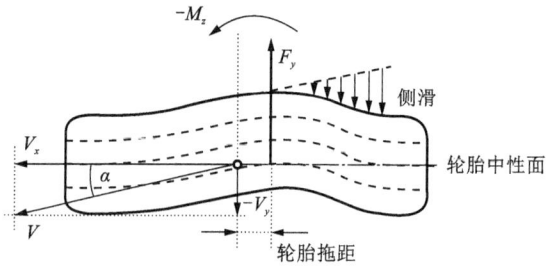

图 2-18 在转弯情况下的轮胎(俯视图)

轮胎的变形包含两种独立的部分：
- 接触橡胶的变形，即胎面的变形
- 带束层的变形

这两方面的柔性特性都使得轮胎可以朝局部速度方向转向，但它们的刚度是不同的。在常用的轮胎模型中的刷子模型和拉弦模型分别是根据这两种物理特性的差异构建的。

引入实际的侧向滑动 $-\tan(\alpha)$，即

$$S_y = -\tan(\alpha) = \frac{V_{sy}}{V_x} = \frac{V_y}{V_x} \qquad (2-33)$$

V_{sy} 是侧向滑动速度。在后面将看到，实际滑移量与变形量的轮胎挠度描述一致。另一种方法可能是用未变形的坐标系表示滑动，即理论滑移量，定义为

$$\rho_x = \frac{V_{sx}}{V_r}, \ \rho_y = \frac{V_{sy}}{V_r} \qquad (2-34)$$

$$V_r = V_x - V_{sx} = \Omega \cdot R_e \qquad (2-35)$$

在制动情况下，实际滑动 $S_x = \kappa$ 在 -1(车轮抱死，$\Omega = 0$)和 0($V_{sx} = 0$)之间变化。对于从动轮来说，κ 在 0 到 $+\infty$ 之间变化，在 $V_x = 0$ 时得到极端的原地打滑情况。根据上述讨论，可知在驱动情况下，滑动量将始终保持有界。很显然，如果 $\rho_x \to 1$ 则 $\kappa \to \infty$。

$$\kappa = \frac{V_r - V_x}{V_x} = \frac{\Omega \cdot R_e - V_x}{V_x} \qquad (2-36)$$

可以很容易地得出实际滑动量和理论滑动量之间的以下关系：

$$\rho_x = \frac{S_x}{1 - S_x}, \ \rho_y = \frac{S_y}{1 - S_y} \qquad (2-37)$$

实际制动滑动 S_x 在 0 到 1 之间变化，而在行驶条件下，它是 $-\infty < S_x < 0$，即如果车轮完全打滑，实际驱动滑差可能达到非常大的绝对值。与实际滑移相反，理论纵向滑动在驾驶条件下保持有界，但在车轮抱死或制动时上升到无穷大。

汽车动力学分析需要轮胎侧向力与前后轴的侧滑角之间的关系。在仅考虑轮胎侧向力的条件下，这 4 个轮胎力平衡作用在车辆上的离心力在局部横向方向上满足：

$$m \cdot (\dot{V}_y + V_{车身} \cdot r) = \sum_{车轮} F_y(\alpha) \tag{2-38}$$

式中：m 为车辆质量，V 为车速，V_y 为车辆重心 CoG 处的车辆横向速度，r 为横摆率。此外，CoG 周围的 4 个轮胎的转矩必须平衡总的惯性力矩，可以近似为

$$J_z \cdot \dot{r} = \sum_{前轮} a \cdot F_y(\alpha) - \sum_{后轮} b \cdot F_y(\alpha) \tag{2-39}$$

J_z 为在垂直 z 方向上的车辆惯性矩；a 和 b 是从 CoG 分别到前轴和后轴的距离。请注意，对于侧滑和转向角 δ 的情况，车速可以近似为 V_x。

通常，假设两个前轮的侧偏角和两个后轮的侧偏角相同。侧偏角由局部速度矢量相对于车轮对称平面的方向定义。根据车辆侧向速度和横摆角速度，可以计算出前轴的侧滑角 α_1 和后轴的侧滑角 α_2 的表达式。

$$\alpha_1 \approx \tan(\alpha_1) = \delta - \frac{v_y + a \cdot r}{V_{车身}}, \quad \alpha_2 \approx \tan(\alpha_2) = -\frac{v_y - b \cdot r}{V_{车身}} \tag{2-40}$$

F_y 与滑移角 α 的典型关系如图 2-19 所示。类似于制动或驱动的情况，可绘制 F_y 和 $\sigma_y = F_y/F_z$——标准化的轮胎力的关系，其中轮胎载荷的取值使用侧向力系数或侧向摩擦系数等名称替代。轮胎力与轮胎载荷几乎成正比。

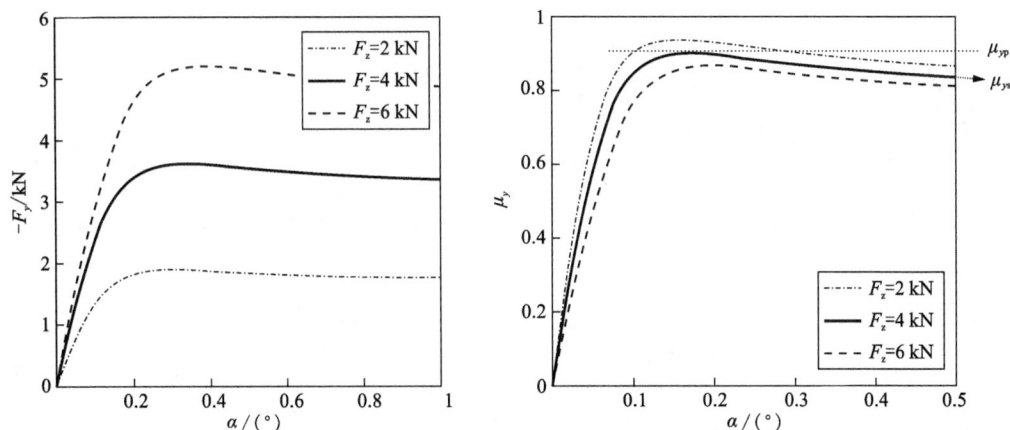

图 2-19 不同车轮载荷下的侧向力和归一化侧向力与侧偏角 α 的关系

观察两幅图像中的峰值和饱和值，将侧向力系数峰值表示为 μ_{yp}，将轮胎大侧偏角侧偏 μ_y 的极限表示为 μ_{ys}。峰值通常是在 0.1 弧度或接近 5°-10°的侧偏角获得的。

对于小侧偏角，F_y 与 α 特性可以使用线性关系进行近似，斜率为侧偏刚度 C_α（图 2-20），也称为转弯刚度。

对于小侧偏角的情况，F_y 与 α 的关系是近似线性的，其斜率称为轮胎的侧偏刚度 C_α，也

称为转向刚度。图 2-19 中的归一化侧向力表明,随着轮胎载荷的增加,侧偏刚度的增幅比例要小于与垂向载荷 F_z。这在图 2-20 中有所体现。这种非线性关系是非常重要的轮胎特性,因为在车辆转弯时,外侧车轮的载荷会增加,而内侧车轮的载荷会减少。由于转向刚度对轮胎载荷的非线性关系,外侧车轮的转向刚度的减少量在绝对值上超过了内侧车轮转向刚度的增加量。因此,整个车轴的平均转向刚度是降低的。由于前后车轴的侧倾刚度不同,这一特性在两个车轴上的表现也不同,从而导致了车辆操控特性的改变。

图 2-18 表明,侧向力作用在车轮中心靠后一小段距离的位置。这段距离称为轮胎的气动拖距 $t_p(\alpha)$。在小侧偏(小 α)的情况下,轮胎几乎没有侧向滑动,接触区域的附着部分(线性增加的侧向形变)几乎存在于整个轮地接触区域。在这种情况下,沿接触区域的剪切应力分布是非常不对称的,形成较大的气动拖距。随着滑移的增加,滑动区域向接触区域的前端扩展。根据库仑定律,滑动区域中的剪切应力应等于 $\mu \cdot \sigma_z$,其中法向应力的分布如图 2-7 所示。因此,随着侧向滑移的增加,气动拖距会减小。从图 2-7 中还能看到,轮地接触产生的法向接触力是作用在车轮中心前方的,这意味着在过度侧向滑动的情况下,气动拖距有可能变为负值。

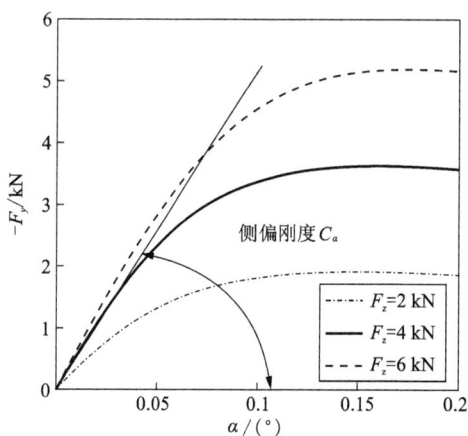

图 2-20 侧偏刚度

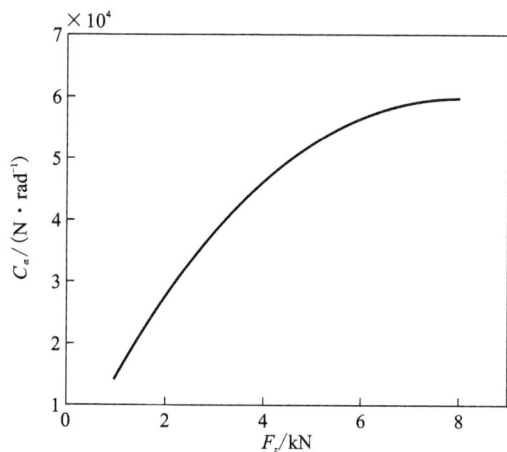

图 2-21 转弯刚度与轮胎负载的关系

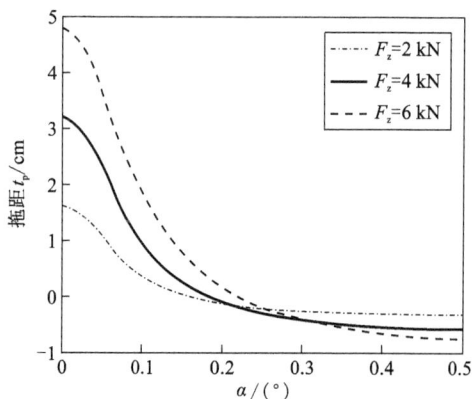

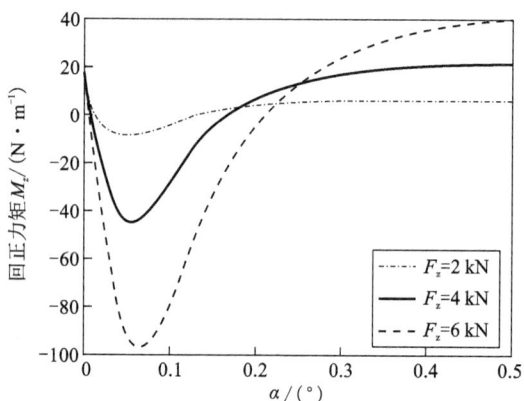

图 2-22 拖距和回正力矩与滑移角

从上述分析可知，随着侧偏角 α 从零开始逐渐增大，侧向力 $F_y(\alpha)$ 首先从一个较小的值逐渐增大到极限值（此时整个接触区域处于侧向滑动状态，且有 $F_y = \mu \cdot F_z$），而气动拖距 $t_p(\alpha)$ 则从较大的值开始，随着侧向滑移的增加而减小，甚至在过度滑移时变为负值。气动拖距与侧向力的乘积即为回正力矩 M_z。之所以这个力矩被称为回正力矩，是因为它总是试图使轮胎对准速度方向，并且与侧向力引起的侧向形变相抵抗。

对于纯侧向滑动工况（无制动或驱动），回正力矩可以描述如下：

$$M_z(\alpha) = -t_p(\alpha) F_y(\alpha) + M_{zr}(\alpha) \tag{2-41}$$

其中 $M_{zr}(\alpha)$ 是由于轮胎设计和制造误差导致的一个不确定量，它会随着侧偏角的增加而迅速减小。

当轮胎在侧向滑动的同时又存在制动或驱动作用时（复合滑移），纵向力的作用点不再位于轮胎对称平面内，而是由于侧向变形的存在，形成一个额外的回正力矩。对于纯侧向滑移的情况，这部分额外力矩则可以忽略不计。

根据前面对侧向力和气动拖距的定性描述，可以预想到回正力矩在 $\alpha = 0$ 时是接近零的，随着侧向滑动的增加，其绝对值先增大，然后又随着气动拖距的减小而减小。在图 2-22 中，绘制了气动拖距和回正力矩随侧偏角的变化曲线。可以观察到，随着轮胎载荷的减小，拖距和回正力矩都急剧衰减，而这一点在侧向力图（图 2-19）中并不存在。气动拖距和回正力矩对轮胎载荷的敏感性远高于侧向力。对于道路摩擦条件，也有相同的结论。图 2-23 中对比了回正矩和侧向力

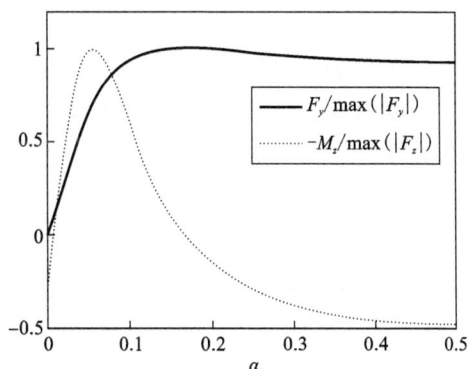

图 2-23　$F_z = 4\text{ kN}$ 时的侧向力和回正力矩

的相对值（两者均按其最大值进行归一化）变化曲线。可以观察到，回正力矩最大值所对应的侧偏角要小于侧向力最大值对应的侧偏角（即轮胎开始完全侧滑）。这对于驾驶员来说是一个非常重要的信息。由机械拖距（前轮定位）和气动拖距共同产生的回正力矩会通过方向盘传递给驾驶员，当回正力矩减小时，驾驶员会感觉到方向盘的反馈力矩在减小，从而警告驾驶员，车辆存在前轴侧滑增加的风险。

2）侧向轮胎行为建模

与节纵向力的拟合公式类似，侧向力可通过魔术公式表示如下：

$$F_y(\alpha) = D_y \cdot \sin(C_y \cdot \arctan(B_y \cdot \alpha_y - E_y \cdot (B_y \cdot \alpha_y - \arctan(B_y \cdot \alpha_y)))) + S_{Vy} \tag{2-42}$$

其中：

$$\alpha_y = \alpha + S_{Hy} \tag{2-43}$$

其中，S_{Hy} 和 S_{Vy} 为表示拟合曲线不通过坐标原点的偏移量。除 C_y 外，公式中的各项参数取决于轮胎的载荷 F_z 和外倾角 γ。同样地，采用轮胎载荷相对于公称载荷的相对偏差 df_z 对拟合公式进行无量纲化处理。根据魔术公式的参数定义，峰值参数 D_y（其单位为 N/rad）可表示为：

$$D_y = \mu_y \cdot F_z = \frac{P_{Dy1} + P_{Dy2} \cdot df_z}{1 + P_{Dy3} \cdot \gamma^2} \cdot F_z \tag{2-44}$$

上式中，P_{Dyi} 为需要根据轮胎特性确定的相关参数，忽略了滑移速度导致的摩擦衰减效应。其他参数(形状参数 C_y、刚度参数 B_y、曲率参数 E_y 及位移偏移量 S_{Hy} 和 S_{Vy})通过以下方式确定：

$$C_y = P_{Cy1} \tag{2-45}$$

$$B_y \cdot C_y \cdot D_y \equiv K_{y\alpha} = F_{z0} \cdot \frac{P_{Ky1}}{1+P_{Ky3} \cdot \gamma^2} \cdot \sin\left[P_{Ky4} \cdot \arctan\left(\frac{F_z}{F_{z0} \cdot (P_{Ky2}+P_{Ky5}) \cdot \gamma^2}\right)\right] \tag{2-46}$$

$$E_y = (P_{Ey1}+P_{Ey2} \cdot \mathrm{d}f_z) \cdot \{1+P_{Ey5} \cdot \gamma^2-(P_{Ey3}+P_{Ey4} \cdot \gamma) \cdot \mathrm{sign}(\alpha_y)\} \tag{2-47}$$

$$S_{Hy} = (P_{Hy1}+P_{Hy2} \cdot \mathrm{d}f_z)+\frac{F_z \cdot \gamma \cdot (P_{Ky6}-P_{Vy3}+(P_{Ky7}-P_{Vy4}) \cdot \mathrm{d}f_z)}{K_{y\alpha}} \tag{2-48}$$

$$S_{Vy} = F_z \cdot (P_{Vy1}+P_{Vy2} \cdot \mathrm{d}f_z)+F_z \cdot (P_{Vy3}+P_{Vy4} \cdot \mathrm{d}f_z) \cdot \gamma \tag{2-49}$$

在上式中采用了小角度假设，即 $\sin(\gamma) \approx \gamma$，并引入了参数 P_{jyi}(下标 j 区分参数类型，i 区分不同的参数)。

气动回正力矩如图 2-22 所示，可采用余弦型的魔术公式描述：

$$t_p(\alpha) = D_t \cdot \cos(C_t \cdot \arctan(B_t \cdot \alpha_t-E_t \cdot (B_t \cdot \alpha_t-\arctan(B_t \cdot \alpha_t)))) \cdot \cos(\alpha_t) \tag{2-50}$$

其中：

$$\alpha_t = \alpha+S_{Ht} \tag{2-51}$$

除 C_t 外的其余参数同样依赖于 F_z 和 γ，其计算方式如下：

$$B_t = (Q_{Bz1}+Q_{Bz2} \cdot \mathrm{d}f_z+Q_{Bz3} \cdot \mathrm{d}f_z^2) \cdot (1+Q_{Bz5} \cdot |\gamma|+Q_{Bz6} \cdot \gamma^2) \tag{2-52}$$

$$C_t = Q_{Cz1} \tag{2-53}$$

$$D_t = \frac{F_z \cdot R_0}{F_{z0}} \cdot (Q_{Dz1}+Q_{Dz2} \cdot \mathrm{d}f_z) \cdot (1+Q_{Dz3} \cdot |\gamma|+Q_{Dz4} \cdot \gamma^2) \cdot \mathrm{sign}(V_{Cx}) \tag{2-54}$$

$$E_t = (Q_{Ez1}+Q_{Ez2} \cdot \mathrm{d}f_z+Q_{Ez3} \cdot \mathrm{d}f_z^2) \cdot \{1+2 \cdot (Q_{Ez4}+Q_{Ez5} \cdot \gamma) \cdot \arctan(B_t \cdot C_t \cdot \alpha_t)/\pi\} \tag{2-55}$$

$$S_{Ht} = Q_{Hz1}+Q_{Hz2} \cdot \mathrm{d}f_z+(Q_{Hz3}+Q_{Hz4} \cdot \mathrm{d}f_z) \cdot \gamma \tag{2-56}$$

其中，R_0 为空载半径，V_{Cx} 为轮心纵向速度。参数 Q_{jzi} 为取决于轮胎特性的经验参数，需要根据试验数据拟定，额外回正力矩可表示为：

$$M_{zr} = D_r \cdot \cos(\arctan(B_r \cdot \alpha_r)) \tag{2-57}$$

其中：

$$\alpha_r = \alpha+S_{Hy}+\frac{S_{Vy}}{K_{y\alpha}} \tag{2-58}$$

$$B_r = Q_{Bz9}+Q_{Bz10} \cdot B_y \cdot C_y \tag{2-59}$$

$$D_r = F_z \cdot R_0 \cdot \{Q_{Dz6}+Q_{Dz7} \cdot \mathrm{d}f_z+(Q_{Dz8}+Q_{Dz9} \cdot \mathrm{d}f_z) \cdot \gamma+(Q_{Dz10}+Q_{Dz11} \cdot \mathrm{d}f_z) \cdot \gamma \cdot |\gamma|\} \cdot \cos\alpha \cdot \mathrm{sign}(V_{Cx}) \tag{2-60}$$

其中，Q_{jzi} 为经验参数。

当仅存在外倾角而无侧偏角时，轮胎会沿局部轮廓形成近似圆形的轨迹。车轮运动方向受车辆速度矢量约束，例如直线行驶时，接触面会产生局部剪切应力并形成外倾力

（图 2-24）。对于摩托车而言，外倾力是防止轮胎打滑的主要作用力。

当轮胎工作在线性范围内时，其侧向力可表示为：

$$F_y(\alpha) = C_\alpha \cdot \alpha + C_\gamma \cdot \gamma \qquad (2\text{-}61)$$

其中：

$$C_\alpha = \frac{\partial F_y}{\partial \alpha}(\alpha = 0,\ \gamma = 0) \qquad (2\text{-}62)$$

$$C_\gamma = \frac{\partial F_y}{\partial \gamma}(\alpha = 0,\ \gamma = 0) \qquad (2\text{-}63)$$

外倾刚度与载荷之比称为归一化外倾刚度（即外倾推力系数）。对于乘用车轮胎，该值约为 1，而 C_α/F_z 的范围大约为 10-15（见图 2-21），可见外倾刚度仅为侧偏刚度的 10%或更低。

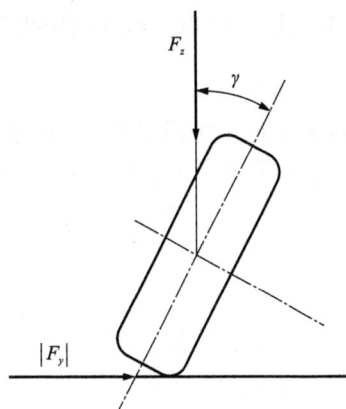

图 2-24 曲面引起的侧向力

采用固定垂向载荷 4000 N、外倾角分别设置为-5°、0°和 5°三种情况，轮胎的侧向力、气动回正力矩及回正力矩随侧偏角的曲线分别如图 2-25 和 2-26。

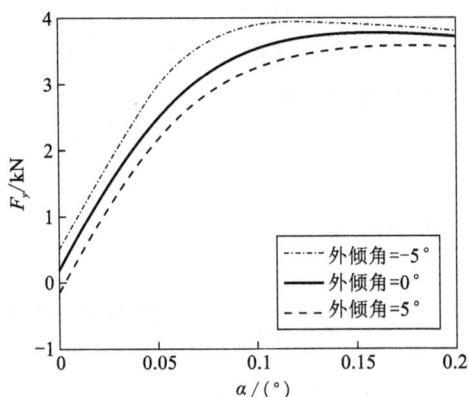

图 2-25 不同外倾角条件下的侧向力与滑移角关系，$F_z = 54000$ N

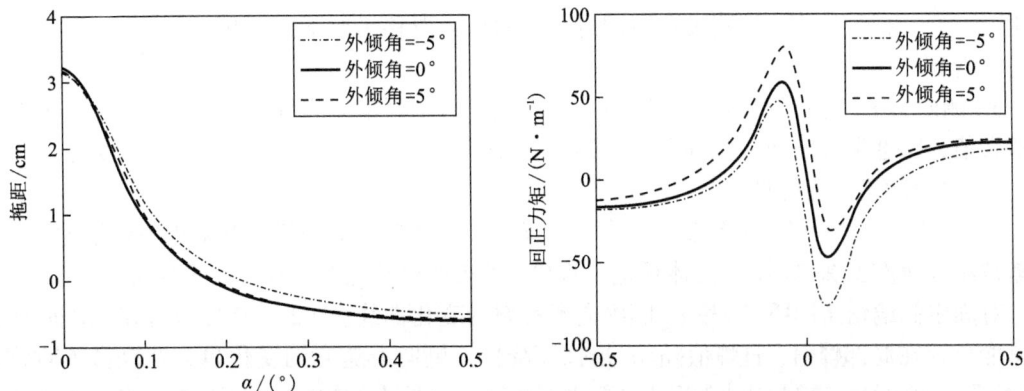

图 2-26 不同外倾角条件下的拖距和回正力矩关系（$F_z = 5000$ N）

2.3.4 复合转向/制动/驱动工况

1)复合滑移

前文讨论了纯滑移工况(纯转向或纯制动力)。当对正在转向中的轮胎施加驱动力/制动力时,总水平力不再沿单一方向,这会导致轮胎的侧偏潜力下降。根据图 2-16 和 2-19,特定载荷 F_z 下的最大纵向/侧向力为:

$$F_{x,\,\max} = \mu_{xp} \cdot F_z \tag{2-64}$$

$$F_{y,\,\max} = \mu_{yp} \cdot F_z \tag{2-65}$$

显然,峰值摩擦系数与路面附着条件相关,地面附着系数的降低会导致 μ_{xp} 和 μ_{yp} 成比例的降低。上述约束关系表明复合滑移下的极限剪切力包络线为闭合曲线,纵向最大值 μ_{xp} 位于 x 轴(纯纵向滑移),侧向最大值 μ_{yp} 位于 y 轴(纯侧向滑移)。通常情况下,轮胎的驱动力是小于制动力的(受发动机功率限制),并且在湿滑路面(尤其是水膜效应存在的情况下)时该包络线会随速度变化。而轮胎结构上的非对称性则会导致 μ_{xp} 和 μ_{yp} 的差异。

假设包络线近似为椭圆(图 2-27 的外曲线),右侧对应驱动力($F_x>0$),左侧对应制动力。外椭圆表示特定附着条件下的最大剪切力。图中点 A 显示:在驱动力 $F_x = \mu_x \cdot F_z$ 的影响下,侧向力将小于 $\mu_{yp} \cdot F_z$。同理,在轮胎制动/驱动的同时施加侧向力,也会降低其纵向力的潜力。

对于图 2-27 所示的椭圆内部各包络线,可以通过以下关系描述恒定侧偏角 α 下的复合滑移特性:

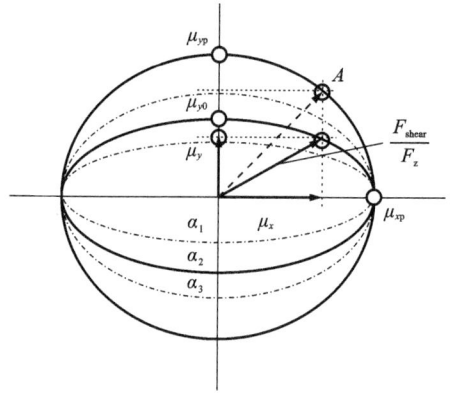

图 2-27 轮胎摩擦包络的椭圆近似线

$$\left(\frac{F_y}{\mu_{y0} \cdot F_z}\right)^2 + \left(\frac{F_x}{\mu_{xp} \cdot F_z}\right)^2 = 1 \tag{2-66}$$

假设侧偏角较小,侧向力可以近似地表示为:

$$C_{\alpha,\,\text{combined}} = C_{\alpha,\,\text{pure}} \cdot \sqrt{1 - \left(\frac{F_x}{\mu_{xp} \cdot F_z}\right)^2} \tag{2-67}$$

其中,$C_{\alpha,\,\text{pure}}$ 和 $C_{\alpha,\,\text{combined}}$ 分别表示纯侧滑工况和复合滑移工况下的侧偏刚度。从图 2-27 中还可以看到:

- 侧向力 F_y 是滑移率 κ 与侧偏角 α 的函数。对于固定的侧偏角 α,侧向力在 $\kappa=0$ 处达到最大值,且随着 $|\kappa|$ 的增大(即驱动或制动工况)而减小。这也意味着 $F_y(\alpha;\kappa)$ 关于 α 的峰值会随着 $|\kappa|$ 的增加而降低。

- 纯纵向滑移特性(如图 2-16 所示)表现为 F_x 存在局部峰值,当 κ 进一步增大时,F_x 逐渐减小。然而图 2-27 中无法体现这一现象,着表明椭圆近似法存在严重局限性。

对固定侧偏角工况下 F_x 和 F_y 随纵向滑移率的变化曲线(图 2-29)分析可知:纵向力 F_x 随 κ 变化存在局部峰值,且峰值随 $|\alpha|$ 增加而降低。侧向力随 κ 的变化也存在轻微不对称性(尤其在 $\alpha=0$ 时)。在纯制动工况下,会也会出现一个较小的侧向力(驱动时为负,制动时为正),这是轮胎设计不规则的体现。

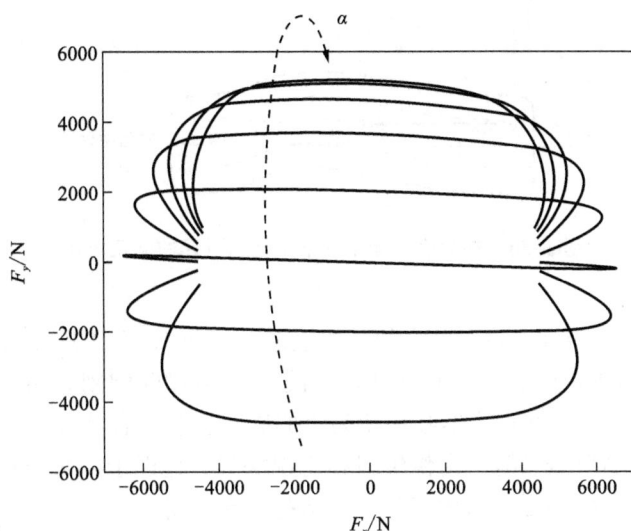

图 2-28　对于 $F = 56000$ N 的恒定滑移角
（$\alpha = 26°$，$22°$，$0°$，$2°$，$4°$，$6°$，$8°$ 和 $10°$）下的 F_x 对 F_y

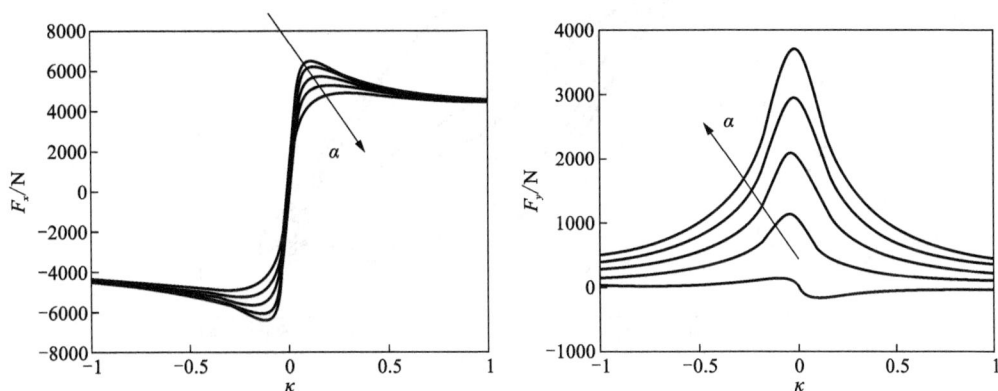

图 2-29　垂直载荷为 6000 N、不同侧偏角下的 F_x 和 F_y 与纵向滑移率的变化特性

2）轮胎的回正效应

接下来，分析复合滑移工况下的回正扭矩。当轮胎同时受到侧向力 F_y 和纵向力 F_x 的作用时，纵向力作用点距离轮胎对称平面的距离为 s（如图 2-30 所示）。正方向的侧向力会导致 $s > 0$，其与驱动力 F_x 共同作用，产生的回正力矩为 $-s \cdot F_x$。根据表达式（2-41），需将这部分回正力矩与额外回正力矩 M_{zr} 及侧向力与气动拖距的乘积（$S_{Hy} \cdot F_y$）相加，最终总的回正力矩表达式为：

$$M_z(\alpha; \kappa) = -t_p \cdot F_y + M_{zr} - s \cdot F_x \tag{2-68}$$

在上式中，等号右侧所有项均依赖于侧偏角 α 和滑移率 κ。这意味着驱动工况下纵向力对回正力矩的贡献为负，而制动工况下则为正。回正力矩与 F_x 的关系如图 2-31 所示（其中

31

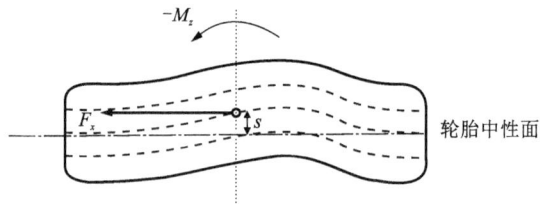

图 2-30 在复合滑动条件下驱动力引起的回正转矩

侧偏角变化规律与图 2-28 相同）。图中的近似直线对应与 $\alpha = 50$ 的情况。从图中可以看到，正的纵向力会导致负的回正力矩（对应于驱动工况），而制动时则刚好相反。当侧偏角 α 为正时，零纵向滑移条件对应的回正力矩在保持为负的同时，绝对值更大。而随着 κ 的增加，回正力矩的绝对值会有所降低，但不会像纯滑移工况那样，趋近于的小正值（见图 2-22）。此外，在大滑移条件下，方程（2-68）中的最后一项起主导作用。

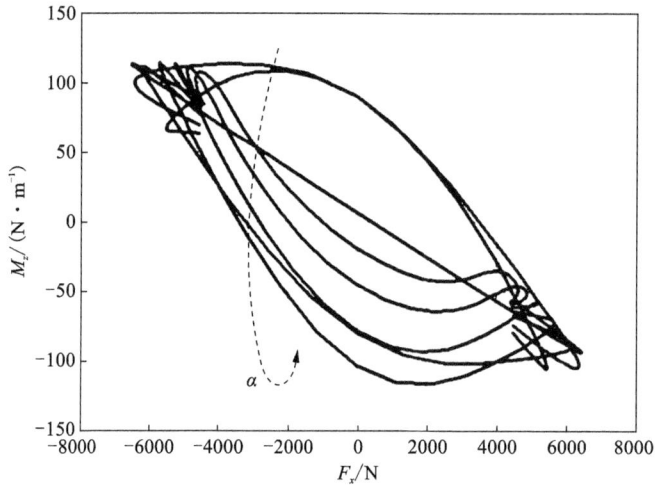

图 2-31 回正力矩的比较

3）复合滑移工况模型

Pacejka 提出通过加权函数 $G(\alpha, \kappa)$ 描述轮胎的复合滑移特性：

$$F_x(\kappa; \alpha) = G_{x\alpha}(\alpha, \kappa) \cdot F_{x,\,\text{pure}}(\kappa) \tag{2-69}$$

$$F_y(\alpha; \kappa) = G_{y\alpha}(\alpha, \kappa) \cdot F_{y,\,\text{pure}}(\alpha) + S_{Vy\kappa} \tag{2-70}$$

其中，$S_{Vy\kappa}$ 是拟合曲线的垂向偏移量。上述公式考虑转向与制动的复合工况。当侧向滑移较小时，制动力将按近于纯滑移值 $F_{x,\,\text{pure}}(\kappa)$，这意味着权重函数 $G(\alpha, \kappa)$ 将接近 1。当转向更加剧烈且侧偏角较大时，轮胎的制动能力将会减小（见图 2-29），这种减小的趋势还会受到 κ 的影响。当 $|\kappa|$ 较小时，趋势将更为明显。

椭圆近似公式（2-67）可用于估算已知驱动力时的侧偏刚度。为了判断公式（2-67）的估算准确性，可以将其视为侧向滑移 α 和纵向滑移率 κ 的函数，通过变化复合滑移情况下的纵向滑移率进行分析。公式(2-67)的分析结果如图 2-32 所示,其中驱动滑移率从 0 变化到 0.02。转向刚度的近似误差最大约为 10%,尤其是在侧向滑移率较小时误差较大。如果侧向滑移率较大(此时驱动滑移率相对于侧向滑移率较小),估计误差会随之略有减小。而当驱动滑移率减小时,公式(2-67)的估计精度会显著提高。总的来说,只有在纵向力(驱动力或制动力)较小时,才能使用这种复合滑移近似。

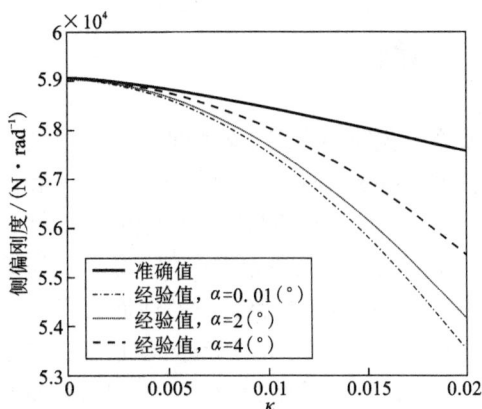

图 2-32　转向刚度的近似值

　　另一种具有较高准确性和较低计算量的近似方法则是刷子模型,一种基于物理近似原理的建模方法。有结果表明,在该物理模型的限制范围内,复合滑移剪切力 F_x 和 F_y 可以用纯滑移剪切力表示如下:

$$F_x = \frac{\rho_x}{\rho} \cdot F_{x,\,\text{pure}}(\rho),\ F_y = \frac{\rho_y}{\rho} \cdot F_{y,\,\text{pure}}(\rho) \tag{2-71}$$

其中,ρ_x 和 ρ_y 的定义见式(2-37),复合滑移矢量 $\rho = \sqrt{\rho_x^2 + \rho_y^2}$。实际应用中,上式可简化为:

$$F_x = \frac{\kappa}{\sqrt{\kappa^2 + \tan^2\alpha}} \cdot F_{x,\,\text{pure}}\left(\sqrt{\kappa^2 + \tan^2\alpha}\right) \tag{2-72a}$$

$$F_y = \frac{\tan\alpha}{\sqrt{\kappa^2 + \tan^2\alpha}} \cdot F_{y,\,\text{pure}}\left(\sqrt{\kappa^2 + \tan^2\alpha}\right) \tag{2-72b}$$

　　魔术公式估算值与基于公式(2-72)的估算值之间的最大误差约为 8%,这一精度已经能够满足大多数应用场景。特别是当需要使用仅已知纯滑移特性的轮胎数据进行验证分析时(例如,从论文中得出的纯滑移特性)或者只有纯滑移测试可用时。

　　通过采用与之前仿真中相同的数据,并将轮胎载荷设置为 6000 N,可以得到公式(2-72)的近似效果如图 2-33。对于较小和较大的制动滑移情况,公式(2-72)与魔术公式所对应的曲线非常接近,而对于中等程度的制动滑移情况,公式(2-72)所对

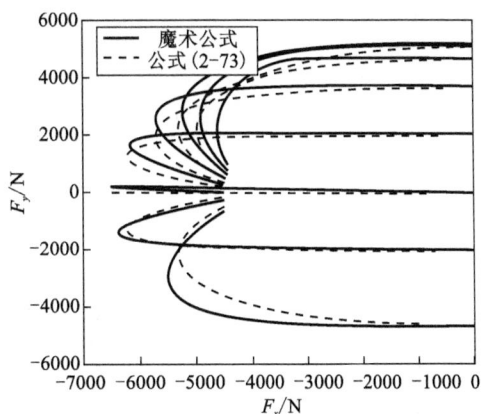

图 2-33　复合滑动工况下的魔术轮胎模型的近似效果

应的制动力则小于魔术公式。同时,图中还可以观察到公式(2-72)是关于 $F_y = 0$ 对称的,改变侧偏角的符号只会导致 F_y 的符号改变,而不会对 F_x 产生任何影响,而魔术公式的曲线则存在一定的非对称性。

2.4 小结

本章首先简要介绍了轮胎的构造,包括胎面、轮胎骨架、带束层和胎圈等关键部件,这些部件共同决定了轮胎的承载能力、加速和制动以及转弯时力的传递。接着,探讨了轮胎的力学特性,尤其是轮胎与路面接触的复杂性,强调了轮胎作为车辆与道路接触的唯一部件,及其对车辆操纵性的决定性作用。随后,讨论了轮胎在不同工作状态下的受力分析,包括在湿滑、道路干扰等不同路况下的性能表现。

本章的重点是介绍轮胎动力学模型,包括自由滚动轮胎模型、滚动阻力以及在制动/行驶和转弯情况下的轮胎行为。Magic Formula 模型作为经验模型的代表,被用来描述轮胎的纵向和侧向特性,该模型通过一系列参数来表征轮胎的力和力矩输出与输入变量(如滑动、外倾和速度)之间的关系。文中还涉及了轮胎的物理模型,如刷子模型和考虑带变形的刷子模型,这些模型帮助理解轮胎和道路之间的局部接触现象。

轮胎设计中需要考虑的多个方面,包括轮胎在不同道路条件下的接触性能、滚动阻力、噪声、耐磨性、舒适性以及主观评估等,轮胎设计者需要在这些性能之间做出平衡,以满足车辆制造商的要求。整体而言,本章为理解汽车动力学提供了坚实的基础,为后续章节中汽车动力学建模和分析奠定了基石,并为实际的汽车动力学研究和应用提供了理论支持。

第 3 章
汽车驱动/制动工况建模与性能分析

本章重点研究车辆在理想刚性道路上的直线运动行为，忽略空气摩擦，根据轮胎载荷变化，以确定车辆的加(减)速度、道路坡度和极限运动能力。

3.1 驱动模型

3.1.1 水平路面上的静止车辆

当车辆静止在水平路面上时，前、后轮胎的正压力 F_{z1}、F_{z2} 分别为

$$F_{z1} = \frac{1}{2} mg \frac{a_2}{l} \tag{3-1}$$

$$F_{z2} = \frac{1}{2} mg \frac{a_1}{l} \tag{3-2}$$

其中，a_1 指前轴与车辆重心 C 的距离，a_2 为后轴与车辆重心 C 的距离，l 为轴距，如图 3-1 所示。

$$l = a_1 + a_2 \tag{3-3}$$

证明：图 3-1 所示两轴车辆模型，等效为有两支撑点的刚体。利用平面静态平衡方程可以求出前、后轮的垂向力：

$$\sum F_z = 0 \tag{3-4}$$

$$\sum M_y = 0 \tag{3-5}$$

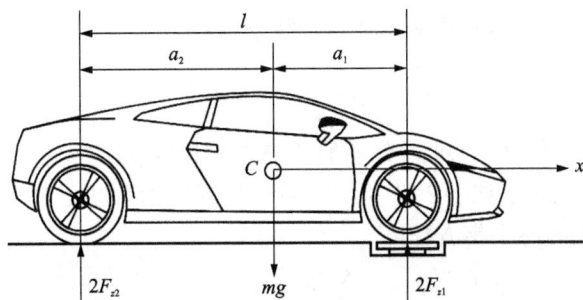

图 3-1　水平路面上的静止车辆

运用上述平衡方程,可得

$$2F_{z1}+2F_{z2}-mg=0 \tag{3-6}$$

$$-2F_{z1}a_1+2F_{z2}a_2=0 \tag{3-7}$$

得到前、后轮胎下的反作用力

$$F_{z1}=\frac{1}{2}mg\frac{a_2}{a_1+a_2}=\frac{1}{2}mg\frac{a_2}{l} \tag{3-8}$$

$$F_{z2}=\frac{1}{2}mg\frac{a_1}{a_1+a_2}=\frac{1}{2}mg\frac{a_1}{l} \tag{3-9}$$

3.1.2 倾斜路面上的静止车辆

当车辆停在斜坡上时,如图3-2所示,汽车前、后轮法向力分别为

$$F_{z1}=\frac{1}{2}mg\frac{a_2}{l}\cos\varphi-\frac{1}{2}mg\frac{h}{l}\sin\varphi \tag{3-10}$$

$$F_{z2}=\frac{1}{2}mg\frac{a_1}{l}\cos\varphi+\frac{1}{2}mg\frac{h}{l}\sin\varphi \tag{3-11}$$

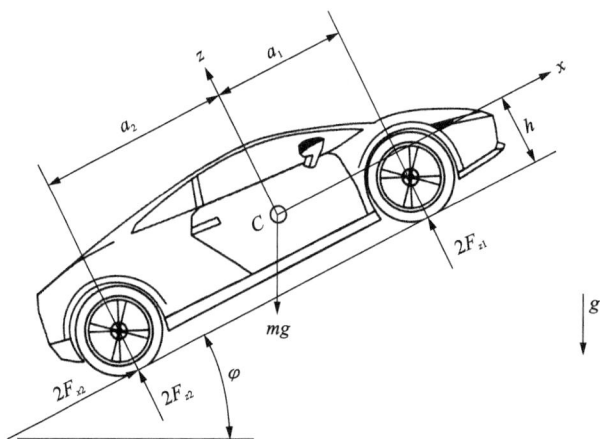

图3-2　倾斜路面上的静止车辆

乘用车通常配备后轮手刹或驻车制动器。驻车制动力:

$$F_{x2}=\frac{1}{2}mg\sin\varphi \tag{3-12}$$

其中,φ为路面与地平线的夹角,地平线垂直于重力加速度g。

　　证明:车辆停在斜坡上,如图3-2所示。假设只有后轮有驻车制动力,这意味着前轮可以自由旋转。应用平面静态平衡方程:

$$\sum F_x=0 \tag{3-13}$$

$$\sum F_z=0 \tag{3-14}$$

$$\sum M_y=0 \tag{3-15}$$

即

$$2F_{x2} - mg\sin\varphi = 0 \tag{3-16}$$

$$2F_{z1} + 2F_{z2} - mg\cos\varphi = 0 \tag{3-17}$$

$$-2F_{z1}a_1 + 2F_{z2}a_2 - 2F_{x2}h = 0 \tag{3-18}$$

这些方程式提供了前、后轮胎的制动力和反作用力。

3.1.3　水平路面上加速行驶的车辆

如图 3-3 所示,当车辆在水平路面以加速度 a 加速行驶时,前、后轮的法向力分别为

$$F_{z1} = \frac{1}{2}mg\,\frac{a_2}{l} - \frac{1}{2}ma\,\frac{h}{l} \tag{3-19}$$

$$F_{z2} = \frac{1}{2}mg\,\frac{a_1}{l} + \frac{1}{2}ma\,\frac{h}{l} \tag{3-20}$$

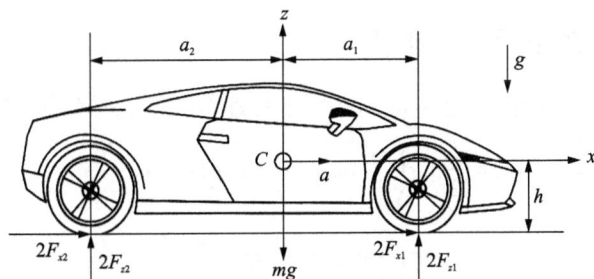

图 3-3　水平路面上加速行驶的车辆

上两式中的第一项为静态项,第二项被称为法向力的动态项,称为动载荷转移。

证明:车辆被视为沿水平道路运动的刚体。每个轮胎的轮胎印迹处的力可以分解为法向力和纵向力。加速行驶的汽车运动方程来自 x 方向的牛顿方程,以及 y 和 z 方向的两个静态平衡方程。

$$\sum F_x = ma \tag{3-21}$$

$$\sum F_z = 0 \tag{3-22}$$

$$\sum M_y = 0 \tag{3-23}$$

展开上述三个等式,存在 4 个未知数 F_{x1}、F_{x2}、F_{z1}、F_{z2}:

$$2F_{x1} + 2F_{x2} = ma \tag{3-24}$$

$$2F_{z1} + 2F_{z2} - mg = 0 \tag{3-25}$$

$$-2F_{z1}a_1 + 2F_{z2}a_2 - 2(F_{x1} + F_{x2})h = 0 \tag{3-26}$$

然而,可以运用式(3-24)和式(3-26)消除 $(F_{x1} + F_{x2})$ 这一项,求解出法向力 F_{z1}、F_{z2}:

$$F_{z1} = (F_{z1})_{st} + (F_{z1})_{dyn} = \frac{1}{2}mg\,\frac{a_2}{l} - \frac{1}{2}ma\,\frac{h}{l} \tag{3-27}$$

$$F_{z2} = (F_{z2})_{st} + (F_{z2})_{dyn} = \frac{1}{2}mg\,\frac{a_1}{l} + \frac{1}{2}ma\,\frac{h}{l} \tag{3-28}$$

其中，静态项：

$$(F_{z1})_{st} = \frac{1}{2}mg\frac{a_2}{l} \tag{3-29}$$

$$(F_{z2})_{st} = \frac{1}{2}mg\frac{a_1}{l} \tag{3-30}$$

动态项：

$$(F_{z1})_{dyn} = -\frac{1}{2}ma\frac{h}{l} \tag{3-31}$$

$$(F_{z2})_{dyn} = \frac{1}{2}ma\frac{h}{l} \tag{3-32}$$

静态项为静止车辆的质量分配，决定于车辆质心的水平位置；动态项表征由水平加速导致的载荷分配，决定于质心的垂直位置。当车辆加速度 $a>0$ 时，前轮的法向力小于静止状态下的值，后轮的法向力大于静止状态下的值。

3.1.4 倾斜路面上加速行驶的车辆

如图 3-4 所示，当车辆在倾角为 φ 的斜面上加速行驶时，每个前、后轮的法向力分别为

$$F_{z1} = \frac{1}{2}mg\left(\frac{a_2}{l}\cos\varphi - \frac{h}{l}\sin\varphi\right) - \frac{1}{2}ma\frac{h}{l} \tag{3-33}$$

$$F_{z2} = \frac{1}{2}mg\left(\frac{a_1}{l}\cos\varphi + \frac{h}{l}\sin\varphi\right) + \frac{1}{2}ma\frac{h}{l} \tag{3-34}$$

其中，动态项决定于加速度 a 和质心高度，与斜面倾角 φ 无关；而静态项决定于斜面倾角 φ 和质心的水平、垂直位置。

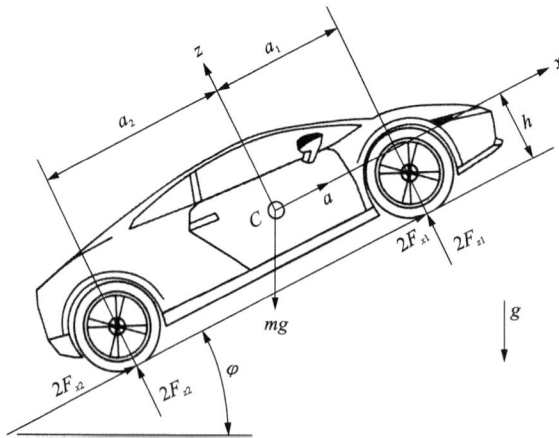

图 3-4 倾斜路面上加速行驶的车辆

通过 x 方向的力平衡方程和其他两个方向的平衡方程，获得运动方程和地面反作用力。

$$\sum F_x = ma \tag{3-35}$$

$$\sum F_z = 0 \tag{3-36}$$

$$\sum M_y = 0 \tag{3-37}$$

展开上述方程,存在 4 个未知数 F_{x1}、F_{x2}、F_{z1}、F_{z2}:

$$2F_{x1} + 2F_{x2} - mg\sin\varphi = ma \tag{3-38}$$

$$2F_{z1} + 2F_{z2} - mg\cos\varphi = 0 \tag{3-39}$$

$$-2F_{z1}a_1 + 2F_{z2}a_2 - 2(F_{x1} + F_{x2})h = 0 \tag{3-40}$$

然而,可以运用式(3-38)和式(3-40)消除$(F_{x1} + F_{x2})$,求解出法向力 F_{z1}、F_{z2}:

$$F_{z1} = (F_{z1})_{st} + (F_{z1})_{dyn} = \frac{1}{2}\left(mg\frac{a_2}{l}\cos\varphi - \frac{h}{l}\sin\varphi\right) - \frac{1}{2}ma\frac{h}{l} \tag{3-41}$$

$$F_{z2} = (F_{z2})_{st} + (F_{z2})_{dyn} = \frac{1}{2}\left(mg\frac{a_1}{l}\cos\varphi + \frac{h}{l}\sin\varphi\right) + \frac{1}{2}ma\frac{h}{l} \tag{3-42}$$

3.1.5　侧向倾斜的静止车辆

图 3-5 描绘了路面侧向倾斜角度 φ 对车辆载荷分布的影响,斜面导致下方车轮载荷增加,上方车轮载荷降低。轮胎作用力为

$$F_{z1} = \frac{1}{2}\frac{mg}{w}(b_2\cos\varphi - h\sin\varphi) \tag{3-43}$$

$$F_{z2} = \frac{1}{2}\frac{mg}{w}(b_1\cos\varphi + h\sin\varphi) \tag{3-44}$$

$$w = b_1 + b_2 \tag{3-45}$$

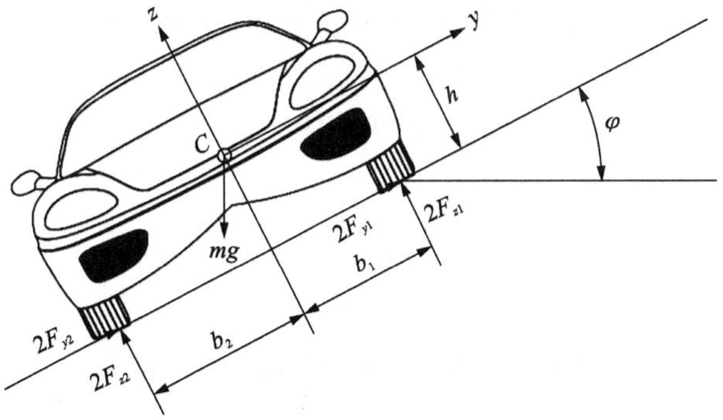

图 3-5　侧向倾斜的静止车辆

最大倾斜角度正切值为

$$\tan\varphi_M = \mu_y \tag{3-46}$$

在最大倾斜角对应斜坡,汽车将侧向下滑。

从车身坐标系中的平衡方程开始,有

$$\sum F_x = 0 \tag{3-47}$$

$$\sum F_z = 0 \tag{3-48}$$

$$\sum M_y = 0 \tag{3-49}$$

展开上式，可得

$$2F_{y1} + 2F_{y2} - mg\sin\varphi = 0 \tag{3-50}$$

$$2F_{z1} + 2F_{z2} - mg\cos\varphi = 0 \tag{3-51}$$

$$2F_{z1}b_1 - 2F_{z2}b_2 + 2(F_{y1} + F_{y2})h = 0 \tag{3-52}$$

假设高度较低的前、后轮胎力相等，较高的前、后轮胎力相等。要计算每个轮胎下的反作用力，可以假设整体的侧向力（$F_{y1} + F_{y2}$）为一未知数。以上方程的解提供了较高和较低两组前、后轮胎的侧向力和反作用力。

$$F_{z1} = \frac{1}{2}mg\,\frac{b_2}{w}\cos\varphi - \frac{1}{2}mg\,\frac{h}{w}\sin\varphi \tag{3-53}$$

$$F_{z2} = \frac{1}{2}mg\,\frac{b_1}{w}\cos\varphi + \frac{1}{2}mg\,\frac{h}{w}\sin\varphi \tag{3-54}$$

$$F_{y1} + F_{y2} = \frac{1}{2}mg\sin\varphi \tag{3-55}$$

在极限角度 $\varphi = \varphi_M$，车辆的所有前、后轮同时开始滑移，因此

$$F_{y1} = \mu_{y1}F_{z1} \tag{3-56}$$

$$F_{y2} = \mu_{y2}F_{z2} \tag{3-57}$$

平衡方程表明

$$2\mu_{y1}F_{z1} + 2\mu_{y2}F_{z2} - mg\sin\varphi = 0 \tag{3-58}$$

$$2F_{z1} + 2F_{z2} - mg\cos\varphi = 0 \tag{3-59}$$

$$2F_{z1}b_1 - 2F_{z2}b_2 + 2(\mu_{y1}F_{z1} + \mu_{y2}F_{z2})h = 0 \tag{3-60}$$

假设

$$\mu_{y1} = \mu_{y2} = \mu_y \tag{3-61}$$

可以得到

$$F_{z1} = \frac{1}{2}mg\,\frac{b_2}{w}\cos\varphi - \frac{1}{2}mg\,\frac{h}{w}\sin\varphi \tag{3-62}$$

$$F_{z2} = \frac{1}{2}mg\,\frac{b_1}{w}\cos\varphi + \frac{1}{2}mg\,\frac{h}{w}\sin\varphi \tag{3-63}$$

$$\tan\varphi_M = \mu_y \tag{3-64}$$

该结果成立的条件为

$$\tan\varphi_M \leqslant \frac{b_2}{h} \tag{3-65}$$

$$\mu_y \leqslant \frac{b_2}{h} \tag{3-66}$$

如果侧向摩擦因数 μ_y 高于 $\frac{b_2}{h}$，车辆会翻滚下坡。为提高汽车在横向倾斜道路上行驶的能力，应该使车辆尽可能宽，质心高度尽可能低。

3.1.6　最佳驱动和制动力分布

考虑如何通过调控车辆前、后轴纵向力 F_{x1}、F_{x2}，使车辆达到某一加速度。结论是四驱车能达到的最大加速度所对应的前、后轴纵向力分别为

$$\frac{F_{x1}}{mg} = -\frac{1}{2}\frac{h}{l}\left(\frac{a}{g}\right)^2 + \frac{1}{2}\frac{a_2}{l}\frac{a}{g} = -\frac{1}{2}\mu_x^2\frac{h}{l} + \frac{1}{2}\mu_x\frac{a_2}{l} \tag{3-67}$$

$$\frac{F_{x2}}{mg} = -\frac{1}{2}\frac{h}{l}\left(\frac{a}{g}\right)^2 + \frac{1}{2}\frac{a_1}{l}\frac{a}{g} = -\frac{1}{2}\mu_x^2\frac{h}{l} + \frac{1}{2}\mu_x\frac{a_1}{l} \tag{3-68}$$

汽车在水平道路上的纵向运动方程为

$$2F_{x1} + 2F_{x2} = ma \tag{3-69}$$

每个轮胎下的最大牵引力是法向力和摩擦系数的函数。

$$F_{x1} \le \pm\mu_x F_{z1} \tag{3-70}$$

$$F_{x2} \le \pm\mu_x F_{z2} \tag{3-71}$$

然而，法向力是汽车加速度和几何参数的函数：

$$F_{z1} = \frac{1}{2}mg\frac{a_2}{l} - \frac{1}{2}mg\frac{h}{l}\frac{a}{g} \tag{3-72}$$

$$F_{z2} = \frac{1}{2}mg\frac{a_1}{l} + \frac{1}{2}ma\frac{h}{l}\frac{a}{g} \tag{3-73}$$

可以通过使方程无量纲化来使它们变得普适。在最佳条件下，应将牵引力调整到其最大值：

$$\frac{F_{x1}}{mg} = \frac{1}{2}\mu_x\left(\frac{a_2}{l} - \frac{h}{l}\frac{a}{g}\right) \tag{3-74}$$

$$\frac{F_{x2}}{mg} = \frac{1}{2}\mu_x\left(\frac{a_1}{l} + \frac{h}{l}\frac{a}{g}\right) \tag{3-75}$$

因此，纵向运动方程(3-69)变为

$$\frac{a}{g} = \mu_x \tag{3-76}$$

将这一结果代入式(3-74)和式(3-75)，得到

$$\frac{F_{x1}}{mg} = -\frac{1}{2}\frac{h}{l}\left(\frac{a}{g}\right)^2 + \frac{1}{2}\frac{a_2}{l}\frac{a}{g} \tag{3-77}$$

$$\frac{F_{x2}}{mg} = -\frac{1}{2}\frac{h}{l}\left(\frac{a}{g}\right)^2 + \frac{1}{2}\frac{a_1}{l}\frac{a}{g} \tag{3-78}$$

根据汽车的几何参数(h, a_1, a_2)和加速度 $a>0$，这两个方程决定了前后驱动力要求。同样的方程可适用于加速度 $a<0$，即制动情况，以确定最佳前后制动力。图 3-6 描述了示例汽车的最佳驾驶和制动力的图形说明，车辆数据如下：

$$\mu_x = 1, \quad \frac{h}{l} = \frac{0.56}{2.6} = 0.2154, \quad \frac{a_1}{l} = \frac{a_2}{l} = \frac{1}{2} \tag{3-79}$$

当加速时，$a>0$，后轮胎上的最佳驱动力迅速增长，而前轮胎上的最佳驱动力在最大值后

下降，此时

$$\frac{a}{g} = \frac{1}{2} \frac{a_2}{h} \tag{3-80}$$

$$\frac{F_{x1}}{mg} = \frac{1}{8} \frac{a_2}{h} \frac{a_2}{l} \tag{3-81}$$

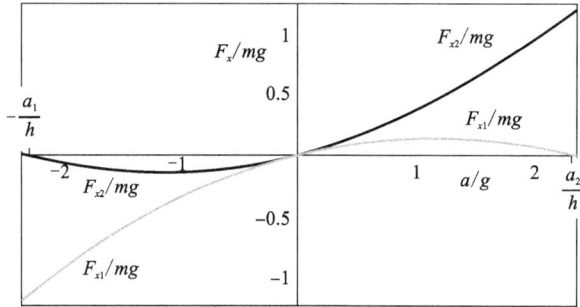

图 3-6 示例车辆的最佳驾驶和制动力

$a/g = a_2/h$ 的值是前轮失去与地面接触时最大可能加速度，前（后）轮胎失去地面接触的加速度称为倾斜加速度。满足使 $a/g = a_2/h$ 的后轮纵向力应为 $F_{x1}/(mg) = a_2/2h$。

相反的现象发生在制动时。$a<0$ 时，最优前轴制动力的绝对值迅速增加，到达峰值后，后轴制动力下降到零，此时

$$\frac{a}{g} = -\frac{1}{2} \frac{a_2}{h} \tag{3-82}$$

$$\frac{F_{x1}}{mg} = -\frac{1}{8} \frac{a_2}{h} \frac{a_2}{l} \tag{3-83}$$

$a/g = -a_1/h$ 的值是后轮失去与地面接触时可能的最大减速度。

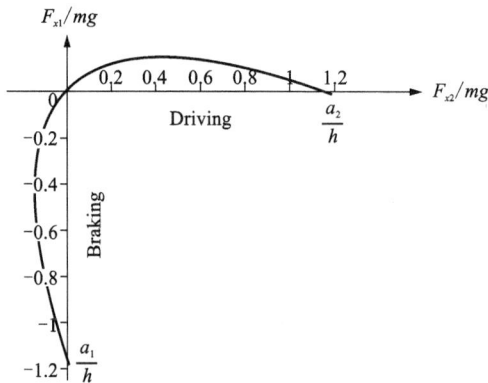

图 3-7 前、后轮间最佳牵引力和制动力分布

通过将 a/g 视为变量，绘出 $F_{x1}/(mg)$ 对 $F_{x2}/(mg)$ 的变化图，可以得到最大驱动/制动力

的图像表达。

$$F_{x1} = \frac{a_2 - \dfrac{a}{g}h}{a_1 + \dfrac{a}{g}h} F_{x2} \tag{3-84}$$

$$\frac{F_{x1}}{F_{x2}} = \frac{a_2 - \mu_x h}{a_1 + \mu_x h} \tag{3-85}$$

即如图 3-7 所示，这是一条设计曲线，描述了前、后轮驱动/制动力之间的关系，以达到最大的加速度或减速度。调整前后轴牵引/制动力的分布使之达到最优并非一个自动过程，需要一个纵向力分布控制系统来测量和调整前后轴纵向力。

3.1.7　多轴车辆

对于具有两轴以上的车辆，如图 3-8 所示的三轴车辆，车辆将变为超静定，轮胎下的法向力不能由静态平衡方程确定。此时需要通过确定悬架的变形以确定所承受的力。

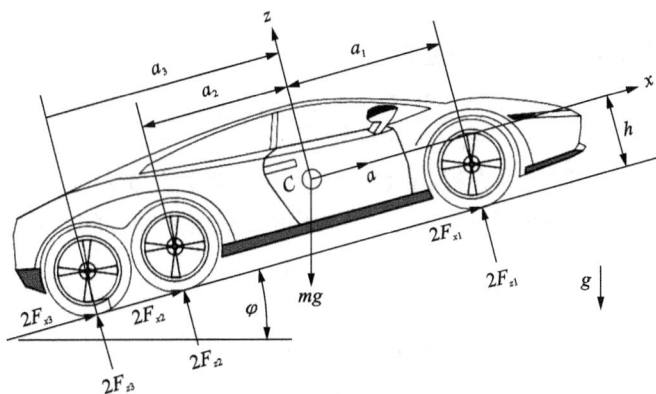

图 3-8　倾斜路面上行驶的多轴车辆

可以通过以下 n 个方程求解 n 个法向力 F_{zi}：

$$2\sum_{i=1}^{n} F_{zi} - mg\cos\varphi = 0 \tag{3-86}$$

$$2\sum_{i=1}^{n} F_{zi}x_i - h(ma + mg\cos\varphi) = 0 \tag{3-87}$$

$$\frac{F_{zi}}{k_i} - \frac{x_i - x_1}{x_n - x_1}\left(\frac{F_{zn}}{k_n} - \frac{F_{z1}}{k_1}\right) - \frac{F_{z1}}{k_1} = 0 \tag{3-88}$$

其中，F_{xi} 和 F_{zi} 为连在第 i 轴上轮胎的纵向力和法向力，x_i 为第 i 轴与车辆质心的距离，在质心以前的轴 x_i 为正，质心之后的轴 x_i 为负。k_i 为第 i 轴悬架的垂向刚度。

证明：对于多轴车辆，下列方程

$$\sum F_x = ma \tag{3-89}$$

$$\sum F_z = 0 \tag{3-90}$$

$$\sum M_y = 0 \tag{3-91}$$

与前几节相似，如果总轴数为 n，每轴的力可以被其加和替代。

$$2\sum_{i=1}^{n} F_{zi} - mg\cos\varphi = 0 \tag{3-92}$$

$$2\sum_{i=1}^{n} F_{xi} - mg\sin\varphi = ma \tag{3-93}$$

$$2\sum_{i=1}^{n} F_{zi}x_i - 2h\sum_{i=1}^{n} F_{xi} = 0 \tag{3-94}$$

总的前向力 $F_{xi} = 2\sum_{i=1}^{n} F_{xi}$ 可以用式（3-93）和（3-94）消除，并对式（3-87）进行求解。这样一来，还有两个方程和 N 个未知数，因此需要另外 $n-2$ 个方程来求解未知车轴载荷。这些方程来自悬架变形之间的兼容性。

忽略轮胎的塑性，用 z 表示车辆竖直方向，如图 3-8 所示。如果 z_i 为 i 轴中心的悬架变形，k_i 为第 i 轴悬架的垂向刚度，变形量为

$$z_i = \frac{F_{zi}}{k_i} \tag{3-95}$$

对于平坦路面上的刚性车辆，一定有

$$\frac{z_i - z_1}{x_i - x_1} = \frac{z_n - z_1}{x_n - x_1}, \; i = 2, 3, \cdots, n-1 \tag{3-96}$$

用式（3-95）代替后，简化为方程（3-88）所示的 $n-2$ 个方程，通过与式（3-87）和式（3-86）两式联立，足以求出每个轮胎下的法向力。所得方程组是线性的，可以以矩阵形式表达：

$$A \cdot X = B \tag{3-97}$$

其中，

$$[X] = [F_{z1}, F_{z2}, F_{z3}, F_{zn}]^{\mathrm{T}} \tag{3-98}$$

$$A = \begin{bmatrix} 2 & 2 & \cdots & \cdots & \cdots & \cdots & 2 \\ 2x_1 & 2x_2 & \cdots & \cdots & \cdots & \cdots & 2x_n \\ \dfrac{x_n-x_2}{k_1 l} & \dfrac{1}{k_2} & \cdots & \cdots & \cdots & \cdots & \dfrac{x_2-x_1}{k_n l} \\ \cdots & \cdots & \cdots & \cdots & \cdots & & \cdots \\ \dfrac{x_n-x_i}{k_1 l} & \cdots & \cdots & \dfrac{1}{k_i} & \cdots & \cdots & \dfrac{x_i-x_1}{k_n l} \\ \cdots & \cdots & \cdots & \cdots & \cdots & & \cdots \\ \dfrac{x_n-x_{n-1}}{k_1 l} & \cdots & \cdots & \cdots & \dfrac{1}{k_{n-1}} & \dfrac{x_{n-1}-x_1}{k_n l} \end{bmatrix} \tag{3-99}$$

$$l = x_1 - x_n \tag{3-100}$$

$$B = [mg\cos\theta \quad -h(ma+mg\sin\theta) \quad 0 \quad \cdots \quad 0]^{\mathrm{T}} \tag{3-101}$$

3.1.8 正/负曲率路面上的车辆

分别将向上和向下弯曲的道路称为拱形和凹形。弯曲的道路可以增大或者减小车轮的法

向力。假设道路的曲率半径 R_h 远大于车辆的质心高度，即 $R_h \gg h$。

拱形路面上的车辆：车辆在拱形路面上行驶时车轮下的法向力，会比在具有相同斜率的平直道路上行驶时小，这是由于受到了 z 方向上离心力 mv^2/R_h 的影响。

图 3-9 中车辆正通过一个曲率半径为 R_h、平均坡度为 φ 的拱，车轮上的牵引力与法向力大致可表示为

$$F_{x1} + F_{x2} \approx \frac{1}{2}m(a + g\sin\varphi) \tag{3-102}$$

$$F_{z1} \approx \frac{1}{2}mg\left[\left(\frac{a_2}{l}\cos\varphi + \frac{h}{l}\sin\varphi\right)\right] - \frac{1}{2}ma\frac{h}{l} - \frac{1}{2}m\frac{v^2}{R_h}\frac{a_2}{l} \tag{3-103}$$

$$F_{z2} \approx \frac{1}{2}mg\left[\left(\frac{a_1}{l}\cos\varphi - \frac{h}{l}\sin\varphi\right)\right] + \frac{1}{2}ma\frac{h}{l} - \frac{1}{2}m\frac{v^2}{R_h}\frac{a_1}{l} \tag{3-104}$$

$$l = a_1 + a_2 \tag{3-105}$$

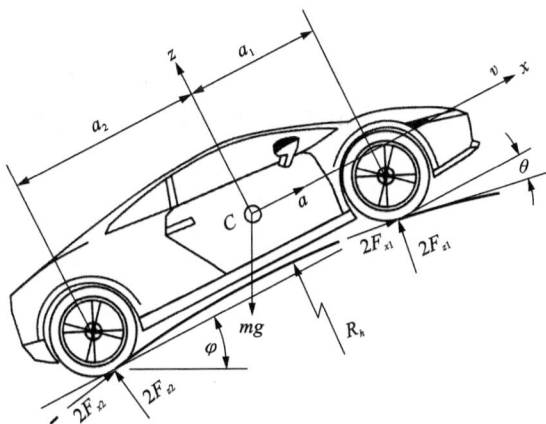

图 3-9　车辆通过曲率半径为 R_h 的拱

3.2　制动模型

制动性能是汽车安全驾驶和可靠操控的基本保障。在日常驾驶中，驾驶员通常只是轻踩刹车，距离真正的制动性能极限还很远。而汽车工程师要做的是，深入了解制动过程中所蕴含的动力学，使汽车能在紧急情况下尽可能快地停下来。随着 ABS 系统在乘用车上的应用，汽车的制动性能有所提高。然而，赛车通常不会搭载 ABS 系统，因此制动的设计和平衡仍然是一个相当重要的课题。

关于制动的平衡和偏置，指的是制动力在前后轮的分配。其目标是让汽车尽可能快地停下来，同时避免车轮抱死。由于汽车上只有一个制动踏板，因此制动平衡需要精心设计。值得一提的是，应该避免车轮抱死，其原因(按照重要性排序)是车轮抱死时，①转向性能几乎丧失；②抓地力减小；③能量从制动盘流向轮胎接触面，导致轮胎磨损。

3.2.1 纯制动

车辆在平直且附着系数处处相等的道路上制动时，采用 1.1 节中介绍的通用车轮动力学模型进行分析。根据力的平衡关系：

$$\begin{cases} Y=0 \\ N=0 \\ \Delta X_i=0 \\ \Delta Z_i=0 \end{cases} \quad (3-106)$$

也就是说，不存在侧向力、横摆力矩和侧向载荷转移。相应的，车辆直行且没有侧向速度，侧向加速度和横摆角速度可以表示为：

$$\begin{cases} a_y=0 \\ \dot{r}=0 \\ v=0 \\ r=0 \end{cases} \quad (3-107)$$

其他的参数通常非常小。实际上，如果车辆的同轴车轮有前束，就意味着存在极小的转向角，相应地产生极小的侧向滑移。类似的，如果同轴的车轮存在侧倾角，车轮会有微小的滑转：

$$\begin{cases} \delta_{ij} \cong 0 \\ \sigma_{yij} \cong 0 \\ \varphi_{ij} \cong 0 \end{cases} \quad (3-108)$$

这些量都可近似为零。

3.2.2 车辆制动模型

图 3-10 为研究极限制动性能的乘用车模型，简单而重要。建模时，忽视空气动力作用。

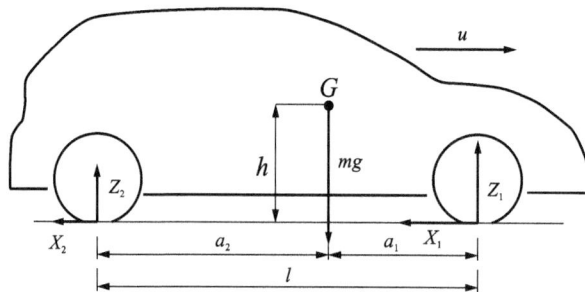

图 3-10 车辆受力分析正方向规定

假设在平直且附着系数处处相等的道路上制动，即车辆沿直线行驶；假设制动踏板力恒定，且忽略车辆的俯仰震荡。车辆是一个质量为 m，以前进速度 u 水平移动且加速度 $\dot{u}<0$ 的单个刚体。除了车辆自身的重力 mg，它还受到两个来自路面的垂直力 Z_1 和 Z_2，前后轴分别

受到纵向力 X_1 和 X_2。

为方便计算,纵向力 X_1 和 X_2 取图示方向为正方向。

1)平衡方程

可以根据图列出 3 个平衡方程:

$$\begin{cases} m\dot{u} = -(X_1 + X_2) \\ 0 = Z_1 + Z_2 - mg \\ 0 = (X_1 + X_2)h - Z_1 a_1 + Z_2 a_2 \end{cases} \tag{3-109}$$

受路面附着条件限制:

$$\begin{cases} |X_i| \leqslant \mu_p^x Z_i \\ Z_i \geqslant 0 \end{cases} \tag{3-110}$$

其中,μ_p^x 为路面纵向附着系数。很显然制动力不能超过附着力限制,垂向力也不可能是负值。为方便起见,用符号 μ 来表示 μ_p^x。由于空气阻力远小于制动,可以忽略不计。

2)纵向载荷转移

当车辆行驶速度不变时,前后轴的载荷为

$$\begin{cases} Z_1^0 = \dfrac{mga_2}{l} \\ Z_2^0 = \dfrac{mga_1}{l} \end{cases} \tag{3-111}$$

制动过程中 $\dot{u} < 0$,前后轴载荷发生变化,即使它们的和仍然等于汽车的重量 mg。可以引入载荷转移的概念,用符号 ΔZ 表示载荷转移:

$$\begin{cases} Z_1 = Z_1^0 + \Delta Z \\ Z_2 = Z_2^0 - \Delta Z \end{cases} \tag{3-112}$$

其中,

$$\Delta Z = -\frac{(mh)}{l}\dot{u} \tag{3-113}$$

由于 $\dot{u} < 0$,汽车前轴的载荷增大,后轴的载荷减小。值得一提的是,载荷转移与悬架的类型无关,与汽车的几何参数和质量分布有关。

当 $Z_2 = 0$ 时,汽车会产生倾翻,倾翻的临界速度为

$$|\dot{u}| = \frac{a_1 g}{h} \tag{3-114}$$

幸运的是,这种情况不可能在汽车上发生,但是可能发生在摩托车上,严重影响摩托车的制动性能和乘员安全。

3)最大制动减速度

当前后轴都同时达到其制动力极限时,则有最大制动减速度 $|\dot{u}|_{max}$,即

$$\begin{cases} X_1 = \mu Z_1 \\ X_2 = \mu Z_2 \end{cases} \tag{3-115}$$

根据平衡方程(3-109)可直接得到极限制动减速度:

$$|\dot{u}| = \mu g \tag{3-116}$$

当然，最大制动减速度是式(3-114)和式(3-116)中的较小值：

$$|\dot{u}|_{\max} = \min\left(\mu g, \frac{a_1 g}{h}\right) \tag{3-117}$$

但由于汽车的重心较低，$\mu < a_1/h$，$Z_2 = 0$ 的情况几乎不可能发生，可以认为

$$|\dot{u}|_{\max} = \mu g \tag{3-118}$$

4) 制动力分配

当汽车达到最优制动状态时，有 $\dot{\mu} = -\mu g$，前后轴纵向力分别为

$$X_{1p} = \mu Z_{1P} = \mu\left(Z_1^0 + \frac{mh}{l}\mu g\right) = \frac{\mu mg}{l}(a_2 + \mu h) \tag{3-119}$$

$$X_{2p} = \mu Z_{2P} = \mu\left(Z_2^0 - \frac{mh}{l}\mu g\right) = \frac{\mu mg}{l}(a_1 - \mu h) \tag{3-120}$$

由此可以得到最优的制动力分配：

$$\beta_P = \frac{X_{1P}}{X_{2P}} = \frac{Z_{1P}}{Z_{2P}} = \frac{a_2 + \mu h}{a_1 - \mu h} \tag{3-121}$$

β_P 为最优制动力分配系数，典型的乘用车在干沥青路面上的 $\beta_P \cong 2$，在湿沥青路面上的 $\beta_P \cong 1.5$。

3.2.3 制动中所有可能的工况

为了凸显最优制动状态的优越性，接下来考虑其他工况，并用一张简单而实用的图表来表示。将 $X_1 = \mu Z_1$ 代入平衡方程(3-109)，得到

$$Z_1 = \frac{X_1}{\mu} = Z_1^0 + \frac{h}{l}(X_1 + X_2) \tag{3-122}$$

由此

$$X_1 = \frac{\mu\left(Z_1^0 + \frac{h}{l}X_2\right)}{1 - \frac{\mu h}{l}} \tag{3-123}$$

上式为前轴达到制动力极限时，制动力 X_1 与 X_2 的关系。

类似的，将 $X_2 = \mu Z_2$ 代入平衡方程(3-109)，得到

$$X_2 = \frac{\mu\left(Z_2^0 - \frac{h}{l}X_1\right)}{1 + \frac{\mu h}{l}} \tag{3-124}$$

上式为后轴达到制动力极限时，制动力 X_1 与 X_2 的关系。

如图 3-11 所示，在坐标系 (X_1, X_2) 上可以分别作出两条直线。两条直线包含的区域包括了所有可能的工况。区域的上边界区域意味着前轮抱死，区域的右边界区域意味着后轮抱死。P 点为最优制动状态。

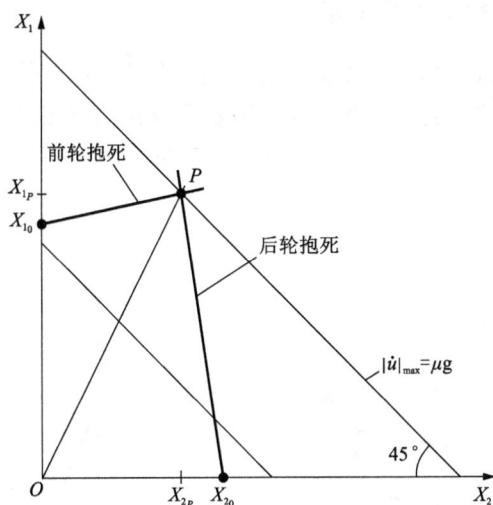

图 3-11 最优制动点

位于倾斜角 45°直线上的点具有相同的制动减速度，这是由于直线的代数方程为 $X_1+X_2=-m\dot{u}$。最大制动减速度所对应的直线通过 P 点。直线 OP 为遵循最优制动力分配系数 β_P 的情况。

其他相关的工况如图 3-12 所示。区域 1 为低减速度区域，该区域的减速度较小，以至于所有的制动力分配组合都能够达到，甚至是只有后轴制动的情况；区域 2 的减速度较大，必须要前轮参与制动才能达到所需的减速度；区域 3 的减速度最大，需要前后轴同时制动才能达到需求的减速度。减速度越高，A—B 的范围就越小。

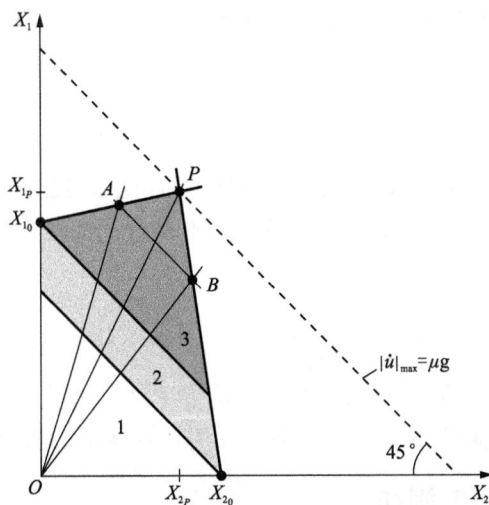

图 3-12 最优制动力分配系数

为了完善上述讨论，还要考虑不同附着系数 μ 和不同重心位置的影响。

3.2.4 改变路面附着条件下的制动

之前的讨论将附着系数 μ 作为不变的常数看待，在这一部分将讨论不同的附着系数所带来的影响。为了更好地解决问题，根据不同的附着系数 μ 绘制出制动可实现区域是一个实用的方法。如图 3-13 所示，分别绘制出 $\mu_1 < \mu_2 < \mu_3$ 所对应的制动可实现区域。

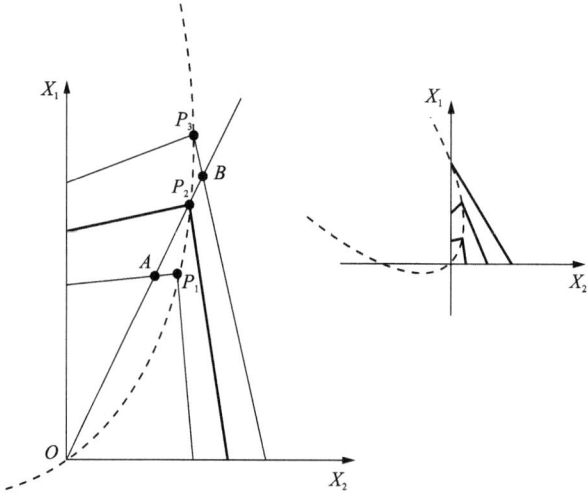

图 3-13 变附着条件下的制动力

假设车辆的制动力分配满足直线 OP_2，在路面附着系数 μ_2 达到最优制动工况。如果路面附着条件较差（附着系数为 μ_1），较小的载荷转移和制动力分配系数是比较理想的情况。如果在路面附着条件较差的情况下，仍然遵循直线 OP_2，会从 A 点离开制动可实现区域，此时的制动减速度小于 $\mu_1 g$ 且前轮抱死。此时的减速度等于 $\varepsilon_1 \mu_1 g$，其中 ε_1 为制动效率，表达式为

$$\varepsilon_1 = \frac{a_2}{a_2 + h(\mu_2 - \mu_1)}, \text{ 如果 } \mu_1 < \mu_2 \tag{3-125}$$

制动效率也会由于过大的路面附着系数而降低。如图 3-12 所示，从 B 点离开制动可实现区域，此时的制动减速度小于 $\mu_3 g$ 且后轮抱死，不是最优情况。可以认为此时的减速度等于 $\varepsilon_3 \mu_3 g$，其中 ε_3 为制动效率，表达式为

$$\varepsilon_3 = \frac{a_1}{a_1 + h(\mu_3 - \mu_2)}, \text{ 如果 } \mu_3 < \mu_2 \tag{3-126}$$

图 3-13 右侧抛物线为不同路面附着系数对应的 P 点，随着 μ 的增大，抛物线沿着顺时针方向运动。抛物线与 X_1 轴的交点表示车辆制动时产生倾翻的极限状态。

3.2.5 改变质心位置下的制动

对于货车来说，不能忽略质心位置改变对制动的影响。这是由于装载和卸下货物时质心的位置发生变化，最优制动力分配系数 β_P 改变的缘故。

质心的纵向位置影响的是车辆的静态载荷分配，它不改变最大制动减速度，只影响制动

力分配。相应的,可以得到如图 3-14 所示的不同质心位置对应的制动可实现区域,其 P 点都位于倾斜角为 135°的斜线上,且不同区域的两条边界线分别平行。

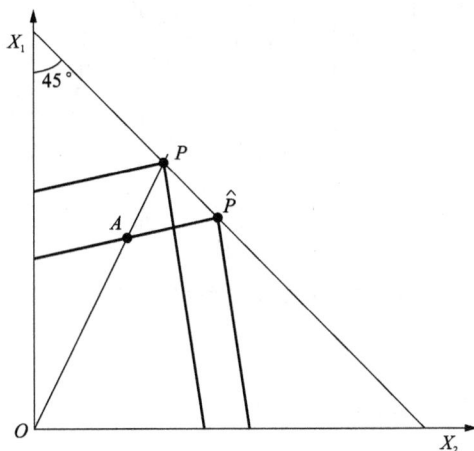

图 3-14　质心位置变化对最优制动点的影响

3.2.6　方程式赛车的制动

方程式赛车的空气动力套件在赛车高速行驶时能够提供非常大的下压力,并直接地影响制动效能。首先,方程式赛车的最大制动减速度与车速相关,F1 赛车在车速 300 km/h 时制动减速度能达到 5g,即使路面附着系数 μ 很少超过 1.6。其次,方程式赛车的最优制动力分配也与速度相关。

典型的 F1 赛车过弯制动过程如图 3-15 所示。踩下制动踏板后,制动减速度急剧增大到 38 m/s^2,随即赛车速度和气动载荷减小,这需要赛车手逐渐地释放制动踏板。与此同时,从侧向加速度和车轮转向角可以看出赛车已经通过了弯道,并且离开弯道后的纵向加速度大于零。

观察图 3-16,将赛车的总加速度 $\sqrt[2]{a_x^2+a_y^2}$ (下方曲线)与赛车潜在的最大加速度(上方曲线)比较,会发现车手在不断地使赛车加速度接近于潜在加速度的极限,也就是说,一名优秀的车手会尽可能利用赛车所有的抓地力。

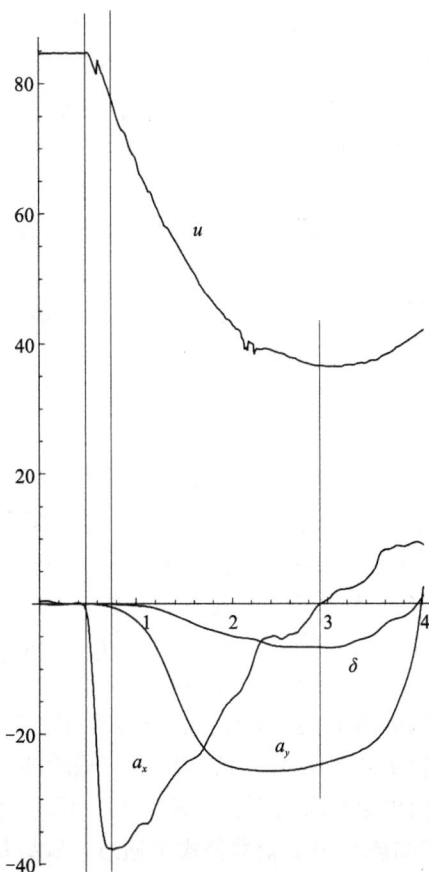

图 3-15　方程式赛车的制动过程

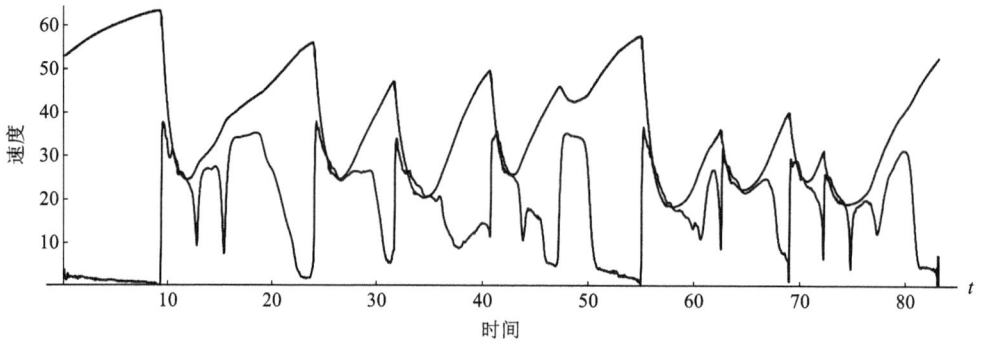

图 3-16 方程式赛车制动时的速度响应曲线

3.2.7 有 ABS 系统介入的制动

防抱死制动系统(Antilock Brake System，ABS)，在车辆紧急制动过程中起着至关重要的作用。1965 年，随着大规模集成电路的普遍应用，基于逻辑门限值控制的车辆防抱死方案，得到了非常好的控制效果，此后 ABS 装置开始大规模普及。

国内外在车辆防抱死控制方面已经有了比较深厚的研究基础，但是对车辆紧急制动时，轮胎与路面之间的附着力控制和摩擦本质方面的研究仍然缺乏比较清晰的物理认知，紧急制动安全仍然是目前车辆安全的一个主要难题。轮胎作为车辆与道路唯一的接触部件，包含了轮胎与道路之间的力与力矩直接对车辆的加速、减速和转向作用的信息，因此建立合适的轮胎模型对 ABS 系统性能的提升具有重要意义。随着对轮胎—道路之间作用机理的研究的深入，专家们提出了多种适用于不同使用工况的轮胎模型。

1)轮胎模型

制动过程中轮胎与地面之间的摩擦力是描述轮胎与路面之间相互作用情况的关键参数，对准确把握制动过程中防抱死控制方案的设计至关重要。为了对轮胎力学特性的研究更加深入，本小节对两种目前应用最为广泛的轮胎模型进行介绍。

(1)"魔术公式"模型。

目前使用最为广泛的轮胎模型是第二章中介绍的，由 H. B. Pacejka 教授提出的"魔术公式"模型，它是根据轮胎的侧向力、摩擦系数、纵向力与回正力矩在不同路面进行试验得到的试验数据拟合曲线而建立的模型，并随着试验数据的增加而不断修正和完善。其中，"魔术公式"轮胎模型中，纵向摩擦系数表达式为

$$\mu_x = \mu_{xm} \sin \{ C_x \arctan (B_x S (1 - E_x) + E_x \arctan (B_x S)) \} \qquad (3-127)$$

其中，μ_{xm} 为轮胎纵向摩擦系数峰值，S 为轮胎纵向滑移值，μ_x 为纵向的摩擦系数，B_x 为轮胎纵向刚度因子，E_x 为曲线的曲率因子，C_x 为曲线形状因子。

魔术公式中的 S、C、B、E 均是同地面相关的常数，路面附着状况不同，所对应的路面附着系数也会有所区别，如图 3-17 所示，为车辆在湿沥青路面与干沥青路面的"摩擦系数—滑移率"曲线。由于魔术公式是通过试验数据进行拟合构建的，属于静态环境下轮胎动力学行为的研究，是轮胎稳态模型，且拟合参数多，使用比较复杂。

（2）DS 轮胎模型。

汽车紧急制动过程中轮胎的动力学特性非常复杂，存在着轮胎从纯滚动到滑移的临界转变行为，当轮胎驱动/制动力超过路面附着力时，轮胎动力学行为处于不稳定状态，严重影响车辆的稳定性与安全性。为了提升汽车制动性能，需要建立能够描述轮胎/路面临界转变行为的轮胎模型，从而对轮胎的动力学特性进行精确描述，控制轮胎附着状态。

假设轮胎在制动过程中的稳态摩擦系数主要由轮胎变形引起，动摩擦系数则是由于轮胎转速的瞬态波动，基于轮胎变形——相对滑移速度建立适用于汽车制动过程的轮胎模型。

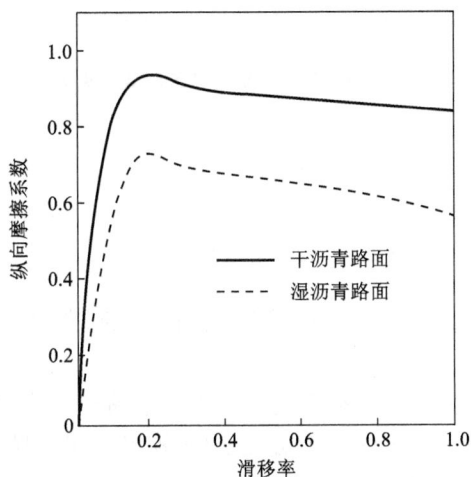

图 3-17　滑移率与纵向摩擦系数

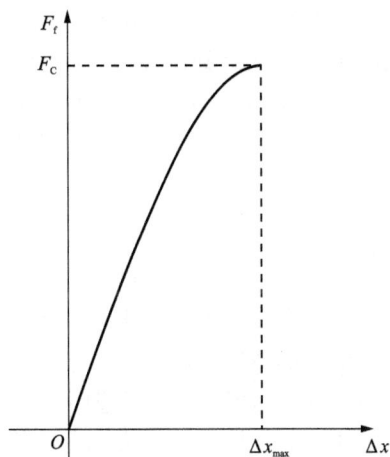

图 3-18　轮胎变形与纵向力

①变形过程。

在车辆制动刚开始时，由于轮胎受压，轮胎与路面之间的接触面会形成一个强结合力，也就是静摩擦力。当轮胎变形达到橡胶材料的屈服极限时，这一结合力才被破坏，使得轮胎与路面产生相对运动，这个过程中的摩擦系数称为静摩擦系数 μ_s，这个阶段的摩擦系数与轮胎的变形量有关。在日常的驾驶中通常不是紧急制动，而是驾驶员缓缓踩制动踏板，此时轮胎变形未达到轮胎屈服极限，轮胎做纯滚动缓缓减速，称之为轮胎的变形阶段，此时轮胎运动处于稳定阶段，其附着力和轮胎变形量之间的关系图像如图 3-18 所示。由于这个过程中轮胎做纯滚动，因此不存在滑移率，这一点与轮胎魔术公式不同。

②相对滑移阶段。

当轮胎受的地面制动力超过屈服极限时，轮胎与接触地面之间由纯滚动运动状态开始产生滑移，即产生黏滑行为。黏滑阶段，轮胎与地面之间存在相对速度，此时摩擦系数随相对速度而动态变化，在这种非稳态工况下，轮胎与地面之间的摩擦系数与相对系数的关系为

$$\mu = \frac{\mu_0 - \mu_m}{1 + \delta |v_r|} sgn(v) + \mu_m \tag{3-128}$$

当轮胎与路面快要产生滑移，但还没有产生滑移的时候，此时的相对速度 $v_r = 0$，摩擦系数为

$$\mu = \mu_0 \tag{3-129}$$

由 $F_f = \mu F_N$ 可以得到非稳态接地轮胎–路面附着力：

$$F_f = \left(\frac{\mu_0 - \mu_m}{1 + \delta \, |v_r|} sgn(v) + \mu_m \right) \cdot F_N \quad (3\text{-}130)$$

其中，F_N 为垂直力。其附着力与相对速度的关系如图 3-19 所示。

③根据上述分析，尝试运用轮胎最大变形量(屈服极限)对轮胎摩擦力临界转变行为进行描述，将轮胎摩擦力用轮胎变形量、轮胎/路面滑移速度的分段函数来确定，由此得到基于变形–滑移的 DS 模型 (Deformation Slip Model)，其综合表达式如下：

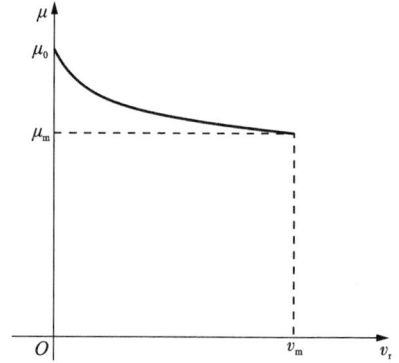

图 3-19　速度与附着系数的关系

$$F_f = \begin{cases} \dfrac{F_c(v - \dot{x})}{|v|} & (\Delta x < \Delta x_{max}) \\[3mm] \left(\dfrac{\mu_0 - \mu_m}{1 + \delta \, |v_r|} sgn(v) + \mu_m \right) \cdot F_N & (\Delta x = \Delta x_{max}) \end{cases} \quad (3\text{-}131)$$

其中，F_c 为库仑摩擦力，v_r 是轮胎与整车之间的相对速度，δ 为衰减因子，用来控制模型斜率的大小，μ_0 为静摩擦系数。

DS 模型较"魔术公式"模型而言，对轮胎摩擦状态的临界转变行为给出了清晰的定义，轮胎摩擦状态的有效控制能大幅度提升整车的制动性能与操纵稳定形，DS 模型使得轮胎的物理意义更加明确。

2)基于不同轮胎模型的控制策略及仿真分析

(1)基于"魔术公式"模型的逻辑门限值控制策略。

逻辑门限值控制是根据预先设置的轮胎加、减角速度的门限值，以相对应的滑移率参考的门限值为辅，将轮胎的滑移率控制在理想的范围波动，从而既能够得到比较大的轮胎纵向滑移率，也能够得到较大的轮胎侧向滑移率，不仅能够缩短车辆的制动距离，还能够保持良好的车辆操纵稳定性。目前大部分 ABS 产品都采用了以大量的道路试验为基础的逻辑门限值控制策略。

(2)基于 DS 模型的最优制动控制策略。

假设汽车在一段路面附着系数不变的道路上行驶，车辆进行紧急制动，且给定的制动力矩足够大，基于 DS 模型对轮胎变形状态的屈服极限进行判断，预估轮胎/路面之间的临界状态。当轮胎要达到最大变形量 Δx_{max}，即轮胎屈服极限时，前、后轮将要抱死，此时的附着系数达到最大地面附着系数 μ_0，通过检测此时车辆减速度为 $\dfrac{du}{dt}$，根据 $\dfrac{du}{dt} = \mu_0 g$ 计算最大地面附着系数，根据实际的制动器最优制动力分配系数 β_p，按照 I 曲线与 β 线的交点对前、后制动器制动力进行调控，确定最优制动力矩分配控制方案，得到最大的地面制动力。

(3)制动控制仿真结果分析。

对"魔术公式"模型进行逻辑门限值控制(图 3-20)，对 DS 模型进行最优制动力矩分配控制(图 3-21)，通过与无 控制车辆紧急制动仿真结果进行对比分析，考虑到工况为紧急制动，仿真输入制动压力足够大。

54

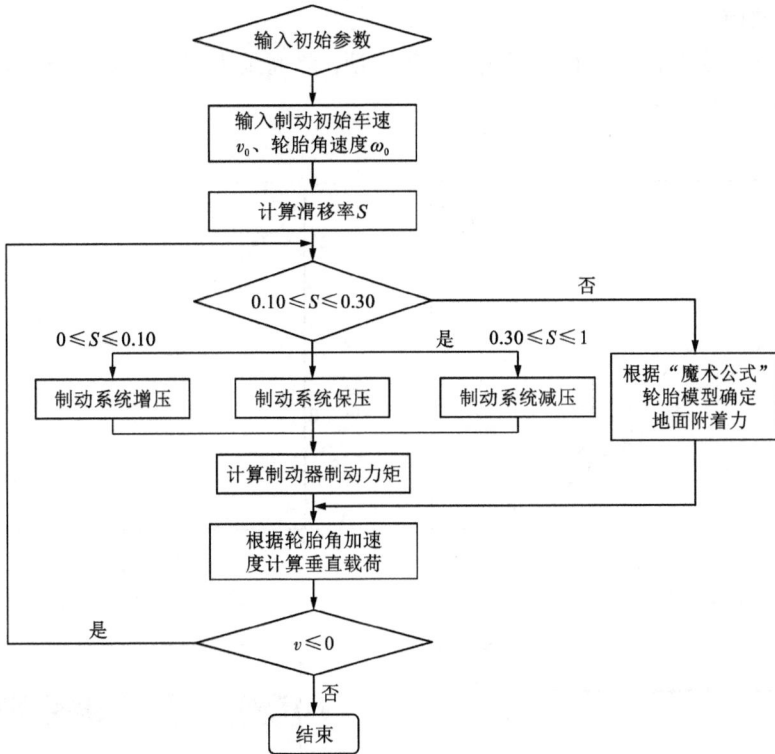

图 3-20　基于"魔术公式"模型的逻辑门限值控制策略

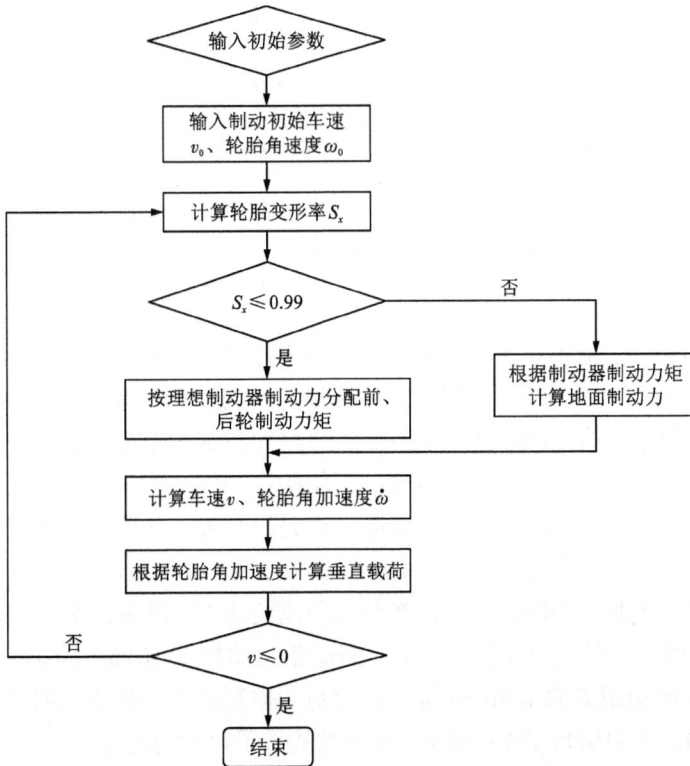

图 3-21　基于 DS 模型的最优制动控制策略

①高附着路面。

假设汽车在高附着路面上直线行驶、紧急制动，路面最大附着系数 $\mu_0 = 0.85$，对整车制动过程仿真，结果如图 3-22 所示。

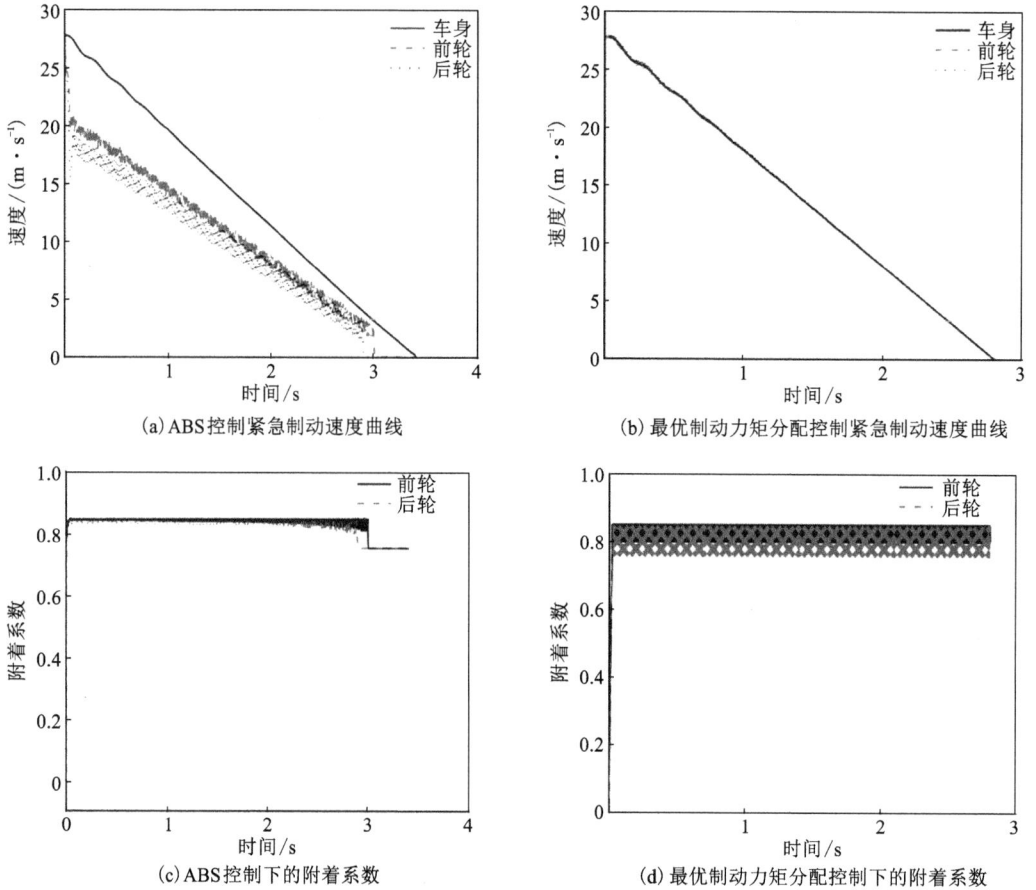

(a) ABS 控制紧急制动速度曲线

(b) 最优制动力矩分配控制紧急制动速度曲线

(c) ABS 控制下的附着系数

(d) 最优制动力矩分配控制下的附着系数

图 3-22　不同控制策略的车速与附着系数对比

由图 3-22(a) 可知，配置有 ABS 控制系统的车辆，车辆的前、后轮不会完全抱死，与车身速度几乎同时停止，保证了制动过程中的操纵稳定性与制动性能，但是前、后轮轮速波动较大，控制过程中存在不稳定因素；由图 3-22(b) 可知，配置有最优制动力矩分配控制装置的车辆，前、后轮轮速几乎与车身速度同步，且轮胎不会完全抱死，轮胎速度的波动情况几乎可以忽略，对整车的操纵稳定性与制动效能有很大的改善。汽车的 ABS 控制系统除了防抱死的作用以外，对制动距离也有所改善。高附着路面上无 ABS、ABS 与最优制动力矩分配控制的制动距离对比，无制动控制装置的汽车制动距离约为 52.49 m，装有 ABS 控制系统的汽车制动距离为 46.92 m。较无制动控制而言，制动距离缩短了 10.6%；而最优制动力矩分配控制系统下的汽车制动距离缩至 40.09 m，较无制动控制而言，制动距离缩短了 23.6%，较 ABS 控制而言，制动距离缩短了 13.68%。制动性能有了很大的提升。

②假设汽车在高附着路面上直线行驶、紧急制动,路面最大附着系数 $\mu_0 = 0.3$,对整车制动过程仿真,结果如图 3-23 所示。

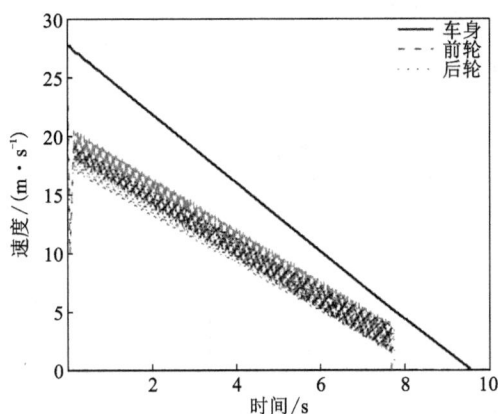

(a) ABS控制紧急制动速度曲线　　　(b) 最优制动力矩分配控制紧急制动速度曲线

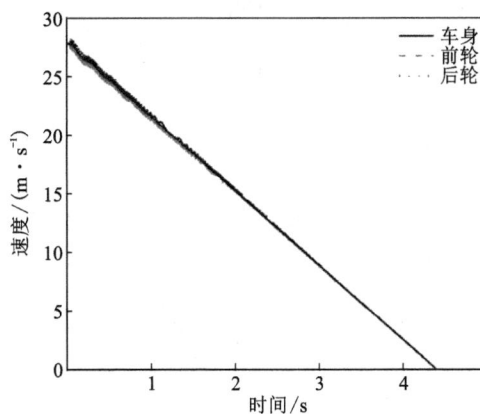

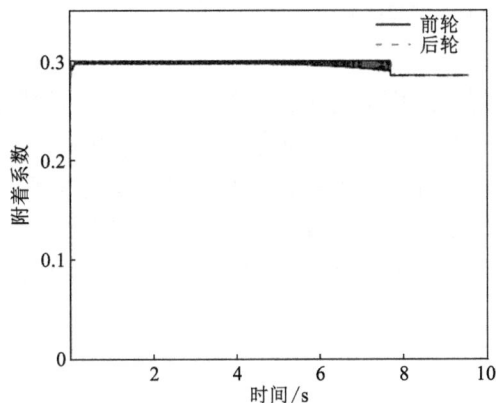

(c) ABS控制下的附着系数　　　(d) 最优制动力矩分配控制下的附着系数

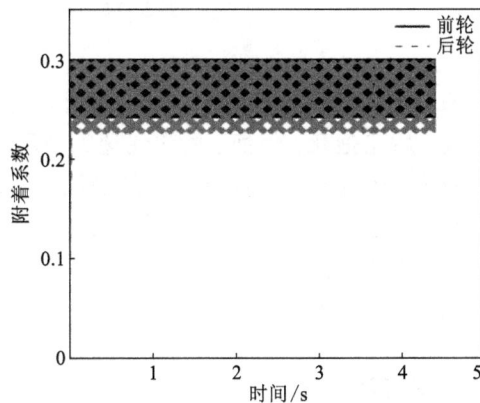

图 3-23　不同控制策略的车速与附着系数对比

由图 3-23(a)可知,配置有 ABS 控制系统的车辆,前、后轮不会完全抱死,保证了制动过程中的操纵稳定性与制动性能,但是前、后轮轮速波动较大,控制过程不稳定,无法完全将制动性能控制在最优状态;由图 3-23(b)可知,配置有最优制动力矩分配控制装置的车辆,控制效果仍然非常平稳,前、后轮轮速几乎与车身速度同步,轮胎不会完全抱死,轮胎速度的波动情况几乎可以忽略,整车的操纵稳定性与制动效能得到了很大的提升。

低附着路面上无 ABS、ABS 与最优制动力矩分配控制的制动距离对比图,无制动控制的汽车,制动距离约为 138.26 m;有 ABS 控制的汽车,制动距离约为 132.04 m,较无制动控制车辆而言,制动距离缩短了 4.50%,制动性能有明显改善;最优制动力矩分配控制的汽车,制动距离约为 63.14 m,较无制动控制车辆而言,制动距离缩短了 54.33%,较 ABS 控制的车辆而言,制动距离缩短了 52.18%。在低附着路面上,最优制动力矩分配控制系统发挥出了显著的优势。

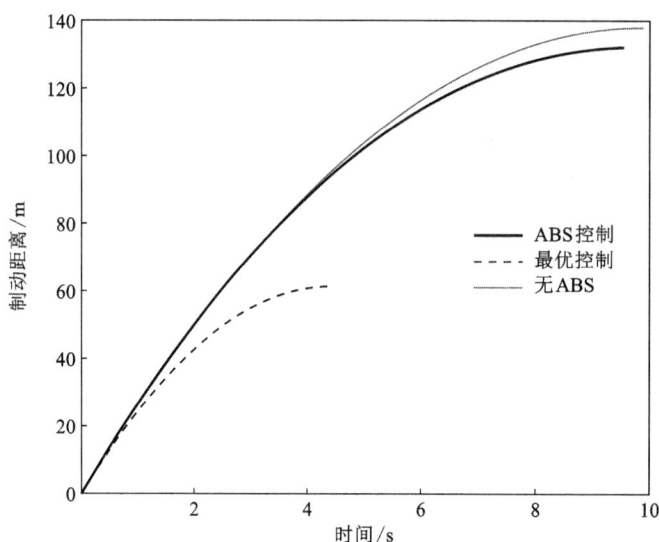

图 3-24 不同控制策略的制动距离对比

通过上述仿真结果可知，ABS 控制无论在低附着路面上还是在高附着路面，均能够防止车辆前、后轮抱死，但前、后轮轮速的波动行为一直存在，且路面附着利用率并没有达到最优的效果，因此制动距离没有达到最优。而建立的最优制动力矩分配的防抱死控制方案，不论是在低附着路面上还是在高附着路面上，较传统的 ABS 控制而言，不仅能够防止前、后轮抱死，轮速波动行为得到了改善，更有效地缩短了车辆的制动距离，在汽车操纵与制动稳定性上也得到了提升。

3.3 小结

本章专注于汽车的驱动和制动性能的力学系统建模与仿真分析。首先，介绍了汽车驱动模型，包括车辆在不同路面条件下的驱动力计算和分析，以及如何通过优化驱动力来提高车辆的动力性能。接着，详细讨论了制动模型，涵盖了制动过程中的力学原理和制动系统的工作原理，以及如何通过制动模型来评估和提高车辆的制动性能。

此外，本章还探讨了汽车的驱动和制动性能评价指标，这些指标对于衡量汽车在实际行驶中的表现至关重要。通过这些评价指标，可以对车辆的动态响应进行定量分析，从而为车辆设计和性能改进提供依据。最后，通过仿真分析，展示了在不同工况下汽车的驱动和制动性能，以及如何利用仿真工具来预测和优化车辆的动态行为。

第**4**章

汽车平顺性建模与仿真分析

4.1 振动系统

振动是汽车动力学研究内容中最为基本的行为。本章将回顾振动系统的基本原理、分析方法、频率响应、时间响应及优化理论等方面内容。由于汽车悬架和振动元件的优化方法多数基于频率响应，因此本章着重介绍对频率响应特性的分析。

4.1.1 机械振动元件

机械振动是动能 K 连续地来回转换成势能 V 的结果，当势能最大时，动能为零，反之亦然。当动能的周期性波动表现为物体的周期性运动时，将其称为机械振动。

存储动能的机械元件称为质量，存储势能的机械元件称为弹簧。如果在振动过程中机械能的总值 $E=K+V$ 减小，则有一个机械元件会耗散能量，这个耗散元件称为阻尼器。质量、弹簧和阻尼器通常用图4-1中的符号表示。

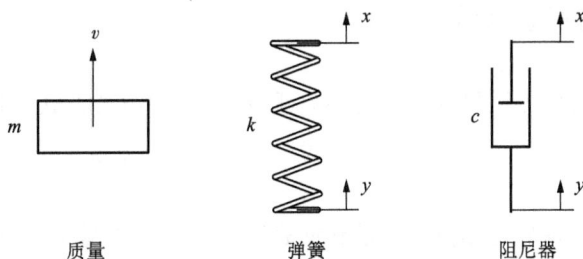

图4-1 质量 m、弹簧 k、阻尼器 c 示意图

质量 m 所存储的动能量与其速度 v^2 的平方成正比，速度 $v \equiv \dot{x}$ 可以是位置和时间的函数。

$$K = \frac{1}{2}mv^2 \tag{4-1}$$

移动质量 m 所需的力 f_m 与加速度 $a \equiv \ddot{x}$ 成正比。

$$f_m = ma \tag{4-2}$$

弹簧的刚度为 k，使弹簧产生形变的力 f_k 与其端部的位移成比例，刚度 k 可以是位置和时间的函数。

$$f_k = -kz = -k(x-y) \tag{4-3}$$

59

如果 k 与时间无关，则弹簧中储存的势能等于弹簧形变期间由力 f_k 所做的功。

$$V = -\int f_k \mathrm{d}z = -\int kz\mathrm{d}z \qquad (4-4)$$

弹簧势能是弹簧长度变化的函数，如果弹簧的刚度 k 不是位移的函数，则称为线性弹簧，那么它的势能可表达为

$$V = \frac{1}{2}kz^2 \qquad (4-5)$$

阻尼器的阻尼通过一个周期内的机械能损失值来衡量，等效地来看，可以由在阻尼器中产生运动所需的力 f_c 来定义阻尼。如果 f_c 与它两端的相对速度成正比，则它是线性阻尼器，阻尼常数为 c，这样的阻尼也叫作黏性阻尼。

$$f_c = -c\dot{z} = -c(\dot{x} - \dot{y}) \qquad (4-6)$$

振动运动 x 可以由周期 T 来表征，周期 T 是一个完整的振动周期所需的时间，起始于 $(\dot{x}=0, \ddot{x}<0)$，频率 f 是一个周期内的循环次数。

在理论振动研究中，通常使用角频率 $\omega(\mathrm{rad/s})$，而在应用振动研究中，通常使用周期频率 $f(\mathrm{Hz})$。

$$\omega = 2\pi f \qquad (4-7)$$

当在振动系统上没有施加外力或激励时，系统的任何可能的运动都称为自由振动，如果施加任何外部激励，则系统任何可能的运动称为强迫振动。有四种类型的激励：简谐、周期、瞬态、随机。与周期和随机激励相比，简谐和瞬态激励的应用范围更大，并且可预测性更高。当激励是时间的正弦函数时，称为简谐激励；当激励在一段时间后消失或保持稳定时，则称为瞬态激励。

4.1.2　牛顿力学与振动系统

每个振动系统都可以用质量 m_i、阻尼器 c_i 和弹簧 k_i 的组合方式来进行建模。这样的模型称为系统的离散模型或集总模型，图 4-2 为单自由度振动系统，其运动方程为

$$ma = -cv - kx + f(x, v, t) \qquad (4-8)$$

为了应用牛顿力学得到运动方程，假设质量 m 位于平衡位置外位移 x 处，速度为 $\dot{x}$，如图 4-2(b) 所示，同时质量 m 的受力图如图 4-2(c) 所示，于是可以通过下面的牛顿方程得到上述运动方程。

$$F = \frac{\mathrm{d}p}{\mathrm{d}t} = \frac{\mathrm{d}mv}{\mathrm{d}t} \qquad (4-9)$$

振动系统的平衡位置是指势能取极值点的位置，即

$$\frac{\partial V}{\partial x} = 0 \qquad (4-10)$$

通常，会将平衡位置的势能人为地规定为 0，具有恒定刚度的线性系统只会有 1 个平衡位置或者无穷多个平衡位置，而非线性系统则可能有多个平衡位置。平衡位置稳定的条件为

$$\frac{\partial^2 V}{\partial^2 x} > 0 \qquad (4-11)$$

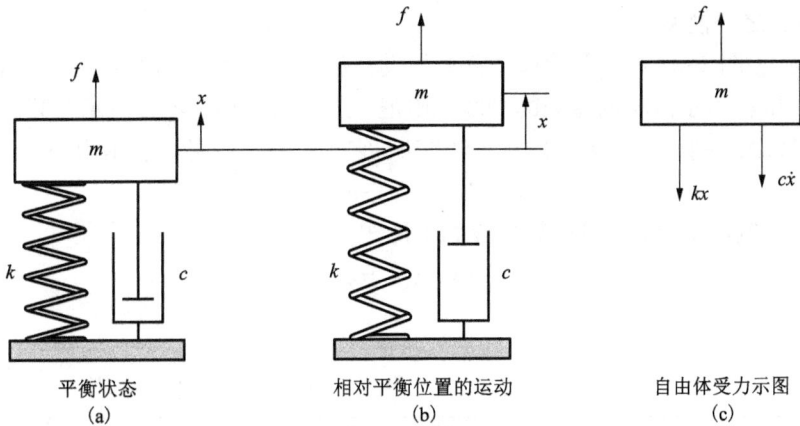

平衡状态　　　　　　相对平衡位置的运动　　　　自由体受力示图
(a)　　　　　　　　　　　(b)　　　　　　　　　　　(c)

图 4-2　单自由度振动系统

平衡位置不稳定的条件为

$$\frac{\partial^2 V}{\partial^2 x} < 0 \tag{4-12}$$

根据振动元件的布置及数量可对离散振动系统进行分类。质量的个数乘以每个质量的自由度构成振动系统的总自由度 n，最终的方程组将会是对 n 个广义坐标求解的 n 个二阶微分方程，当每个质量只有 1 个自由度时，则系统的自由度等于质量数。

用于汽车振动分析的单自由度、二自由度及三自由度模型如图 4-3(a) ~ (c) 所示。图 4-3(a) 被称为四分之一模型，m_s 表示车身四分之一的质量，m_u 表示一个车轮，k_s 和 c_s 表示汽车的悬架的刚度和阻尼，k_u 和 c_u 表示轮胎的刚度和阻尼。图 4-3(b) 则是考虑了驾驶员 m_d 的四分之一模型，k_d 和 c_d 座椅的弹簧和刚度。图 4-3(c) 被称为八分之一模型，不包含车轮。

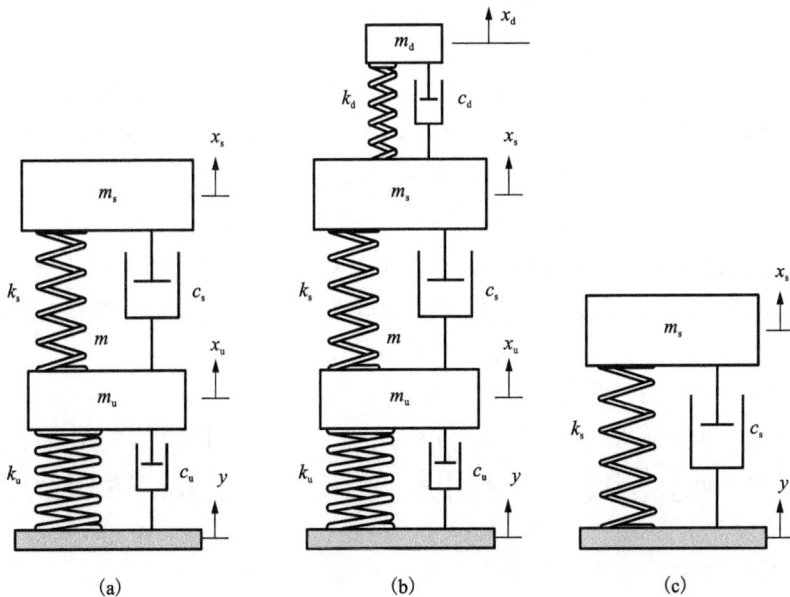

(a)　　　　　　　　　　(b)　　　　　　　　　　(c)

图 4-3　用于汽车垂直振动的单自由度、二自由度及三自由度模型

例1 八分之一模型

图4-3(c)和图4-4(a)为最简单的汽车振动模型,即八分之一模型,m_s表示车身四分之一的质量,k_s和c_s表示汽车的悬架的刚度和阻尼,当m_s如图4-4(b)所示在某一个位置振动时,其受力图为图4-4(c)。应用牛顿力学方法,它的运动方程可以表示为

$$m_s\ddot{x} = -k_s(x_s-y) - c_s(\dot{x}_s-\dot{y}) \tag{4-13}$$

将输入y和输出x分开,可以简化成如下形式:

$$m_s\ddot{x} + c_s\dot{x}_s + k_s x_s = k_s y - c_s\dot{y} \tag{4-14}$$

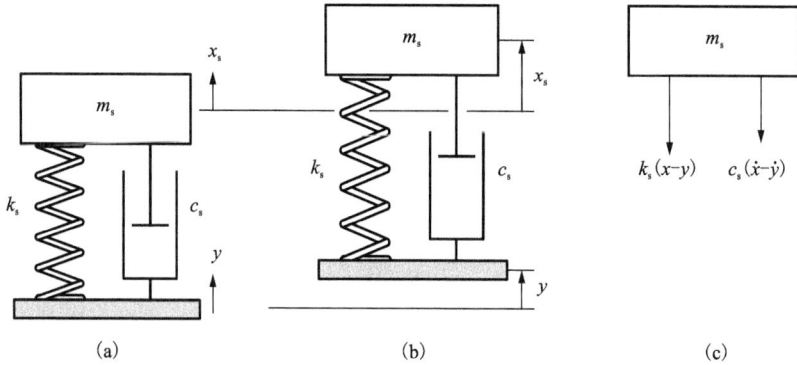

图4-4 八分之一模型及其受力分析

例2 力的比例原则

振动系统的运动方程在4个力之间进行平衡,分别是:与位移成比例的力$-kx$、与速度成比例的力$-cv$、与加速度成比例的力ma、施加的外力$f(x, v, t)$。根据牛顿力学,可知与加速度成比例的力ma始终等于其他3个力之和:

$$ma = -cv - kx + f(x, v, t) \tag{4-15}$$

例3 二自由度基座激励系统

图4-5(a)～(c)分别表示图4-3(a)中二自由度振动系统的平衡位置、运动及受力图,其中受力分析中满足假设$x_s>x_u>y$。应用牛顿力学方法,它的运动方程可以表示为

$$m_s\ddot{x}_s = -k_s(x_s-x_u) - c_s(\dot{x}_s-\dot{x}_u)$$
$$m_u\ddot{x}_u = k_s(x_s-x_u) + c_s(\dot{x}_s-\dot{x}_u) - k_u(x_u-y) - c_u(\dot{x}_u-\dot{y}) \tag{4-16}$$

同时也可以假设$x_s<x_u>y$,或者$x_s>x_u<y$,或者$x_s<x_u<y$,均可以获得上述运动方程。此外,通常还会以矩阵形式来重新排列线性系统的运动方程,以充分利用矩阵运算的优势。

$$[M]\ddot{x} + [c]\dot{x} + [k]x = F \tag{4-17}$$

式(4-16)所示的运动方程重新排列后如下所示:

$$\begin{bmatrix} m_s & 0 \\ 0 & m_u \end{bmatrix}\begin{bmatrix} \ddot{x}_s \\ \ddot{x}_u \end{bmatrix} + \begin{bmatrix} c_s & -c_s \\ -c_s & c_s+c_u \end{bmatrix}\begin{bmatrix} \dot{x}_s \\ \dot{x}_u \end{bmatrix} + \begin{bmatrix} k_s & -k_s \\ -k_s & k_s+k_u \end{bmatrix}\begin{bmatrix} x_s \\ x_u \end{bmatrix} = \begin{bmatrix} 0 \\ k_u y+c_u\dot{y} \end{bmatrix} \tag{4-18}$$

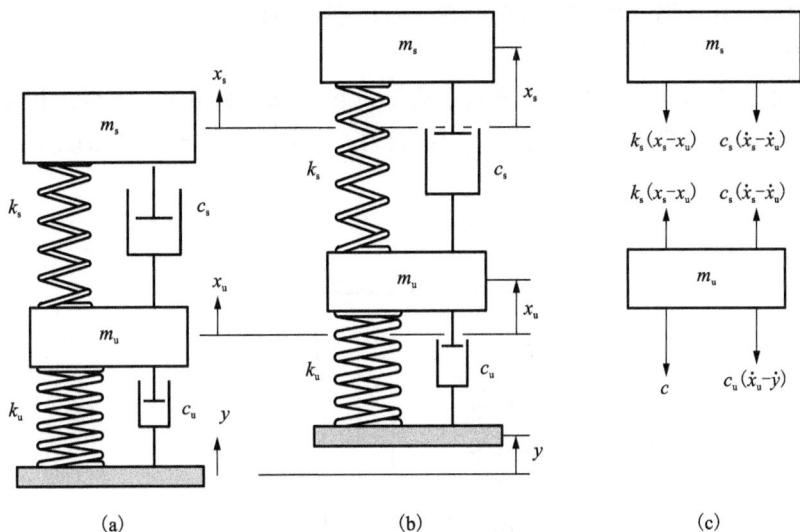

图 4-5　四分之一模型及其受力分析

4.1.3　振动系统的频域响应

当系统受简谐激励时，频率响应是运动方程的稳态解。稳态响应指的是在初始条件的影响消失之后，在给定频率下的恒定振幅振荡。简谐激励是作用于振动系统的正弦函数的任意组合，如果系统是线性的，则简谐激励会产生一个振幅与激励频率相关的简谐响应。在频率响应分析中，正是要寻找稳态振幅与激励频率的关系。

汽车动力学中多数振动系统都可以建模成为单自由度系统，这里将单自由度简谐激励系统分为基座激励、偏心激励、强迫激励、基座偏心激励四种类型，如图 4-6 所示。

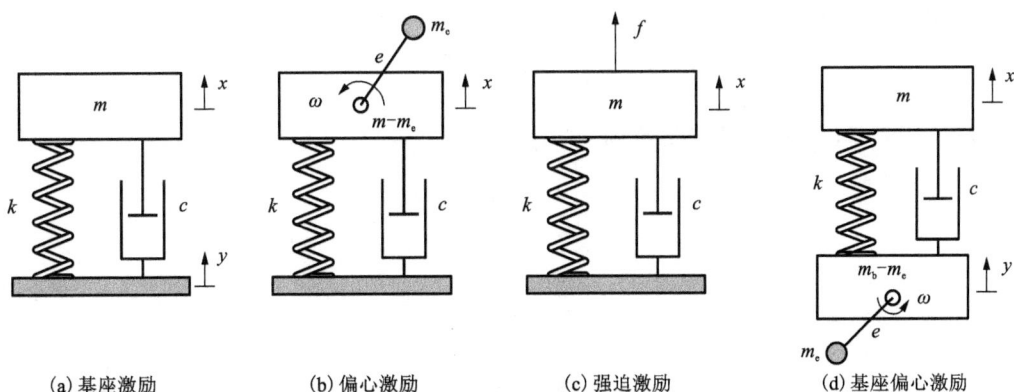

(a) 基座激励　　(b) 偏心激励　　(c) 强迫激励　　(d) 基座偏心激励

图 4-6　四种简谐激励系统

基座激励是车辆垂直振动中最实用的模型；偏心励磁是支架带旋转运动物体的模型（如安装在车架上的发动机）；偏心基座激励则是安装在发动机上的设备振动的模型；强迫激励几乎没有实际应用，但它是强迫振动的最简单模型，非常适合教学。为简单起见，这里仅对

63

简谐强迫激励系统和简谐基座激励系统的频率响应进行讨论。

1)强迫激励

如图4-7所示为单自由度的振动系统,质量 m 由弹簧 k 和阻尼 c 支撑,质量 m 相对于其平衡位置的绝对运动由坐标 x 来描述,一个正弦力 f 作用在质量 m 上使系统发生振动。

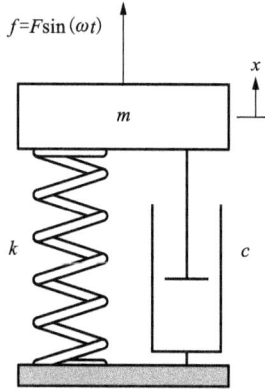

图4-7　单自由度简谐强迫激励系统

$$f = F\sin \omega t \tag{4-19}$$

系统的运动方程为

$$m\ddot{x} + c\dot{x} + kx = F\sin \omega t \tag{4-20}$$

系统的频率响应为

$$x = A_1 \sin \omega t + B_1 \cos \omega t = X\sin(\omega t - \varphi_x) \tag{4-21}$$

稳态响应的振幅为

$$\frac{X}{F/k} = \frac{1}{\sqrt{(1-r^2)^2 + (2\xi r)^2}} \tag{4-22}$$

稳态响应的相位为

$$\varphi_x = \cot^{-1} \frac{2\xi r}{1-r^2} \tag{4-23}$$

其中,频率比 r,阻尼比 ξ,固有频率 ω_n 分别为

$$r = \frac{\omega}{\omega_n}$$

$$\xi = \frac{c}{2\sqrt{km}} \tag{4-24}$$

$$\omega_n = \sqrt{\frac{k}{m}}$$

相位 φ_x 表示响应 x 相对于激励 f 的角度滞后,由于函数 $X = X(\omega)$ 非常重要,因此通常将这样的函数称为系统的频率响应。此外,还可以对系统的其他特性使用频率响应,使该特性是激励频率的函数,如速度频率响应 $\dot{X} = \dot{X}(\omega)$ 等。X 和 φ_x 与 r 和 ξ 的函数关系如图4-8和图4-9所示。

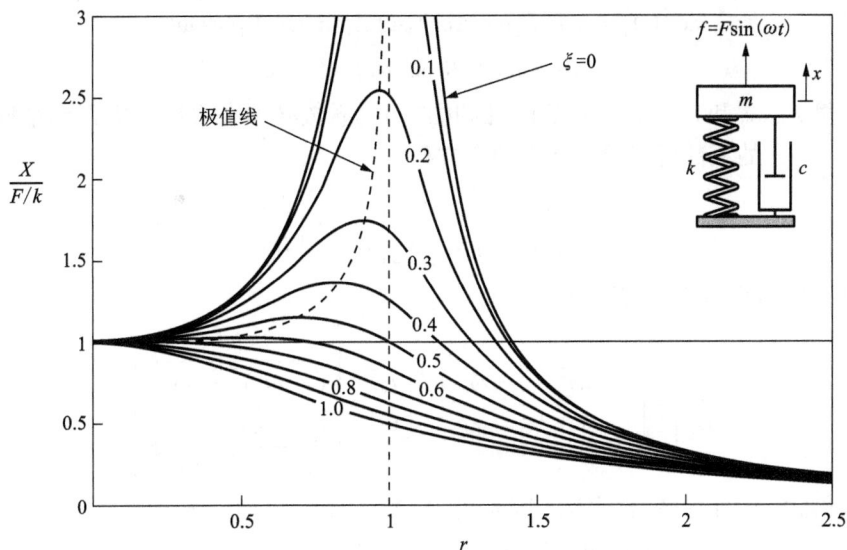

图 4-8　X 的频率响应

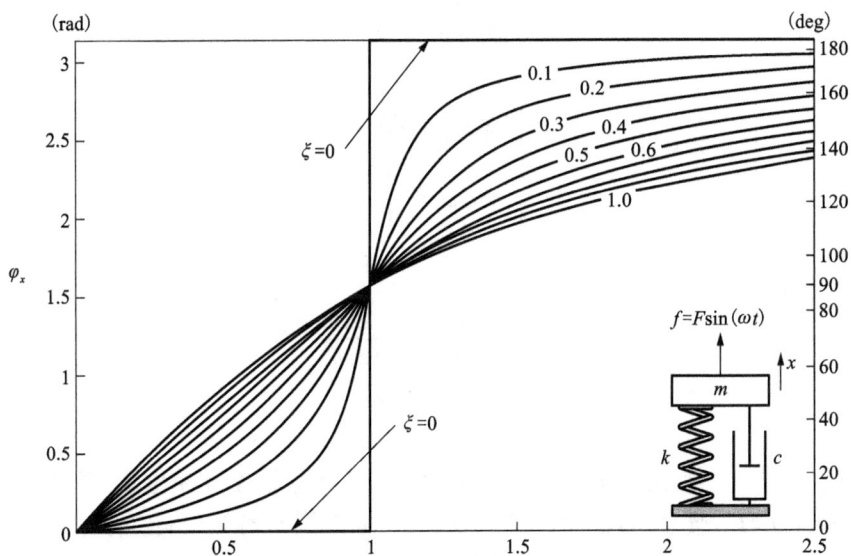

图 4-9　φ_x 的频率响应

证明

　　系统的受力情况如图 4-10 所示,应用牛顿力学可以获得系统的运动方程(4-20),线性方程的稳态解与激励方程相似,但具有不同的振幅和相位,因此稳态解可以表示为式(4-21)。将该解代入运动方程,便可以找到频率响应的振幅和相位,代入后得到如下等式:

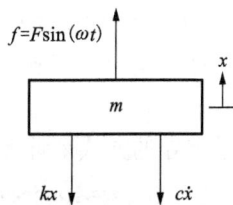

图 4-10　单自由度简谐强迫
振动系统质量 m 的受力图

65

$$m\omega^2(A_1\sin\omega t + B_1\cos\omega t) + c\omega(A_1\sin\omega t - B_1\cos\omega t)$$
$$+k(A_1\sin\omega t + B_1\cos\omega t) = F\sin\omega t \tag{4-25}$$

由于这里 $\sin\omega t$ 和 $\cos\omega t$ 是正交的,因此它们的系数必须在方程两端得到平衡,通过平衡 $\sin\omega t$ 和 $\cos\omega t$ 的系数可以得到如下两个方程:

$$\begin{bmatrix} k-m\omega^2 & -c\omega \\ c\omega & k-m\omega^2 \end{bmatrix}\begin{bmatrix} A_1 \\ B_1 \end{bmatrix} = \begin{bmatrix} F \\ 0 \end{bmatrix} \tag{4-26}$$

求解可以得到系数 A_1 和 B_1 为

$$\begin{bmatrix} A_1 \\ B_1 \end{bmatrix} = \begin{bmatrix} k-m\omega^2 & -c\omega \\ c\omega & k-m\omega^2 \end{bmatrix}^{-1}\begin{bmatrix} F \\ 0 \end{bmatrix} = \begin{bmatrix} \dfrac{k-m\omega^2}{(k-\omega^2)^2+c^2\omega^2}F \\ \dfrac{-c\omega^2}{(k-\omega^2)^2+c^2\omega^2}F \end{bmatrix} \tag{4-27}$$

由此可以获得式(4-21)的完整表达,同时式(4-21)可以写成如下形式:

$$A_1\sin\omega t + B_1\cos\omega t = X\sin(\omega t - \varphi_x) = X\sin\omega t\cos\varphi_x - X\cos\omega t\sin\varphi_x \tag{4-28}$$

所以

$$A_1 = X\cos\varphi_x$$
$$B_1 = -X\sin\varphi_x \tag{4-29}$$

因此

$$X = \sqrt{A_1+B_1}$$
$$\tan\varphi_x = \frac{-B_1}{A_1} \tag{4-30}$$

将 A_1 和 B_1 代入上式可得

$$X = \frac{1}{\sqrt{(k-m\omega^2)^2+c^2\omega^2}}F \tag{4-31}$$

$$\tan\varphi_x = \frac{-c\omega}{k-m\omega^2} \tag{4-32}$$

然而通常情况下,使用式(4-21)和式(4-23)来表达振幅 X 和相位 φ_x 更加实用。在质量 m 上施加一个力 $f=F$,便会出现一个位移 $\delta_s=F/k$,如果将 δ_s 称为"静态振幅",将 X 称为"动态振幅",那么 X/δ_s 则是动态振幅与静态振幅之比,当 $r=0$ 时 $X=\delta_s$,当 $r\to\infty$ 时 $X\to0$;但是,当 $r\to1$,$\omega\to\omega_n$ 时,X 将会变得非常大,理论上,当 $r\to1$,$\xi=0$ 时,$X\to\infty$。固有频率周围的频域称为共振区,可以通过引入阻尼来减小共振区的振动幅度。

例4 强迫激励速度和加速度的频率响应

当计算位置的频率响应时,

$$x = A_1\sin\omega t + B_1\cos\omega t = X\sin(\omega t - \varphi_x) \tag{4-33}$$

可以通过求导的方式来计算速度和加速度的频率响应:

$$\dot{x} = A_1\omega\cos\omega t - B_1\omega\sin\omega t = X\omega\cos(\omega t - \varphi_x) = \dot{X}\cos(\omega t - \varphi_x)$$
$$\ddot{x} = -A_1\omega^2\sin\omega t - B_1\omega^2\cos\omega t = -X\omega^2\sin(\omega t - \varphi_x) = \ddot{X}\sin(\omega t - \varphi_x) \tag{4-34}$$

速度和加速度频率响应的振幅分别为 $\dot{X}$ 和 $\ddot{X}$:

$$\dot{X} = \frac{\omega}{\sqrt{(k-m\omega^2)^2 + c^2\omega^2}} F$$

$$\ddot{X} = \frac{\omega^2}{\sqrt{(k-m\omega^2)^2 + c^2\omega^2}} F \tag{4-35}$$

可以写成

$$\frac{\dot{X}}{F/\sqrt{km}} = \frac{\omega}{\sqrt{(k-m\omega^2)^2 + c^2\omega^2}} F$$

$$\frac{\ddot{X}}{F/km} = \frac{\omega^2}{\sqrt{(k-m\omega^2)^2 + c^2\omega^2}} F \tag{4-36}$$

它们的图像如图 4-11 和图 4-12 所示。

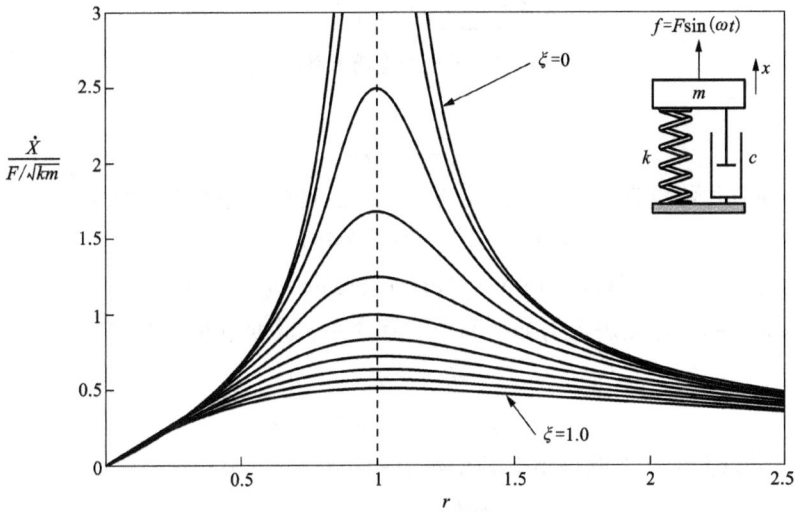

图 4-11　速度频率响应的振幅 $\dot{X}$

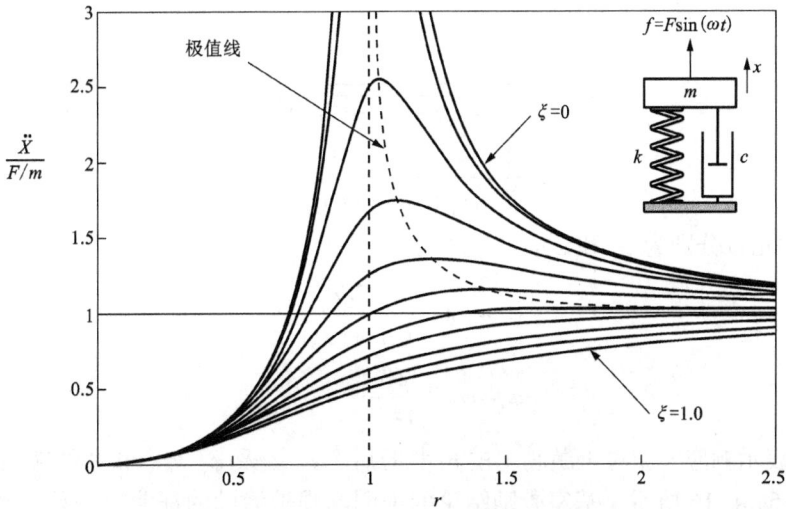

图 4-12　加速度频率响应的振幅 $\ddot{X}$

2）基座激励

图 4-13 为单自由度基座激励振动系统，质量 m 由弹簧 k 和阻尼 c 支撑，这种模型非常适合分析车辆的悬架系统或者任何安装在振动基座上的设备。质量 m 相对于其平衡位置的绝对运动由坐标 x 来描述，一个正弦激励运动作用在基座上使系统发生振动。

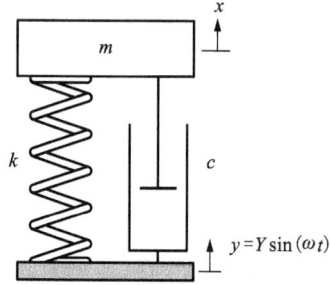

图 4-13　单自由度简谐激励系统

$$y = Y\sin \omega t \tag{4-37}$$

系统的运动方程可以表示为如下两个方程之一，其变量是绝对位移 x。

$$m\ddot{x} + c\dot{x} + kx = cY\omega\cos \omega t + kY\sin \omega t$$

$$\ddot{x} + 2\xi\omega_n\dot{x} + \omega_n^2 x = 2\xi\omega_n\omega Y\cos \omega t + \omega_n^2 Y\sin \omega y \tag{4-38}$$

系统的运动方程也可以表示为如下两个方程之一，其变量是相对位移 z。

$$m\ddot{z} + c\dot{z} + kz = m\omega^2 Y\sin \omega t$$

$$\ddot{z} + 2\xi\omega_n\dot{z} + \omega_n^2 z = \omega^2 Y\sin \omega t \tag{4-39}$$

其中，$z = x - y$，可以得到如下两种绝对频率响应和相对频率响应：

$$x = A_2\sin \omega t + B_2\cos \omega t = X\sin(\omega t - \varphi_x)$$

$$z = A_3\sin \omega t + B_3\cos \omega t = Z\sin(\omega t - \varphi_z) \tag{4-40}$$

其对应的振幅分别为 X 和 Z：

$$\frac{X}{Y} = \frac{\sqrt{1 + (2\xi r)^2}}{\sqrt{(1 - r^2)^2 + (2\xi r)^2}}$$

$$\frac{Z}{Y} = \frac{r^2}{\sqrt{(1 - r^2)^2 + (2\xi r)^2}} \tag{4-41}$$

其对应的相位分别为 φ_x 和 φ_z：

$$\varphi_x = \cot^{-1}\frac{2\xi r^3}{1 - r^2 + (2\xi r)^2}$$

$$\varphi_z = \cot^{-1}\frac{2\xi r}{1 - r^2} \tag{4-42}$$

相位 φ_x 表示响应 x 相对于激励 y 的角度滞后，X、Z 及 φ_x 与 r 和 ξ 的频域响应关系如图 4-14、4-15、4-16 所示。基座激励结论的证明与强迫激励的证明方法是一致的，这里不再赘述。

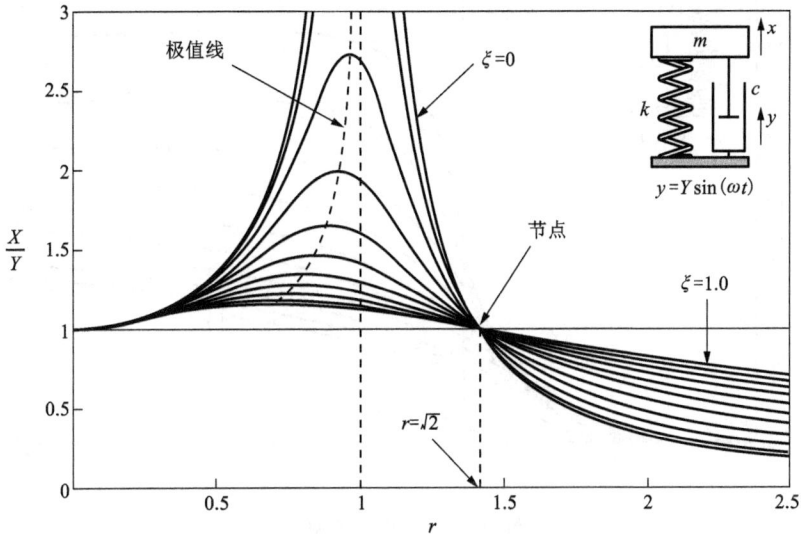

图 4-14　X 的频率响应

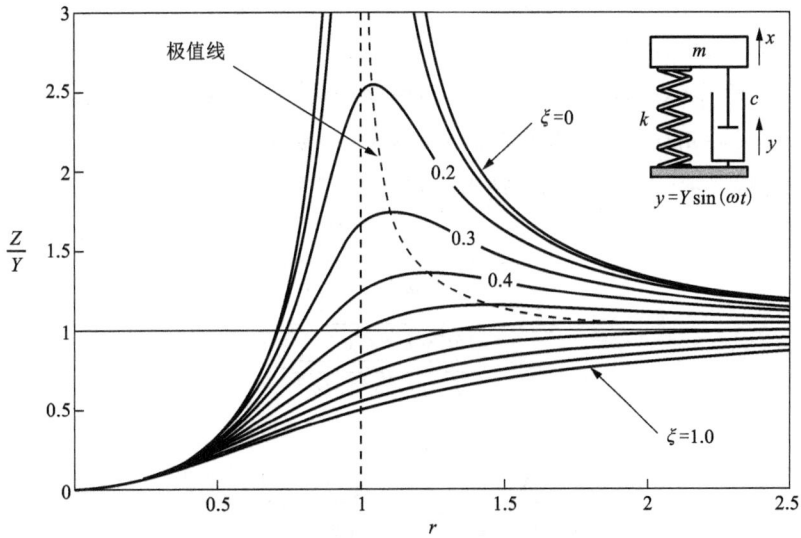

图 4-15　Z 的频率响应

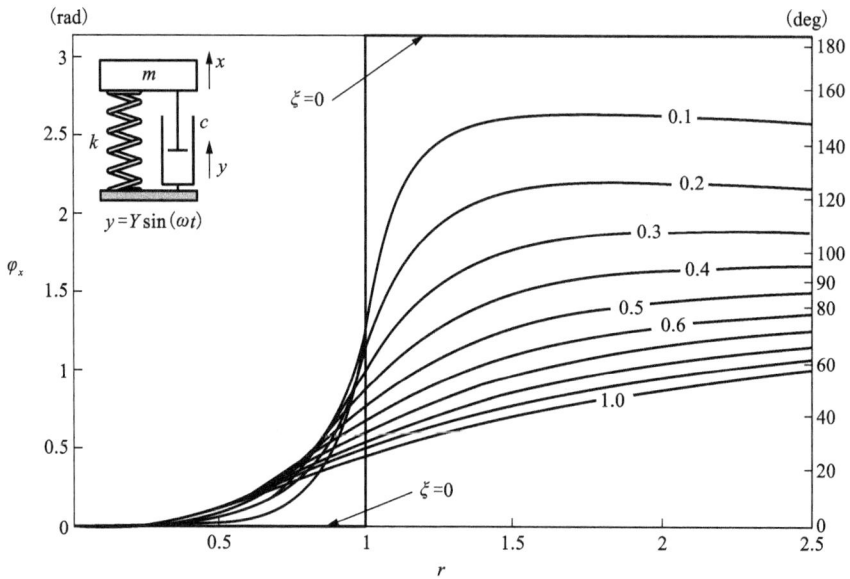

图 4-16 φ_x 的频率响应

例 5 基座激励速度和加速度的频率响应

基座激励的绝对位移频率响应为

$$x = A_2 \sin \omega t + B_2 \cos \omega t = X \sin(\omega t - \varphi_x) \tag{4-43}$$

通过求导可以获得其速度和加速度的频率响应：

$$\dot{x} = A_2 \omega \cos \omega t - B_2 \omega \sin \omega t = X \omega \cos(\omega t - \varphi_x) = \dot{X} \cos(\omega t - \varphi_x)$$

$$\ddot{x} = -A_2 \omega^2 \sin \omega t - B_2 \omega^2 \cos \omega t = -X \omega^2 \sin(\omega t - \varphi_x) = \ddot{X} \sin(\omega t - \varphi_x) \tag{4-44}$$

速度和加速度频率响应的振幅分别为 $\dot{X}$ 和 $\ddot{X}$：

$$\dot{X} = \frac{\omega \sqrt{k^2 + c^2 \omega^2}}{\sqrt{(k - m\omega^2)^2 + c^2 \omega^2}} Y$$

$$\ddot{X} = \frac{\omega^2 \sqrt{k^2 + c^2 \omega^2}}{\sqrt{(k - m\omega^2)^2 + c^2 \omega^2}} Y \tag{4-45}$$

可以写成

$$\frac{\dot{X}}{\omega_n Y} = \frac{r \sqrt{1 + (2\xi r)^2}}{\sqrt{(1 - r^2)^2 + (2\xi r)^2}} Y$$

$$\frac{\ddot{X}}{\omega_n^2 Y} = \frac{r^2 \sqrt{1 + (2\xi r)^2}}{\sqrt{(1 - r^2)^2 + (2\xi r)^2}} Y \tag{4-46}$$

它们的图像如图 4-17 和图 4-18 所示。

70

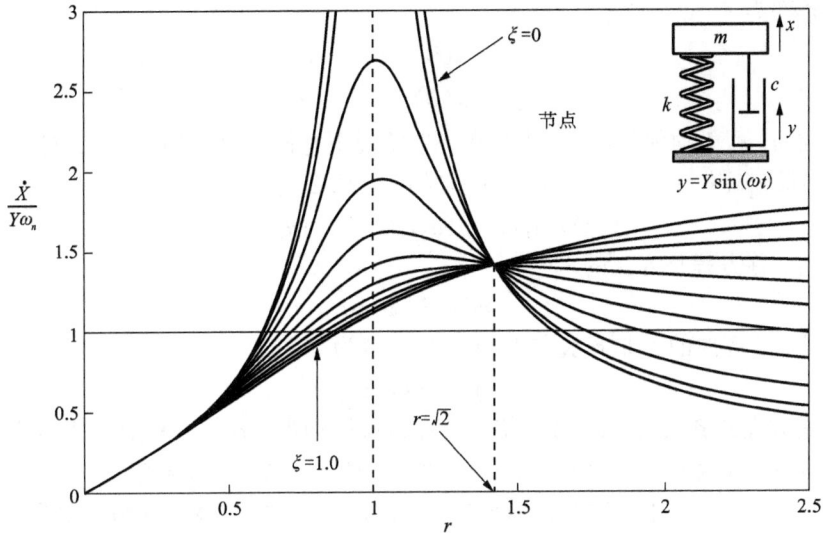

图 4-17　速度频率响应的振幅 $\dot{X}$

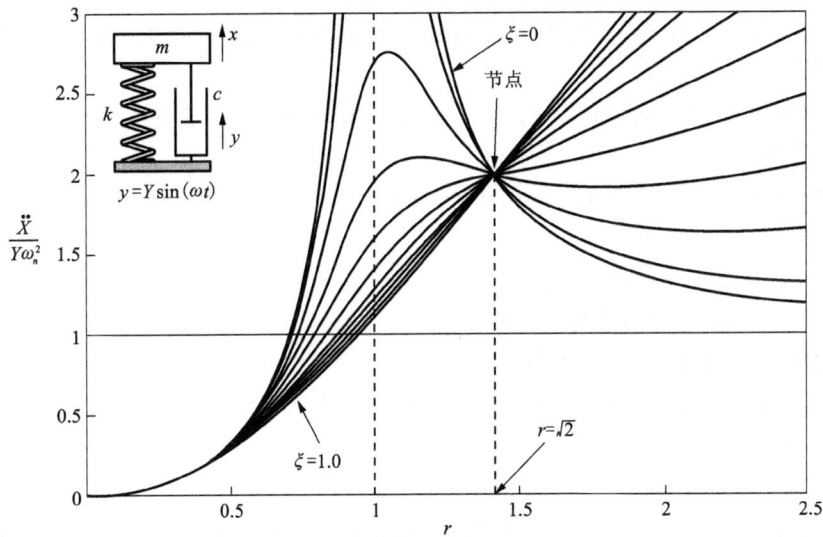

图 4-18　加速度频率响应的振幅 $\ddot{X}$

4.1.4　振动系统的时域响应

任何线性振动系统中用来求瞬态响应的运动方程为

$$[m]\ddot{x}+[c]\dot{x}+[k]x=F$$
$$x(0)=x_0 \qquad\qquad (4-47)$$
$$\dot{x}(0)=\dot{x}_0$$

其中，假设质量矩阵 $[m]$、刚度矩阵 $[k]$ 及阻尼矩阵 $[c]$ 均保持不变，对于耦合的微分方程组来说，时间响应就是 $x=x(t)$，$t>0$，这类问题被称为初值问题。

考虑单自由度振动系统：

$$m\ddot{x}+c\dot{x}+kx=f(x,\ \dot{x},\ t) \qquad\qquad (4-48)$$

其初始条件为

$$x(0) = x_0$$
$$\dot{x}(0) = \dot{x}_0 \tag{4-49}$$

假设系数 m、c、k 均保持不变(尽管在一般情况下它们是时间的函数),对一组二阶微分方程来说,如果 $x_1(t)$,$x_2(t)$,$\cdots$,$x_n(t)$ 是它的解,那么其通解可以表示为

$$x(t) = a_1 x_1(t) + a_2 x_2(t) + \cdots + a_n x_n(t) \tag{4-50}$$

当 $f = 0$ 时,称方程是齐次的:

$$m\ddot{x} + c\dot{x} + kx = 0 \tag{4-51}$$

否则,称方程是非齐次的。非齐次方程(4-48)的解为

$$x(t) = x_h(t) + x_p(t) \tag{4-52}$$

其中,$x_h(t)$ 是方程的齐次解,$x_p(t)$ 是特解。在机械振动中,齐次方程对应于自由振动,其解称为自由响应;非齐次方程对应的是强迫振动,其解称为强迫振动响应。

指数函数 $x = e^{\lambda t}$ 应用于齐次线性微分方程,因此二阶微分方程(4-51)的解为

$$x_h(t) = a_1 e^{\lambda_1 t} + a_2 e^{\lambda_2 t}$$

其中,常数 a_1 和 a_2 的值取决于初始条件,参数 λ_1 和 λ_2 称为系统的特征参数或特征值。特征值是特征方程的解,将 $x = e^{\lambda t}$ 代入方程(4-51)便可得到。特征方程是使得 $x = e^{\lambda t}$ 这样的解满足运动方程(4-51)的条件。

特解一般较难寻找,然而如果力 $f = f(t)$ 是如下形式函数的组合:

- 一个常数,如 $f = a$;
- 一个 t 的多项式,如 $f = a_0 + a_1 t + a_2 t^2 + \cdots + a_n t^n$;
- 一个指数函数,如 $f = e^{at}$;
- 一个简谐函数,如 $f = F_1 \sin at + F_2 \cos at$。

那么特解 $x_p(t)$ 则与 $f = f(t)$ 有着相同的形式:

- $x_p(t)$ 为一个常数,如 $x_p(t) = C$;
- $x_p(t)$ 为相同维度的多项式,$x_p(t) = C_0 + C_1 t + C_2 t^2 + \cdots + C_n t^n$;
- $x_p(t)$ 为一个指数函数,$x_p(t) = C e^{at}$;
- $x_p(t)$ 为一个简谐函数,$x_p(t) = A \sin at + B \cos at$。

如果系统没有外力作用,或者外力作用后马上消失,那么方程的解称为时间响应或者瞬态响应,在这类问题中初始条件非常重要。

当系统存在阻尼时,瞬态响应和强迫响应中初始条件的影响将很快消失,稳态响应将会保持,如果外力是简谐的,那么稳态解则被称为频率响应。

例 6 二阶线性微分方程齐次解
如果一个系统的运动方程如下:

$$\ddot{x} + \dot{x} - 2x = 0$$
$$x_0 = 1$$
$$\dot{x}_0 = 7 \tag{4-53}$$

为了找到解,将 $x = e^{\lambda t}$ 代入上述运动方程,得到其特征方程:

$$\lambda^2 + \lambda - 2 = 0 \tag{4-54}$$

特征值为

$$\lambda_{1,2} = 1, \ -2 \tag{4-55}$$

所以解为

$$x = a_1 e^t + a_2 e^{-2t} \tag{4-56}$$

然后取导数可得

$$\dot{x} = a_1 e^t - 2a_2 e^{-2t} \tag{4-57}$$

将 $x_0 = 1$ 和 $\dot{x}_0 = 7$ 代入：

$$\begin{aligned} 1 &= a_1 + a_2 \\ 7 &= a_1 - 2a_2 \end{aligned} \tag{4-58}$$

解得 $a_1 = 3$，$a_2 = -2$，所以其解 $x = x(t)$ 为

$$x = 3e^t - 2e^{-2t} \tag{4-59}$$

例 7　单自由度系统的自由振动

最简单的自由振动的运动方程为

$$m\ddot{x} + c\dot{x} + kx = 0 \tag{4-60}$$

上式可以等价于

$$\ddot{x} + 2\xi\omega_n\dot{x} + \omega_n^2 x = 0 \tag{4-61}$$

其中，$\omega_n = \sqrt{\dfrac{k}{m}}$，$\xi = \dfrac{1}{2}\dfrac{c}{\sqrt{mk}}$。自由振动系统的响应称为瞬态响应，且仅取决于初始条件 $x_0 = x(0)$，$\dot{x}_0 = \dot{x}(0)$。为了找到运动方程的解，先以指数形式 $x = Ae^{\lambda t}$ 进行尝试，将其代入上述运动方程，可以得到特征方程：

$$\lambda^2 + 2\xi\omega_n\lambda + \omega_n^2 = 0 \tag{4-62}$$

特征值为

$$\lambda_{1,2} = -\xi\omega_n \pm \omega_n\sqrt{\xi^2 - 1} \tag{4-63}$$

所以上述运动方程的通解为

$$\begin{aligned} x &= A_1 e^{\lambda_1 t} + A_2 e^{\lambda_2 t} \\ &= A_1 e^{(-\xi\omega_n + \omega_n\sqrt{\xi^2-1})t} + A_2 e^{(-\xi\omega_n - \omega_n\sqrt{\xi^2-1})t} \\ &= e^{-\xi\omega_n t}(A_1 e^{i\omega_d t} + A_2 e^{-i\omega_d t}) \\ \omega_d &= \omega_n\sqrt{1-\xi^2} \end{aligned} \tag{4-64}$$

其中，ω_d 称为阻尼固有频率，通过欧拉方程 $e^{i\alpha} = \cos\alpha + i\sin\alpha$，可以将得到的上述解完善成如下形式：

$$\begin{aligned} x &= e^{-\xi\omega_n t}(B_1\sin\omega_d t + B_2\cos\omega_d t) \\ x &= Be^{-\xi\omega_n t}\sin(\omega_d t + \varphi) \end{aligned} \tag{4-65}$$

其中，

$$\begin{aligned} B_1 &= i(A_1 - A_2) \\ B_1 &= A_1 + A_2 \\ B &= \sqrt{B_1^2 + B_2^2} \\ \varphi &= \tan^{-1}\frac{B_2}{B_1} \end{aligned} \tag{4-66}$$

由于这里的位移 x 是实际的物理量，因此系数 B_1 和 B_2 必须为实数，这就要求 A_1 和 A_2 是共轭的，得到的解所描述的运动由频率为 $\omega_d = \omega_n \sqrt{1-\xi^2}$ 的简谐运动和逐渐减小的振幅 $Be^{-\xi\omega_n t}$ 所组成。

4.1.5　小结

一般来说，振动是一种有害现象。为了最小化振动的影响，一般通过阻尼弹性隔离器连接系统。为简单起见，选择彼此平行的弹簧和阻尼器对隔离器进行建模。

在物理上，振动可以通过能量转换的方式来表现；在数学上，振动可以通过一组微分方程的解来表示。如果系统是线性的，那么其运动方程始终可以按如下的矩阵形式来表达：

$$[m]\ddot{x} + [c]\dot{x} + [k]x = F(x, \dot{x}, t) \tag{4-67}$$

当 $F=0$ 时，称为自由振动；当 $F \neq 0$ 时，称为强迫振动。通常将运动方程的解分为瞬态解和稳态解，当 $F=0$ 或者 F 仅作用很短一段时间时，运动方程的解称为瞬态响应（时间响应）。由于工程机械多数装备有旋转的电机或内燃机，周期的和简谐的激励很常见，因此当系统受到简谐激励时，运动方程的稳态解称为频率响应。在频率分析中，一般求取的是初始条件影响消失后系统的稳态响应。

车辆等机械系统的频率响应主要由系统的固有频率和激励频率决定。当激励频率接近系统的固有频率之一时，振动的幅度会增大。固有频率周围的频域称为共振区，可以通过引入阻尼来减小共振区域的振动幅度。

简谐激励的单自由度系统可以分为基座激励、偏心激励、偏心基座激励及强迫激励，它们的频率响应都可以表达为频率比 $r = \omega/\omega_n$ 和阻尼比 $\xi = c/2\sqrt{km}$ 的函数并绘制出相应的图像。

4.2　汽车振动

车辆是多自由度系统，如图4-19所示，其振动行为（称为平顺性或乘坐舒适性）在很大程度上取决于车辆的固有频率和振型。本节将回顾总结建立车辆运动方程，及求解固有频率和振型的方法。

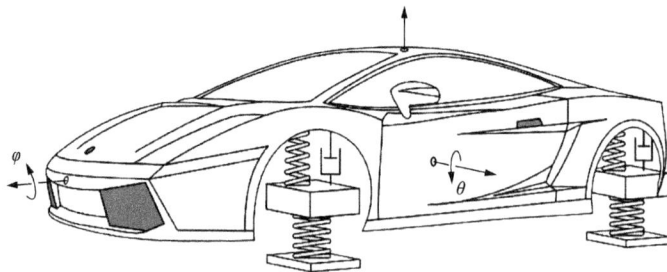

图4-19　整车的振动模型

4.2.1　拉格朗日方法与耗散函数

拉格朗日方程的一般表达形式如下

$$\frac{d}{dt}\left(\frac{\partial K}{\partial \dot{q}_r}\right) - \frac{\partial K}{\partial q_r} = F_r \quad r = 1, 2, \cdots n \tag{4-68}$$

或

$$\frac{d}{dt}\left(\frac{\partial L}{\partial \dot{q}_r}\right) - \frac{\partial L}{\partial q_r} = Q_r \quad r = 1, 2, \cdots n \tag{4-69}$$

以上两式均可用于求解振动系统的运动方程。然而对于小幅线性振动，可采用更简洁形式的拉格朗日方程：

$$\frac{d}{dt}\left(\frac{\partial K}{\partial \dot{q}_r}\right) - \frac{\partial K}{\partial q_r} + \frac{\partial D}{\partial \dot{q}_r} + \frac{\partial V}{\partial q_r} = f_r \quad r = 1, 2, \cdots n \tag{4-70}$$

其中，K 为动能，V 为势能，D 为系统的耗散函数：

$$K = \frac{1}{2}\dot{x}^T[m]\dot{x} = \frac{1}{2}\sum_{i=1}^{n}\sum_{j=1}^{n}\dot{x}_i m_{ij}\dot{x}_j \tag{4-71}$$

$$V = \frac{1}{2}x^T[k]x = \frac{1}{2}\sum_{i=1}^{n}\sum_{j=1}^{n}x_i k_{ij}x_j \tag{4-72}$$

$$D = \frac{1}{2}\dot{x}^T[c]\dot{x} = \frac{1}{2}\sum_{i=1}^{n}\sum_{j=1}^{n}\dot{x}_i c_{ij}\dot{x}_j \tag{4-73}$$

式中，f_r 为作用于质量 m_r 的外力。

考虑单自由度质量-弹簧-阻尼振动系统，当系统中仅存在粘性阻尼时，可通过瑞利耗散函数

$$D = \frac{1}{2}c\dot{x}^2 \tag{4-74}$$

通过求导得到阻尼力 f_c：

$$f_c = -\frac{\partial D}{\partial \dot{x}} \tag{4-75}$$

弹性力 f_k 可由势能 V 导出：

$$f_k = -\frac{\partial V}{\partial x} \tag{4-76}$$

因此广义力 F 可分解为：

$$F = f_c + f_k + f = -\frac{\partial D}{\partial \dot{x}} - \frac{\partial V}{\partial x} + f \tag{4-77}$$

其中，f 为作用于质量 m 的非保守外力。将式(4-77)代入式(4-68)：

$$\frac{d}{dt}\left(\frac{\partial K}{\partial \dot{x}}\right) - \frac{\partial K}{\partial x} = -\frac{\partial D}{\partial \dot{x}} - \frac{\partial V}{\partial x} + f \tag{4-78}$$

即得粘性阻尼振动系统的拉格朗日方程：

$$\frac{d}{dt}\left(\frac{\partial K}{\partial \dot{x}}\right) - \frac{\partial K}{\partial x} + \frac{\partial D}{\partial \dot{x}} + \frac{\partial V}{\partial x} = f \tag{4-79}$$

当振动系统具有 n 自由度时，动能 K、势能 V 和耗散函数 D 如式(4-71)-(4-73)所示。将拉格朗日方程应用于 n 自由度系统，将得到 n 个二阶微分方程(4-70)。

例 8 单自由度质量弹簧阻尼系统

图 4-20 为外力 f 作用下的单自由度质量弹簧阻尼系统，系统振动时其动能和势能分

别为

$$K = \frac{1}{2} m \dot{x}^2$$

$$V = \frac{1}{2} k x^2$$

$$(4-80)$$

其耗散方程为

$$D = \frac{1}{2} c \dot{x}^2 \qquad (4-81)$$

将 K, V, D 代入式(4-68)便可以得到系统的运动方程:

$$\frac{d}{dt}(m\dot{x}) + c\dot{x} + kx = f \qquad (4-82)$$

因为

$$\frac{\partial K}{\partial \dot{x}} = m\dot{x} \quad \frac{\partial K}{\partial x} = 0 \quad \frac{\partial D}{\partial \dot{x}} = c\dot{x} \quad \frac{\partial V}{\partial x} = kx \qquad (4-83)$$

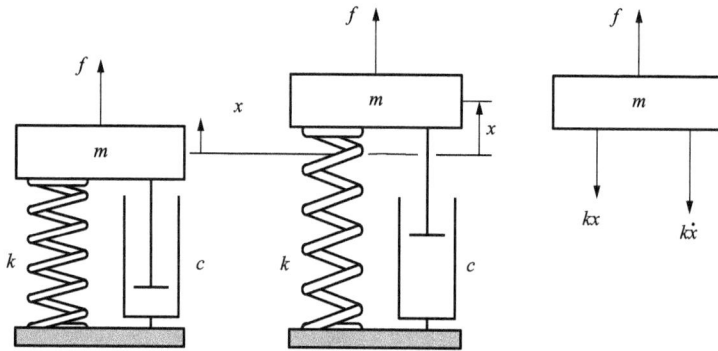

图 4-20 单自由度质量弹簧阻尼系统

4.2.2 固有频率和振型

无外力、无阻尼的系统称为自由系统,由以下微分方程组控制:

$$[m]\ddot{x} + [k]x = 0 \qquad (4-84)$$

该自由系统的响应是简谐的:

$$x = \sum_{i=1}^{n} u_i(A_i \sin \omega_i t + B_i \cos \omega_i t)$$

$$= \sum_{i=1}^{n} C_i u_i \sin(\omega_i t - \varphi_i), \ i = 1, 2, \cdots, n$$

$$(4-85)$$

其中, ω_i 是固有频率, u_i 是系统振型。

ω_i 是系统特征方程的解:

$$det[[k] - \omega^2[m]] = 0 \qquad (4-86)$$

固有频率伴随的振型 u_i 则是如下方程的解:

76

$$[[k]-\omega_i^2[m]]u_i=0 \tag{4-87}$$

未知的系数 A_i，B_i，C_i 和 φ_i 取决于初始条件。通过消除运动方程中的力和阻尼

$$[m]\ddot{x}+[c]\dot{x}+[k]x=F \tag{4-88}$$

可以得到如下的自由系统：

$$[m]\ddot{x}+[k]x=0 \tag{4-89}$$

尝试采取如下形式来寻找方程的解：

$$x=uq(t)$$
$$x_i=u_iq(t)，i=1，2，\cdots，n \tag{4-90}$$

这种解的形式表明运动期间两个坐标的振幅与时间无关，将上式代入式(4-89)

$$[m]u\ddot{q}(t)+[k]uq(t)=0 \tag{4-91}$$

并分离时间相关的变量：

$$-\frac{\ddot{q}(t)}{q(t)}=[[m]u]^{-1}[[k]u]=\frac{\sum_{j=1}^{n}k_{ij}u_j}{\sum_{j=1}^{n}m_{ij}u_j}，i=1，2，\cdots，n \tag{4-92}$$

由于上式右侧与时间无关，左侧与 i 无关，因此两侧都必须等于一个常量，假设这个常量为一正数 ω^2，上式可以分离为两个方程：

$$\begin{cases}\ddot{q}(t)+\omega^2q(t)=0 \\ [[k]-\omega^2[m]]u=0\end{cases} \tag{4-93}$$

式(4-93)中第一个方程的解为

$$q(t)=\sin\omega t+\cos\omega t=\sin(\omega t+\varphi) \tag{4-94}$$

这意味着系统所有的坐标 x_i 都以相同的频率 ω 和相角 φ 做简谐运动。频率 ω 可以由式(4-93)中第二个方程求解，该方程有一个解为 $u=0$，此时系统处于平衡位置，没有运动，这个解称为零解，并不重要。为了求取非零解，系数矩阵的行列式必须为零，即

$$det[[k]-\omega^2[m]]=0 \tag{4-95}$$

确定常量 ω，找到非零解，这类问题称为特征值问题。展开上述行列式后可以得到一个代数方程，称为特征方程，该方程是一个关于 ω^2 的 n 阶方程，对应了 n 个固有频率 ω_i。

式(4-95)可以改写成

$$det[[A]-\lambda I]=0 \tag{4-96}$$

其中，$[A]=[m]^{-1}[k]$，$\lambda_i=\omega_i^2$，所以求取固有频率 ω_i 的问题就转化成了确定矩阵 $[A]=[m]^{-1}[k]$ 的特征值 λ_i。

如果 u_i 是一个解，那么 au_i 也可以是一个解，也就是说特征向量不是唯一的，并可以表示成任意长度，然而一个特征向量中两个任意两个元素之比是唯一的，因此 u_i 对应着一个特殊的形式，如果 u_i 中的某一个元素已经确定了，那么剩下的 $n-1$ 个元素也就唯一确定了。特征向量的形状表明了振动中系统坐标对应的幅度。

例9　2×2 矩阵的特征值和特征向量

矩阵 A 为一个 2×2 的矩阵：

$$[A]=\begin{bmatrix}5&3\\3&6\end{bmatrix} \tag{4-97}$$

为了找到特征值 λ_i，通过从主对角线减去未知的 λ 并求出行列式来找到矩阵的特征方程：

$$det\left[\left[A\right]-\lambda I\right]=det\begin{bmatrix}5 & 3\\3 & 6\end{bmatrix}-\lambda\begin{bmatrix}1 & 0\\0 & 1\end{bmatrix}$$
$$=det\begin{bmatrix}5-\lambda & 3\\3 & 6-\lambda\end{bmatrix} \qquad (4-98)$$
$$=\lambda^2-11\lambda+21$$

可以解出特征值 $\lambda_1=8.5414$，$\lambda_2=2.4586$，代入 $\left[\left[A\right]-\lambda_i I\right]u_i=0$，假设特征向量为

$$u_1=\begin{bmatrix}u_{11}\\u_{12}\end{bmatrix}, \quad u_2=\begin{bmatrix}u_{21}\\u_{22}\end{bmatrix} \qquad (4-99)$$

所以有

$$\left[\left[A\right]-\lambda_1 I\right]u_1=\left[\begin{bmatrix}5 & 3\\3 & 6\end{bmatrix}-8.5414\begin{bmatrix}1 & 0\\0 & 1\end{bmatrix}\right]\begin{bmatrix}u_{11}\\u_{12}\end{bmatrix}$$
$$=\begin{bmatrix}3u_{12}-3.5414u_{11}\\3u_{11}-2.5414u_{11}\end{bmatrix}=0 \qquad (4-100)$$

$$\left[\left[A\right]-\lambda_2 I\right]u_2=\left[\begin{bmatrix}5 & 3\\3 & 6\end{bmatrix}-2.4586\begin{bmatrix}1 & 0\\0 & 1\end{bmatrix}\right]\begin{bmatrix}u_{21}\\u_{22}\end{bmatrix}$$
$$=\begin{bmatrix}25414u_{21}+3u_{22}\\3u_{21}+3.5414u_{22}\end{bmatrix}=0 \qquad (4-101)$$

采用特征向量中最后一个元素为 1 的特征向量形式，即 $u_{12}=1$，$u_{22}=1$，可求得特征向量为

$$u_1=\begin{bmatrix}-1.1805\\1\end{bmatrix}, \quad u_2=\begin{bmatrix}0.8471\\1\end{bmatrix} \qquad (4-102)$$

例 10 车辆振动四分之一模型的固有频率和振型

图 4-21 为车辆振动的四分之一模型，簧上和簧下质量分别为 m_s 和 m_u，簧上质量为车身质量的四分之一，簧下质量代表车轮，弹簧 k_s 和阻尼 c_s 支撑着簧上质量，簧下质量通过弹簧 k_u 和阻尼 c_u 与地面接触。

四分之一车轮模型的运动方程为

$$m_s\ddot{x}_s=-k_s(x_s-x_u)-c_s(\dot{x}_s-\dot{x}_u)$$
$$m_u\ddot{x}_u=k_s(x_s-x_u)+c_s(\dot{x}_s-\dot{x}_u)-k_u(x_u-y)-c_u(\dot{x}_u-\dot{y}) \qquad (4-103)$$

可以写成如下的矩阵形式：

$$\left[M\right]\ddot{x}+\left[C\right]\ddot{x}+\left[k\right]x=F \qquad (4-104)$$

展开形式为

$$\begin{bmatrix}m_s & 0\\0 & m_u\end{bmatrix}\begin{bmatrix}\ddot{x}_s\\\ddot{x}_u\end{bmatrix}+\begin{bmatrix}c_s & -c_s\\-c_s & c_s+c_u\end{bmatrix}\begin{bmatrix}\dot{x}_s\\\dot{x}_u\end{bmatrix}+\begin{bmatrix}k_s & -k_s\\-k_s & k_s+k_u\end{bmatrix}\begin{bmatrix}x_s\\x_u\end{bmatrix}=\begin{bmatrix}0\\k_u y+c_u\dot{y}\end{bmatrix} \qquad (4-105)$$

为了求取固有频率和振型，去掉上式中的阻尼项和外力项：

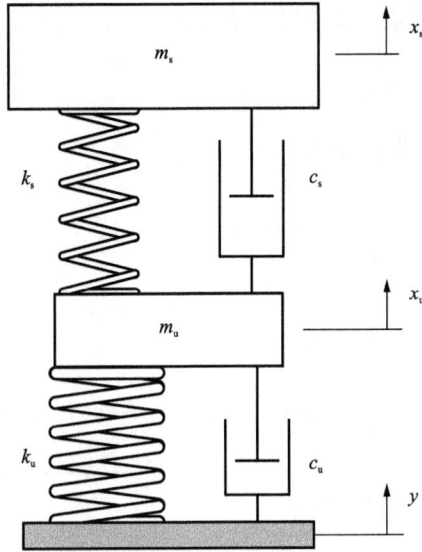

图 4-21　车辆振动的四分之一模型

$$\begin{bmatrix} m_{s} & 0 \\ 0 & m_{u} \end{bmatrix} \begin{bmatrix} \ddot{x}_{s} \\ \ddot{x}_{u} \end{bmatrix} + \begin{bmatrix} k_{s} & -k_{s} \\ -k_{s} & k_{s}+k_{u} \end{bmatrix} \begin{bmatrix} x_{s} \\ x_{u} \end{bmatrix} = 0 \tag{4-106}$$

给定车辆的参数：$m_{s} = 375 \text{ kg}$，$m_{u} = 75 \text{ kg}$，$k_{s} = 35000 \text{ N/m}$，$k_{u} = 193000 \text{ N/m}$。于是有

$$\begin{bmatrix} 375 & 0 \\ 0 & 75 \end{bmatrix} \begin{bmatrix} \ddot{x}_{s} \\ \ddot{x}_{u} \end{bmatrix} + \begin{bmatrix} 35000 & -35000 \\ -35000 & 2.28\times10^{5} \end{bmatrix} \begin{bmatrix} x_{s} \\ x_{u} \end{bmatrix} = 0 \tag{4-107}$$

通过求解特征方程便能获得车辆的固有频率：

$$\begin{aligned} det[[k]-\omega^{2}[m]] &= det\left[\begin{bmatrix} 35000 & -35000 \\ -35000 & 2.28\times10^{5} \end{bmatrix} -\omega^{2}\begin{bmatrix} 375 & 0 \\ 0 & 75 \end{bmatrix}\right] \\ &= det\begin{bmatrix} 35000-375\omega^{2} & -35000 \\ -35000 & 2.28\times10^{5}-75\omega^{2} \end{bmatrix} \\ &= 28125\omega^{4}-8.8125\times10^{7}\omega^{2}+6.755\times10^{9} \end{aligned} \tag{4-108}$$

解得 $\omega_{1} = 8.8671 \text{ rad/s} \approx 1.41 \text{ Hz}$，$\omega_{2} = 55.269 \text{ rad/s} \approx 8.79 \text{ Hz}$。为了确定振型，列出如下方程：

$$\begin{aligned} [[k]-\omega_{1}^{2}[m]]u_{1} &= \left[\begin{bmatrix} 35000 & -35000 \\ -35000 & 2.28\times10^{5} \end{bmatrix} -3054.7\begin{bmatrix} 375 & 0 \\ 0 & 75 \end{bmatrix}\right]\begin{bmatrix} u_{11} \\ u_{12} \end{bmatrix} \\ &= \begin{bmatrix} -1.1105\times10^{6}u_{11}-35000u_{12} \\ -35000u_{11}-1102.5u_{12} \end{bmatrix} = 0 \\ [[k]-\omega_{2}^{2}[m]]u_{2} &= \left[\begin{bmatrix} 35000 & -35000 \\ -35000 & 2.28\times10^{5} \end{bmatrix} -78.625\begin{bmatrix} 375 & 0 \\ 0 & 75 \end{bmatrix}\right]\begin{bmatrix} u_{21} \\ u_{22} \end{bmatrix} \\ &= \begin{bmatrix} 5515.6u_{21}-35000u_{22} \\ 2.221\times10^{5}u_{22}-35000u_{21} \end{bmatrix} = 0 \end{aligned} \tag{4-109}$$

采用特征向量中第一个元素为1的特征向量形式，即 $u_{11}=1$，$u_{21}=1$，可求得特征向量为

$$u_1 = \begin{bmatrix} 1 \\ 0.15758 \end{bmatrix} u_2 = \begin{bmatrix} 1 \\ -3.1729 \times 10^{-3} \end{bmatrix} \tag{4-110}$$

因此，四分之一车辆的自由振动为

$$x = \sum_{i=1}^{n} u_i (A_i \sin \omega_i t + B_i \cos \omega_i t) i = 1, 2$$

$$\begin{bmatrix} x_s \\ x_u \end{bmatrix} = \begin{bmatrix} 1 \\ -3.1729 \times 10^{-3} \end{bmatrix} (A_1 \sin 8.8671t + B_1 \cos 8.8671t) \tag{4-111}$$

$$+ \begin{bmatrix} 1 \\ 0.15758 \end{bmatrix} (A_2 \sin 55.269t + B_2 \cos 55.269t)$$

4.2.3 四分之一车辆模型频域分析

对研究车辆悬架来说最实用的模型就是四分之一车辆模型，如图 4-22 所示。本小节将对该模型进行介绍、研究和优化。

1) 数学模型

车辆的振动可以用四分之一模型来表述，模型包含簧上质量 m_s 和簧下质量 m_u。簧上质量是车身质量的四分之一，簧下质量则代表了一个车轮的质量，同时簧上质量由主悬架支撑，其刚度和阻尼分别为 k_s 和 c_s，阻尼是黏性阻尼，簧下质量通过刚度为 k_u 的轮胎与地面接触。该模型的运动方程为

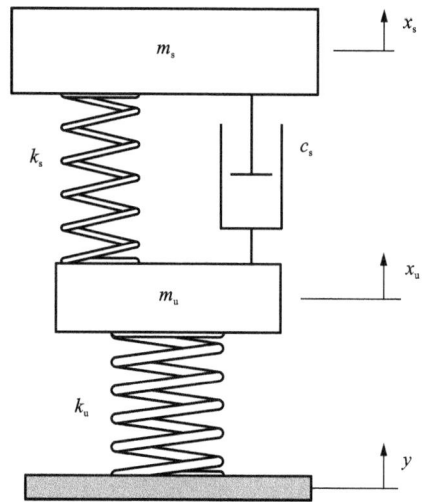

图 4-22 四分之一汽车模型

$$\begin{cases} m_s \ddot{x}_s + c_s (\dot{x}_s - \dot{x}_u) + k_s (x_s - x_u) = 0 \\ m_u \ddot{x}_u - c_s (\dot{x}_s - \dot{x}_u) + (k_u + k_s) x_u - k_s x_s = k_u y \end{cases} \tag{4-112}$$

2) 频率响应

为了获取四分之一模型的频率响应，假定路面的激励是简谐的：

$$y = Y \cos \omega t \tag{4-113}$$

于是稳态解可以写成如下形式：

$$\begin{cases} x_s = A_1 \sin \omega t + B_1 \cos \omega t = X_s \sin (\omega t - \varphi_s) \\ x_u = A_2 \sin \omega t + B_2 \cos \omega t = X_u \sin (\omega t - \varphi_u) \\ z = x_s - x_u = A_3 \sin \omega t + B_3 \cos \omega t = Z \sin (\omega t - \varphi_z) \end{cases} \tag{4-114}$$

其中，X_s，X_u，Z 是复振幅，并引入如下无量纲量：

$$
\begin{cases}
\varepsilon = \dfrac{m_{s}}{m_{u}} \\[2mm]
\omega_{s} = \sqrt{\dfrac{k_{s}}{m_{s}}} \\[2mm]
\omega_{u} = \sqrt{\dfrac{k_{u}}{m_{u}}} \\[2mm]
\alpha = \dfrac{\omega_{s}}{\omega_{u}} \\[2mm]
r = \dfrac{\omega}{\omega_{s}} \\[2mm]
\xi = \dfrac{c_{s}}{2m_{s}\omega_{s}}
\end{cases}
\tag{4-115}
$$

绝对频率响应和相对频率响应为

$$
\begin{cases}
\mu = \left| \dfrac{X_{s}}{Y} \right| \\[2mm]
\tau = \left| \dfrac{X_{u}}{Y} \right| \\[2mm]
\eta = \left| \dfrac{Z}{Y} \right|
\end{cases}
\tag{4-116}
$$

可以得到如下表达式：

$$
\begin{aligned}
\mu^{2} &= \frac{4\xi^{2}r^{2}+1}{Z_{1}^{2}+Z_{2}^{2}} \\[2mm]
\tau^{2} &= \frac{4\xi^{2}r^{2}+1+r^{2}(r^{2}-2)}{Z_{1}^{2}+Z_{2}^{2}} \\[2mm]
\eta^{2} &= \frac{r^{4}}{Z_{1}^{2}+Z_{2}^{2}} \\[2mm]
Z_{1} &= r^{2}(r^{2}\alpha^{2}-1)+(1-(1+\varepsilon)r^{2}\alpha^{2}) \\[2mm]
Z_{2} &= 2\xi r(1-(1+\varepsilon)r^{2}\alpha^{2})
\end{aligned}
\tag{4-117}
$$

簧上质量和簧下质量的绝对加速度如下：

$$
\begin{aligned}
u &= \left| \frac{\ddot{X}_{s}}{Y\omega_{u}^{2}} \right| = r^{2}\alpha^{2}\mu \\[2mm]
v &= \left| \frac{\ddot{X}_{u}}{Y\omega_{u}^{2}} \right| = r^{2}\alpha^{2}\tau
\end{aligned}
\tag{4-118}
$$

3）固有频率和恒定频率

四分之一模型是二自由度模型，因此有 2 个固有频率：

$$\begin{cases} r_{n1} = \sqrt{\dfrac{1}{2\alpha^2}(1+(1+\varepsilon)\alpha^2 - \sqrt{(1+(1+\varepsilon)\alpha^2)^2 - 4\alpha^2})} \\[4mm] r_{n2} = \sqrt{\dfrac{1}{2\alpha^2}(1+(1+\varepsilon)\alpha^2 + \sqrt{(1+(1+\varepsilon)\alpha^2)^2 - 4\alpha^2})} \end{cases} \qquad (4\text{-}119)$$

通过保持 ε 和 α 不变，并改变 ξ 可以得到簧载质量的位移频率响应的一组曲线，该曲线组有几个共同节点，分别位于频率 r_1、r_2、r_3 和 r_4 处：

$$\begin{cases} r_1 = 0, \; \mu_1 = \dfrac{1}{1} \\[3mm] r_3 = \dfrac{1}{\alpha}, \; \mu_3 = \dfrac{1}{\varepsilon} \\[3mm] r_2 = N_1, \; \mu_2 = \dfrac{1}{1-(1+\varepsilon)r_2^2\alpha^2} \\[3mm] r_4 = N_2, \; \mu_4 = \dfrac{-1}{1-(1+\varepsilon)r_2^2\alpha^2} \end{cases} \qquad (4\text{-}120)$$

其中，

$$\begin{cases} N_1 = \sqrt{\dfrac{1}{2\alpha^2}(1+2(1+\varepsilon)\alpha^2 - \sqrt{(1+2(1+\varepsilon)\alpha^2)^2 - 8\alpha^2})} \\[4mm] N_2 = \sqrt{\dfrac{1}{2\alpha^2}(1+2(1+\varepsilon)\alpha^2 + \sqrt{(1+2(1+\varepsilon)\alpha^2)^2 - 8\alpha^2})} \end{cases} \qquad (4\text{-}121)$$

且有

$$r_1 = 0 < r_{n1} < r_2 < \frac{1}{\alpha(1+\varepsilon)} < r_3 = \frac{1}{\alpha} < r_{n2} < r_4 \qquad (4\text{-}122)$$

频率 r_1、r_2、r_3 和 r_4 称为恒定频率，它们对应的振幅为恒定振幅，因为它们不随 ξ 的变化而变化，但它们受 ε 和 α 的影响，图 4-23 为 μ 与 r 的关系曲线。

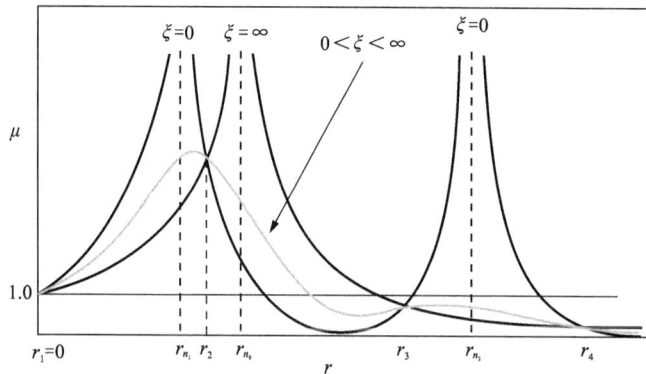

图 4-23　振幅 μ 与激励频率 r 的关系曲线

4.2.4 单轨模型和俯仰振型

四分之一车辆模型非常适合用于研究和优化车身振动的响应特征，但仍需要将其扩展至可以涵盖俯仰等其他振动模式。如图 4-24 所示为表征车辆振动的单轨模型，该模型包括车身的垂直位移 x，车身的俯仰 θ，车轮的跳动 x_1 和 x_2，路面的激励 y_1 和 y_2。

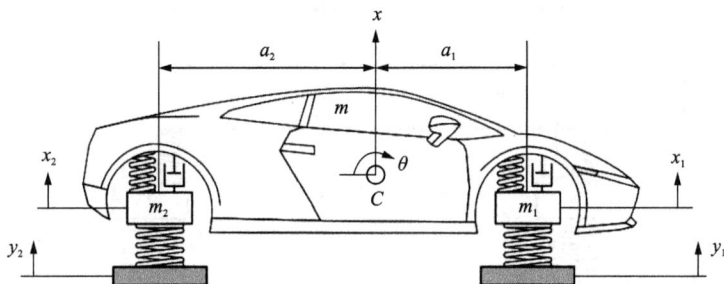

图 4-24 车辆振动的单轨模型

该模型的运动方程为

$$m\ddot{x}+c_1(\dot{x}-\dot{x}_1-a_1\dot{\theta})+c_2(\dot{x}-\dot{x}_2+a_2\dot{\theta})+k_1(x-x_1-a_1\theta)+k_2(x-x_2+a_2\theta)=0 \qquad (4-123)$$

$$I_y\ddot{\theta}-a_1c_1(\dot{x}-\dot{x}_1-a_1\dot{\theta})+a_2c_2(\dot{x}-\dot{x}_2+a_2\dot{\theta})-a_1k_1(x-x_1-a_1\theta)+a_2k_2(x-x_2+a_2\theta)=0 \quad (4-124)$$

$$m_1\ddot{x}_1-c_1(\dot{x}-\dot{x}_1-a_1\dot{\theta})+k_{t1}(x_1-y_1)-k_1(x-x_1-a_1\theta)=0 \qquad (4-125)$$

$$m_2\ddot{x}_2-c_2(\dot{x}-\dot{x}_2+a_2\dot{\theta})+k_{t2}(x_2-y_2)-k_2(x-x_2+a_2\theta)=0 \qquad (4-126)$$

表 4-1 为单车模型中各参数的定义。

表 4-1 单车模型的各项参数

参数	含义
m	车身的一半质量
m_1	一个前轮的质量
m_2	一个后轮的质量
x	车身的垂向运动坐标
x_1	前轮的垂向运动坐标
x_2	后轮的垂向运动坐标
θ	车身的俯仰运动坐标
y_1	路面给前轮的激励
y_2	路面给后轮的激励
I_y	车身的一半质量绕 y 轴的转动惯量
a_1	质心到前轴的距离
a_2	质心到后轴的距离

图 4-25 为简化的车辆振动单轨模型，假设车身是刚性杆，质量为 m，为车身总质量的一

半，绕 y 轴的转动惯量为 I_y，也是车身绕 y 轴总转动惯量的一半。前后车轮的质量分别为 m_1 和 m_2，前后轮胎的刚度分别为 k_{t1} 和 k_{t2}，后轮刚度一般比前轮更大一些，在简化的模型中通常使 $k_{t1}=k_{t2}$，轮胎的阻尼相比悬架来说很小，因此为了便于分析计算，这里忽略了轮胎的阻尼。

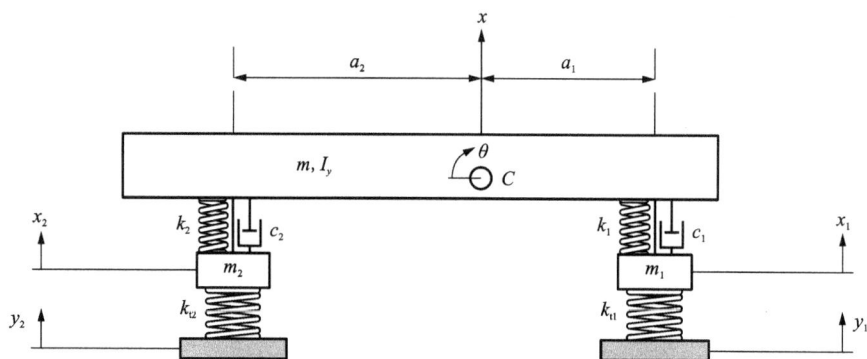

图 4-25　车辆振动的单轨模型

可以通过拉格朗日方程来获取该模型的运动方程，系统的动能和势能分别为

$$\begin{cases} K=\dfrac{1}{2}m_1\dot{x}_1^2+\dfrac{1}{2}m_1\dot{x}_1^2+\dfrac{1}{2}m_2\dot{x}_2^2+\dfrac{1}{2}I_y\dot{\theta}^2 \\ V=\dfrac{1}{2}k_{t1}(x_1-y_1)^2+\dfrac{1}{2}k_{t2}(x_2-y_2)^2+\dfrac{1}{2}k_1(x-x_1-a_1\theta)^2+\dfrac{1}{2}k_2(x-x_2+a_2\theta)^2 \end{cases} \tag{4-127}$$

耗散方程为

$$D=\frac{1}{2}c_1(\dot{x}-\dot{x}_1-a_1\dot{\theta})^2+\frac{1}{2}c_2(\dot{x}-\dot{x}_2+a_2\dot{\theta})^2 \tag{4-128}$$

应用拉格朗日方程

$$\frac{d}{dt}\left(\frac{\partial K}{\partial \dot{q}_r}\right)-\frac{\partial K}{\partial q_r}+\frac{\partial D}{\partial \dot{q}_r}+\frac{\partial V}{\partial q_r}=f_r, \ r=1, \ 2, \ \cdots, \ 4 \tag{4-129}$$

于是可以得到运动方程式（4-124）至式（4-127），运动方程也可以写成矩阵形式：

$$[m]\ddot{x}+[c]\dot{x}+[k]x=F \tag{4-130}$$

其中，

$$x=\begin{bmatrix} x \\ \theta \\ x_1 \\ x_2 \end{bmatrix}$$

$$[m]=\begin{bmatrix} m & 0 & 0 & 0 \\ 0 & I_y & 0 & 0 \\ 0 & 0 & m_1 & 0 \\ 0 & 0 & 0 & m_2 \end{bmatrix} \tag{4-131}$$

$$[c] = \begin{bmatrix} c_1+c_2 & a_2c_2-a_1c_1 & -c_1 & -c_2 \\ a_2c_2-a_1c_1 & c_1a_1^2+c_2a_2^2 & a_1c_1 & -a_2c_2 \\ -c_1 & a_1c_1 & m_1 & 0 \\ -c_2 & -a_2c_2 & 0 & m_2 \end{bmatrix}$$

$$[k] = \begin{bmatrix} k_1+k_2 & a_2k_2-a_1k_1 & -k_1 & -k_2 \\ a_2k_2-a_1k_1 & k_1a_1^2+k_2a_2^2 & a_1k_1 & -a_2k_2 \\ -k_1 & a_1k_1 & k_1+k_{t1} & 0 \\ -k_2 & -a_2k_2 & 0 & k_2+k_{t2} \end{bmatrix}$$ 　(4-132)

$$F = \begin{bmatrix} 0 \\ 0 \\ y_1k_{t1} \\ y_2k_{t2} \end{bmatrix}$$

例 11　车辆振动单轨模型的固有频率和振型

某车参数为 $m = 840/2$ kg，$I_y = 1100/2$ kg·m^2，$m_1 = 53$ kg，$m_2 = 76$ kg，$a_1 = 1.4$ m，$a_2 = 1.47$ m，$k_1 = 10000$ N/m，$k_2 = 13000$ N/m，$k_{t1} = k_{t1} = 20000$ N/m，可以得到特征方程：

$$det[\,[k]-\omega^2[m]\,] = 8609\times10^9\omega^8 - 1.2747\times10^{13}\omega^6$$
$$+ 2.1708\times10^{16}\omega^4 - 1.676\times10^{18}\omega^2 + 2.9848\times10^{19}$$ 　(4-133)

其中，

$$[m] = \begin{bmatrix} 420 & 0 & 0 & 0 \\ 0 & 550 & 0 & 0 \\ 0 & 0 & 53 & 0 \\ 0 & 0 & 0 & 76 \end{bmatrix}$$ 　(4-134)

$$[k] = \begin{bmatrix} 23000 & 5110 & -10000 & -13000 \\ 5110 & 47692 & 14000 & -19110 \\ -10000 & 14000 & 210000 & 0 \\ -13000 & -19110 & 0 & 213000 \end{bmatrix}$$

固有频率既可以通过求解上述特征方程获取，也可以通过求矩阵 $[A] = [m]^{-1}[k]$ 的特征值来获取：

$$[A] = [m]^{-1}[k] = \begin{bmatrix} 54.762 & 12.167 & -23.180 & -30.952 \\ 9.291 & 86.712 & 25.454 & -34.745 \\ -188.68 & 264.15 & 3962.3 & 0 \\ -171.05 & -251.45 & 0 & 2802.6 \end{bmatrix}$$ 　(4-135)

矩阵 A 的特征值为 $\lambda_1 = 48.91$，$\lambda_2 = 84.54$，$\lambda_3 = 2807.78$，$\lambda_4 = 3965.14$，所以固有频率为 $\omega_1 = \sqrt{\lambda_1} = 6.7$ rad/s ≈ 1.1 Hz，$\omega_2 = \sqrt{\lambda_2} = 9.19$ rad/s ≈ 1.46 Hz，$\omega_3 = \sqrt{\lambda_3} = 52.99$ rad/s ≈ 8.43 Hz，$\omega_4 = \sqrt{\lambda_4} = 62.96$ rad/s ≈ 10.02 Hz。采用特征向量第一个元素为 1 的特征向量形式，最后可求得特征向量为

$$u_1 = \begin{bmatrix} 1.000 \\ -0.254 \\ 0.065 \\ 0.039 \end{bmatrix} \quad u_2 = \begin{bmatrix} 0.032 \\ 1.000 \\ -0.052 \\ 0.113 \end{bmatrix}$$

$$u_3 = \begin{bmatrix} -0.011 \\ -0.013 \\ 0.001 \\ 1.000 \end{bmatrix} \quad u_4 = \begin{bmatrix} -0.006 \\ 0.007 \\ 1.000 \\ -0.001 \end{bmatrix}$$

(4-136)

振型 u_4 中最大的元素属于 x_1，这意味着在振型 u_4 下前轮振幅最大，而其他的分量的振幅等于

$$\Theta = \frac{u_{42}}{u_{43}} = 0.007 X_1$$

$$X = \frac{u_{41}}{u_{43}} = -0.006 X_1$$ (4-137)

$$X_2 = \frac{u_{44}}{u_{43}} = -0.001 X_1$$

在这个例子中，振型 u_1 中最大的元素属于 x，振型 u_2 中最大的元素属于 θ，振型 u_3 中最大的元素属于 x_2。类似振型 u_4，可以获取每种振型下不同坐标的相对振幅。

如果一辆车以很小的加速度开始在颠簸的路上行驶，随着速度的增加，第一个共振出现在 $\omega_1 \approx 1.1$ Hz 处，此处车身的弹跳运动是最为明显的；第二个共振出现在 $\omega_2 \approx 1.46$ Hz 处，此处车身的俯仰运动是最为明显的；第三个和第四个共振出现在 $\omega_3 \approx 8.43$ Hz 和 $\omega_4 \approx 10.02$ Hz 处，第三个共振中后轮的跳动最为明显，第四个共振中前轮的跳动最为明显。

当多自由度系统的激振频率变大时，可以观察到最为明显的振动按照固有频率对应的振型顺序从一个坐标移动到另一个坐标。如果当激励频率恰好等于某个固有频率时，那么系统振动的振型与该固有频率对应的振型完全相同；如果激励频率不等于固有频率，那么系统的振动则是所有振型的组合，此时离激励频率较近的固有频率对应的振型占的权重较大。

4.2.5 半车模型和侧倾振型

为了研究和优化车辆的侧倾振动，通常使用如图 4-26 所示的车辆振动半车模型，该模型包括车身的垂直位移 x，车身的侧倾 φ，车轮的跳动 x_1 和 x_2，路面的激励 y_1 和 y_2。

该模型的运动方程为

$$m\ddot{x} + c(\dot{x} - \dot{x}_1 + b_1\dot{\varphi}) + c(\dot{x} - \dot{x}_2 - b_2\dot{\varphi}) + k(x - x_1 + b_1\varphi) + k(x - x_2 - b_2\varphi) = 0 \quad (4-138)$$

$$I_x\ddot{\varphi} + b_1c(\dot{x} - \dot{x}_1 + b_1\dot{\varphi}) - b_2c(\dot{x} - \dot{x}_2 + b_2\dot{\varphi}) - b_1k(x - x_1 + b_1\varphi) - b_2k(x - x_2 - b_2\varphi) + k_R\varphi = 0 \quad (4-139)$$

$$m_1\ddot{x}_1 - c(\dot{x} - \dot{x}_1 + b_1\dot{\varphi}) + k_t(x_1 - y_1) - k(x - x_1 + b_1\varphi) = 0 \quad (4-140)$$

$$m_2\ddot{x}_2 - c(\dot{x} - \dot{x}_2 - b_2\dot{\varphi}) + k_t(x_2 - y_2) - k(x - x_2 - b_2\varphi) = 0 \quad (4-141)$$

由于车辆前后悬挂和质量的区别，车辆半车模型对于前半部分和后半部分可能不一样，此外，车辆前后可能还使用了具有不同的扭转刚度的抗侧倾杆。

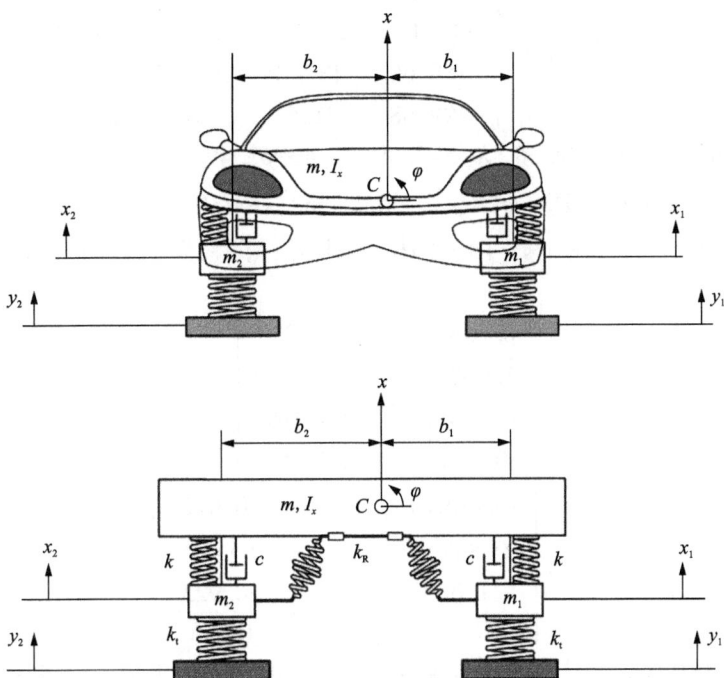

图 4-26 车辆振动的半车模型

由于半车模型运动方程的证明过程与单车模型基本一致，也可以采用拉格朗日方法建立方程，这里不再赘述。

例 12 车辆振动半车模型的固有频率和振型

某车参数为 $m=840/2$ kg，$I_x=820/2$ kg·m^2，$m_1=53$ kg，$m_2=53$ kg，$b_1=0.7$ m，$b_2=0.75$ m，$k_1=10000$ N/m，$k_t=200000$ N/m，$k_R=0$ N/m，通过无阻尼和无外力的运动方程可以得到车辆的固有频率：

$$[m]\ddot{x}+[k]x=0 \tag{4-142}$$

其中，

$$[m]=\begin{bmatrix} 420 & 0 & 0 & 0 \\ 0 & 410 & 0 & 0 \\ 0 & 0 & 53 & 0 \\ 0 & 0 & 0 & 53 \end{bmatrix}$$

$$[k]=\begin{bmatrix} 20000 & -500 & -10000 & -10000 \\ -500 & 10525 & -7000 & 75000 \\ -10000 & -7000 & 210000 & 0 \\ -10000 & 7500 & 0 & 210000 \end{bmatrix} \tag{4-143}$$

固有频率可以通过求矩阵 $[A]=[m]^{-1}[k]$ 的特征值来获取：

$$[A] = [m]^{-1}[k] = \begin{bmatrix} 47.619 & -1.1905 & -23.81 & -21.81 \\ -1.219 & 25.67 & -17.07 & 18.29 \\ -188.68 & -132.08 & 3962.3 & 0 \\ -199.68 & 141.51 & 0 & 3962.3 \end{bmatrix} \quad (4-144)$$

矩阵 A 的特征值为 $\lambda_1 = 24.38$，$\lambda_2 = 45.39$，$\lambda_3 = 3963.49$，$\lambda_4 = 3964.56$，所以固有频率为 $\omega_1 = \sqrt{\lambda_1} = 4.93$ rad/s ≈ 0.78 Hz，$\omega_2 = \sqrt{\lambda_2} = 6.73$ rad/s ≈ 1.07 Hz，$\omega_3 = \sqrt{\lambda_3} = 62.95$ rad/s $\approx$ 10.02 Hz，$\omega_4 = \sqrt{\lambda_4} = 62.96$ rad/s ≈ 10.03 Hz。采用第一元素为 1 的特征向量形式，最后可求得特征向量为

$$u_1 = \begin{bmatrix} 0.054 \\ 1.000 \\ 0.036 \\ -0.033 \end{bmatrix} \quad u_2 = \begin{bmatrix} 1.000 \\ -0.055 \\ 0.046 \\ 0.050 \end{bmatrix}$$

$$u_3 = \begin{bmatrix} -0.46 \times 10^{-3} \\ -0.86 \times 10^{-2} \\ 1.000 \\ -0.923 \end{bmatrix} \quad u_4 = \begin{bmatrix} -0.012 \\ 0.65 \times 10^{-3} \\ -0.923 \\ 1.000 \end{bmatrix} \quad (4-145)$$

在这个例子中，振型 u_1 中最大的元素属于 φ，振型 u_2 中最大的元素属于 x，振型 u_3 中最大的元素属于 x_1，振型 u_4 中最大的元素属于 x_2。如果一辆车以很小的加速度开始在颠簸的路上行驶，随着速度的增加，第一个共振出现在 $\omega_1 \approx 0.78$ Hz 处，此处车身的侧倾运动是最为明显的；第二个共振出现在 $\omega_2 \approx 1.07$ Hz 处，此处车身的弹跳运动是最为明显的；第三个和第四个共振出现在 $\omega_3 \approx 10.02$ Hz 和 $\omega_4 \approx 10.03$ Hz 处，第三个共振中左轮的跳动最为明显，第四个共振中右轮的跳动最为明显。

4.2.6 整车模型

为了研究和优化车辆的侧倾及俯仰振动，通常使用如图 4-27 所示的车辆振动的半车模型，该模型包括了车身的垂直位移 x，车身的侧倾 φ，车身的俯仰 θ，车轮的跳动 x_1、x_2、x_3 和 x_4，路面的激励 y_1、y_2、y_3 和 y_4。

该模型具有 7 个自由度，其运动方程为

$$\begin{aligned} &m\ddot{x} + c_f(\dot{x} - \dot{x}_1 + b_1\dot{\varphi} - a_1\dot{\theta}) + c_f(\dot{x} - \dot{x}_2 - b_2\dot{\varphi} - a_2\dot{\theta}) + c_r(\dot{x} - \dot{x}_3 - b_1\dot{\varphi} + a_2\dot{\theta}) \\ &+ c_r(\dot{x} - \dot{x}_4 + b_2\dot{\varphi} + a_2\dot{\theta}) + k_f(x - x_1 + b_1\varphi - a_1\theta) + k_f(x - x_2 - b_2\varphi - a_1\theta) \\ &+ k_r(x - x_3 - b_1\varphi + a_2\theta) + k_r(x - x_4 + b_2\varphi + a_2\theta) = 0 \end{aligned} \quad (4-146)$$

$$\begin{aligned} &I_x\ddot{\varphi} + b_1 c_f(\dot{x} - \dot{x}_1 + b_1\dot{\varphi} - a_1\dot{\theta}) + b_2 c_f(\dot{x} - \dot{x}_2 - b_2\dot{\varphi} - a_1\dot{\theta}) - b_1 c_r(\dot{x} - \dot{x}_3 - b_1\dot{\varphi} + a_2\dot{\theta}) \\ &+ b_2 c_r(\dot{x} - \dot{x}_4 + b_2\dot{\varphi} + a_2\dot{\theta}) + b_1 k_f(x - x_1 + b_1\varphi - a_1\theta) - b_2 k_f(x - x_2 - b_2\varphi - a_1\theta) \\ &- b_1 k_r(x - x_3 - b_1\varphi + a_2\theta) + b_2 k_r(x - x_4 + b_2\varphi + a_1\theta) + k_R\left(\varphi - \frac{x_1 - x_2}{w}\right) = 0 \end{aligned} \quad (4-147)$$

$$\begin{aligned} &I_y\ddot{\theta} - a_1 c_f(\dot{x} - \dot{x}_1 + b_1\dot{\varphi} - a_1\dot{\theta}) - a_1 c_f(\dot{x} - \dot{x}_2 - b_2\dot{\varphi} - a_1\dot{\theta}) + a_2 c_r(\dot{x} - \dot{x}_3 - b_1\dot{\varphi} + a_2\dot{\theta}) \\ &+ a_2 c_r(\dot{x} - \dot{x}_4 + b_2\dot{\varphi} + a_2\dot{\theta}) - a_1 k_f(x - x_1 + b_1\varphi - a_1\theta) - a_1 k_f(x - x_2 - b_2\varphi - a_1\theta) \\ &+ a_2 k_r(x - x_3 - b_1\varphi + a_2\theta) + a_2 k_r(x - x_4 + b_2\varphi + a_1\theta) = 0 \end{aligned} \quad (4-148)$$

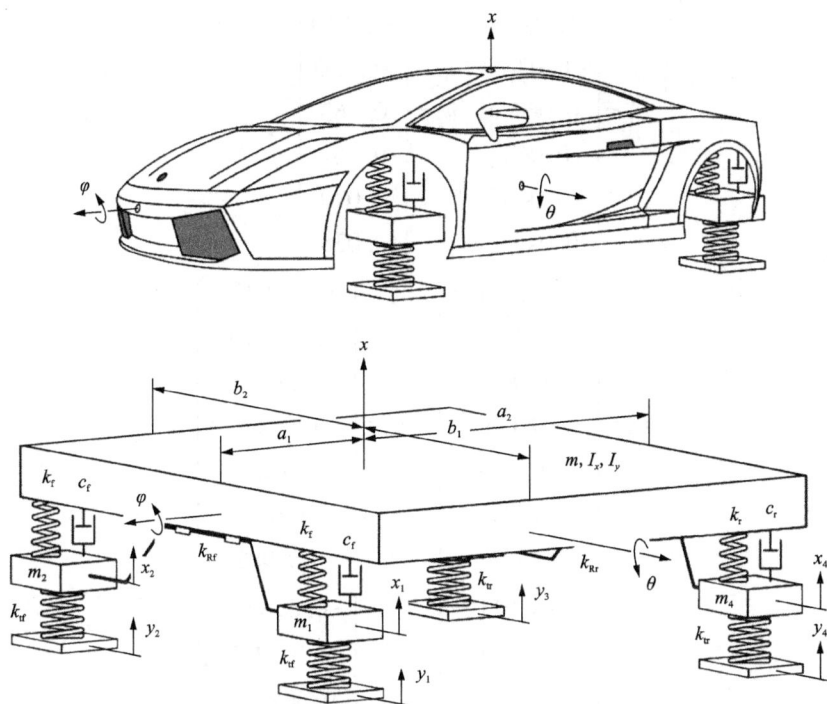

图 4-27　车辆振动的整车模型

$$m_f \ddot{x}_1 - c_f(\dot{x} - \dot{x}_1 + b_1 \dot{\varphi} - a_1 \dot{\theta}) + k_f(x - x_1 + b_1 \varphi - a_1 \theta) - \frac{k_R}{w}\left(\varphi - \frac{x_1 - x_2}{w}\right) + k_{tf}(x_1 - y_1) = 0 \quad (4\text{-}149)$$

$$m_f \ddot{x}_2 - c_f(\dot{x} - \dot{x}_2 - b_2 \dot{\varphi} - a_1 \dot{\theta}) - k_f(x - x_2 - b_2 \varphi - a_1 \theta) + \frac{k_R}{w}\left(\varphi - \frac{x_1 - x_2}{w}\right) + k_{tf}(x_2 - y_2) = 0 \quad (4\text{-}150)$$

$$m_r \ddot{x}_3 - c_r(\dot{x} - \dot{x}_3 - b_1 \dot{\varphi} + a_2 \dot{\theta}) - k_r(x - x_3 - b_1 \varphi - a_2 \theta) + k_{tr}(x_3 - y_3) = 0 \quad (4\text{-}151)$$

$$m_r \ddot{x}_4 - c_r(\dot{x} - \dot{x}_4 + b_2 \dot{\varphi} + a_2 \dot{\theta}) - k_r(x - x_4 + b_2 \varphi + a_2 \theta) + k_{tr}(x_4 - y_4) = 0 \quad (4\text{-}152)$$

由于整车模型运动方程的证明过程与单车模型的基本一致，同样可以采用拉格朗日方法建立控制方程组，这里不再赘述。

例 13　车辆振动整车模型的固有频率和振型

某车参数为 $m = 840$ kg，$I_x = 820$ kg·m^2，$I_y = 1100$ kg·m^2，$m_f = 53$ kg，$m_r = 76$ kg，$a_1 = 1.4$ m，$a_2 = 1.47$ m，$b_1 = 0.7$ m，$b_2 = 0.75$ m，$k_f = 10000$ N/m，$k_r = 13000$ N/m，$k_{tf} = k_{tr} = 200000$ N/m，$k_R = 10000$ N/m，通过求矩阵 $[A] = [m]^{-1}[k]$ 的特征值来获取特征值和特征向量，获得的固有频率为 $\omega_1 = 0.989$ Hz，$\omega_2 = 1.113$ Hz，$\omega_3 = 1.464$ Hz，$\omega_4 = 8.427$ Hz，$\omega_5 = 8.433$ Hz，$\omega_6 = 10.021$ Hz，$\omega_7 = 10.245$ Hz。采用第一元素为 1 的特征向量形式，最后可求得特征向量为

$$u_1 = \begin{bmatrix} 0.018 \\ 1.000 \\ -0.036 \\ 0.067 \\ -0.063 \\ -0.046 \\ 0.044 \end{bmatrix} \quad u_2 = \begin{bmatrix} 1.000 \\ -0.030 \\ -0.253 \\ 0.063 \\ 0.067 \\ 0.040 \\ 0.038 \end{bmatrix}$$

$$u_3 = \begin{bmatrix} -0.99 \times 10^{-4} \\ 0.042 \\ 1.000 \\ -0.049 \\ -0.055 \\ 0.112 \\ 0.115 \end{bmatrix} \quad u_4 = \begin{bmatrix} -0.13 \times 10^{-3} \\ -2.11 \times 10^{-3} \\ 0.001 \\ -0.16 \times 10^{-2} \\ -0.16 \times 10^{-2} \\ 1.000 \\ -0.982 \end{bmatrix}$$

$$(4\text{-}153)$$

$$u_5 = \begin{bmatrix} -0.011 \\ -0.37 \times 10^{-3} \\ -0.013 \\ 0.001 \\ 0.115 \times 10^{-2} \\ 0.982 \\ 1.000 \end{bmatrix} \quad u_6 = \begin{bmatrix} -0.61 \times 10^{-2} \\ 0.16 \times 10^{-3} \\ 0.66 \times 10^{-2} \\ 1.000 \\ 0.999 \\ -0.51 \times 10^{-3} \\ -0.54 \times 10^{-3} \end{bmatrix}$$

$$u_7 = \begin{bmatrix} -0.73 \times 10^{-6} \\ -0.84 \times 10^{-2} \\ -0.48 \times 10^{-5} \\ -0.999 \\ 1.000 \\ 0.75 \times 10^{-3} \\ -0.81 \times 10^{-3} \end{bmatrix}$$

该模型的所有振型如图 4-28 所示，振型 u_1 至 u_7 中最大的元素分别为 φ、x、θ、x_3、x_4、x_1、x_2，这些图形描绘了整车模型在共振频率下每个坐标的相对振幅。

整车的固有频率可以分为两类，第一类是车身的固有频率——车身弹跳、车身侧倾、车身俯仰，与车身相关的固有频率始终在 1 Hz 附近；第二类是车轮跳动的固有频率，与车轮相关的固有频率始终在 10 Hz 附近。

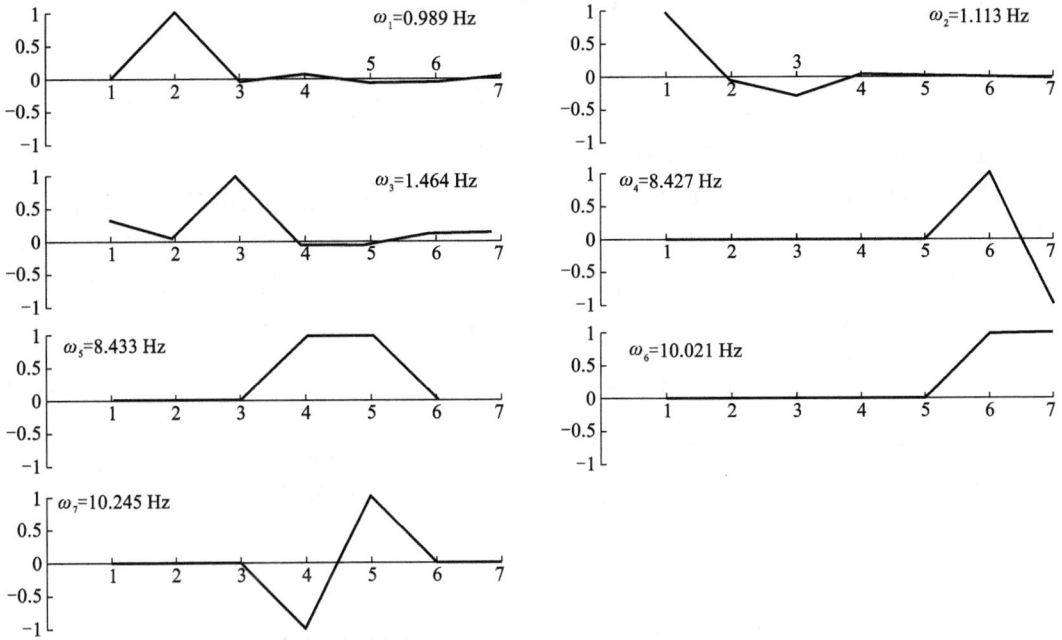

图 4-28　整车模型的所有振型

4.3　悬架优化设计

本节以单自由度基座激励系统作为研究车辆悬架的模型，并基于均方根（RMS）优化方法，提出了一种设计表格来选取最优的弹簧和阻尼器。

4.3.1　数学模型

如图 4-29 所示为单自由度基座激励线性振动系统，它可以作为车辆垂直振动的模型。簧上质量为 m，为车身质量的四分之一，弹簧刚度为 k，减震器黏性阻尼为 c，它们作为主悬架支撑质量 m，悬架的参数 k 和 c 是在车轮中心测得的等效刚度与阻尼，由于忽略了车轮的质量和轮胎的刚度，因此这个模型被称为八分之一模型。

该模型的运动方程为

$$m\ddot{x}+c\dot{x}+kx=c\dot{y}+ky \qquad (4-154)$$

如果相对位移写成 $z=x-y$，则运动方程可以写成

$$m\ddot{z}+c\dot{z}+kz=-m\ddot{y} \qquad (4-155)$$

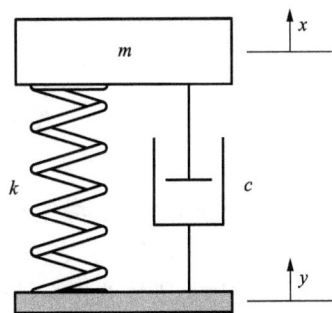

图 4-29　基座激励线性悬架

变量 x 是车身的绝对位移，变量 y 是地面的绝对位移，上述两个式子可以写成如下形式：

$$\begin{cases} \ddot{x}+2\xi\omega_n\dot{x}+\omega_n^2x=2\xi\omega_n\dot{y}+\omega_n^2y \\ \ddot{z}+2\xi\omega_n\dot{z}+\omega_n^2z=-\ddot{y} \end{cases} \qquad (4-156)$$

其中，

$$\begin{cases} \xi = \dfrac{c}{2\sqrt{km}} \\[3mm] \omega_n = \sqrt{\dfrac{k}{m}} = 2\pi f_n \end{cases} \tag{4-157}$$

例 14 麦弗逊悬架的等效弹簧和阻尼

如图 4-30 所示为麦弗逊悬架及其等效振动系统，首先假设轮胎是刚性的，因此车轮中心的运动也是 y，其次还假设车身和车轮只做垂向运动。为了找到八分之一模型的等效参数，令 m 为车身的四分之一，弹簧 k 和阻尼器 c 与车轮的运动方向之间的夹角为 α，且它们的下端离车轮中心的距离为 $b-a$，由此可以得到等效的弹簧 k_{eq} 和阻尼器 c_{eq} 为

$$k_{eq} = k\left(\frac{a}{b}\cos\alpha\right)^2, \quad c_{eq} = c\left(\frac{a}{b}\cos\alpha\right)^2 \tag{4-158}$$

例如，如果已经确定优化后的刚度和阻尼为 $k_{eq} = 9869.6$ N/m，$c_{eq} = 87.965$ Ns/m，如果麦弗逊悬架有参数 $a = 19$ m，$b = 32$ m，$\alpha = 27°$，那么其实际的悬架参数为 $k = 28489$ N/m，$c = 253.9$ Ns/m。

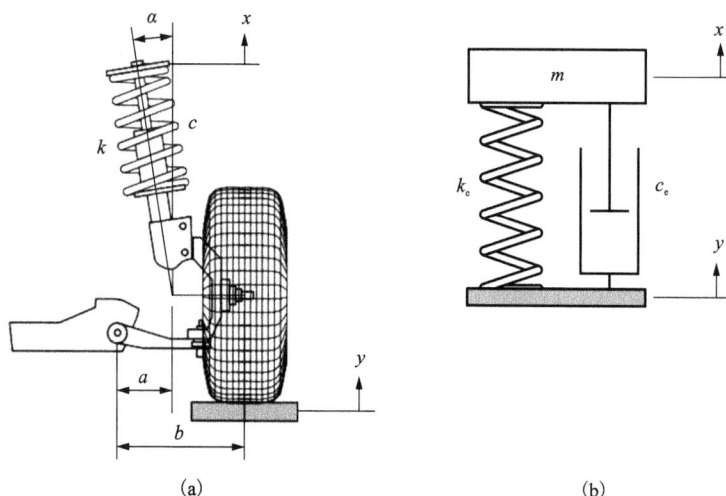

图 4-30 麦弗逊悬架及其等效振动系统

例 15 颠簸路面及其激振频率

如图 4-31 所示为八分之一车辆模型在颠簸路面上行驶，速度为 v，路面形状参数为 d_1 和 d_2，假设轮胎是刚性的且半径相对于路面波动来说较小，y 为路面波动函数，则通过一个 d_1 长度所需的时间就是激励的周期：

$$T = \frac{d_1}{v} \tag{4-159}$$

因此激励的频率为

$$\omega = \frac{2\pi}{T} = \frac{2\pi v}{d_1} \tag{4-160}$$

所以路面的激励 $y = Y\sin\omega t$ 为

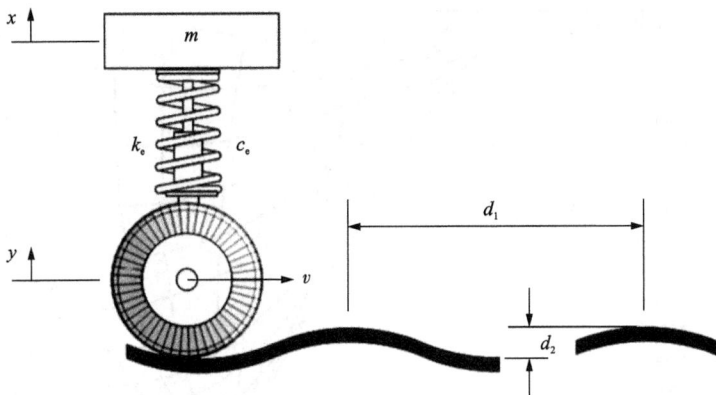

图 4-31　八分之一车辆模型以速度 v 在颠簸路面上行驶

$$y = \frac{d_2}{2} \sin \frac{2\pi v}{d_1} t \tag{4-161}$$

4.3.2　频率响应

八分之一车辆模型的频率响应为绝对位移 G_0，相对位移 S_2，绝对加速度 G_2：

$$\begin{cases} G_0 = \left| \dfrac{X}{Y} \right| = \dfrac{\sqrt{1+(2\xi r)^2}}{\sqrt{(1-r^2)^2+(2\xi r)^2}} \\[3mm] S_2 = \left| \dfrac{Z}{Y} \right| = \dfrac{r^2}{\sqrt{(1-r^2)^2+(2\xi r)^2}} \\[3mm] G_2 = \left| \dfrac{\ddot{X}}{Y\omega_n^2} \right| = \dfrac{r^2\sqrt{1+(2\xi r)^2}}{\sqrt{(1-r^2)^2+(2\xi r)^2}} \end{cases} \tag{4-162}$$

其中，

$$r = \frac{\omega}{\omega_n}, \ \xi = \frac{c}{2\sqrt{km}}, \ \omega_n = \sqrt{\frac{k}{m}} \tag{4-163}$$

4.3.3　基于均方根 RMS 的悬架优化

如图 4-32 所示为基座激励系统悬架参数优化的设计表格，横坐标为相对位移的均方根，$S_z = \text{RMS}(S_2)$，纵坐标为绝对加速度的均方根，$S_{\ddot{x}} = \text{RMS}(G_2)$。图中由 2 组曲线构成了一个网格，第一组曲线为恒定固有频率 f_n，它们在右端几乎平行；第二组曲线为恒定阻尼比 ξ，它们从 $S_z = 1$ 出发；另外还有一根由这 2 组曲线共同确定的曲线，称为优化设计曲线，上面的参数代表了最优悬架参数。

安装在车辆上的多数设备，其固有频率都接近 10 Hz，车身的固有频率接近 1 Hz，所以通常使用图 4-32 来设计基座激励设备的悬架支撑，用图 4-33 来设计车辆的悬架。

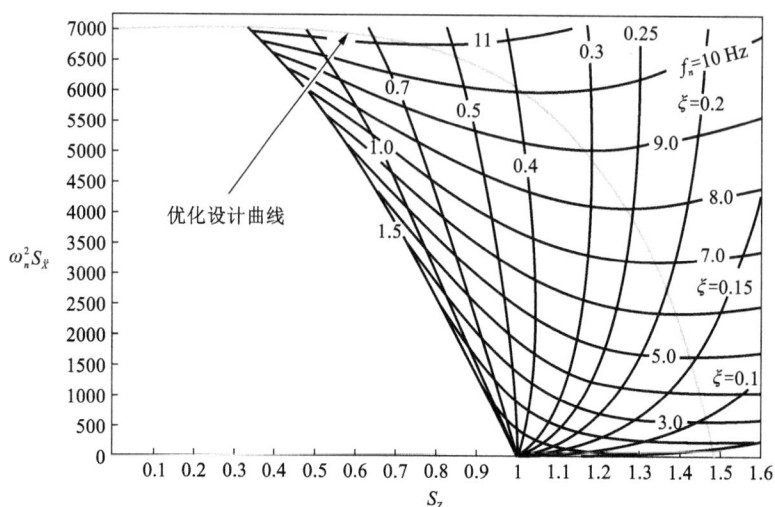

图 4-32　悬架参数优化设计表格(设备悬架)

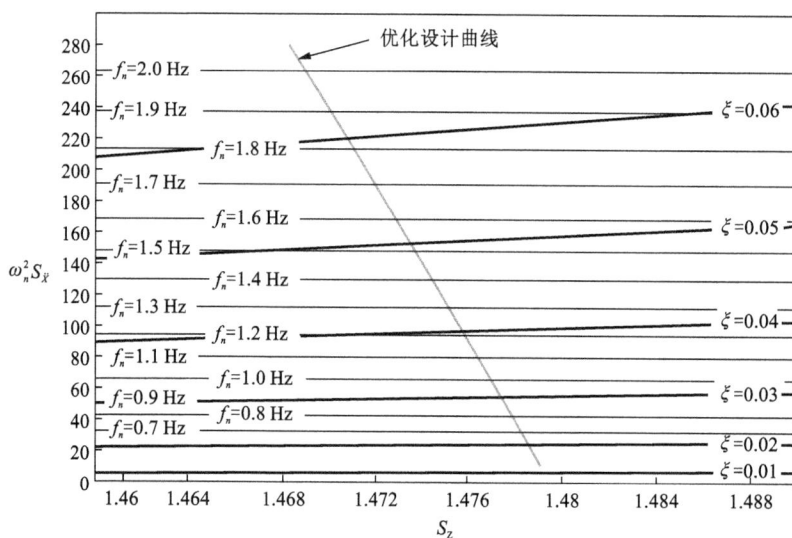

图 4-33　悬架参数优化设计表格(车辆悬架)

上述最优设计曲线的确定策略为, 相对于 s_z 最小化 $s_{\ddot{x}}$, 从数学上讲, 这个策略等效于以下最小化问题:

$$\begin{cases} \dfrac{\partial S_{\ddot{x}}}{\partial S_Z} = 0 \\[3mm] \dfrac{\partial^2 S_{\ddot{x}}}{\partial^2 S_Z} > 0 \end{cases} \tag{4-164}$$

为了确定最优的刚度 k 和阻尼 c, 通常从横轴上 S_z 估计值开始, 并绘制一条垂直线以汇于最优曲线, 交点的参数表述该 S_z 下的最优 f_n 和 ξ, 该参数下可以使得振动的隔离效果最好。如图 4-34 所示为 $S_z = 1$ 时的参数确定方法，此时 $f_n = 10\ \text{Hz}$，$\xi = 0.4$ 使得悬架最优，f_n、ξ 以及研究对象的质量一起可以确定 k 和 c。

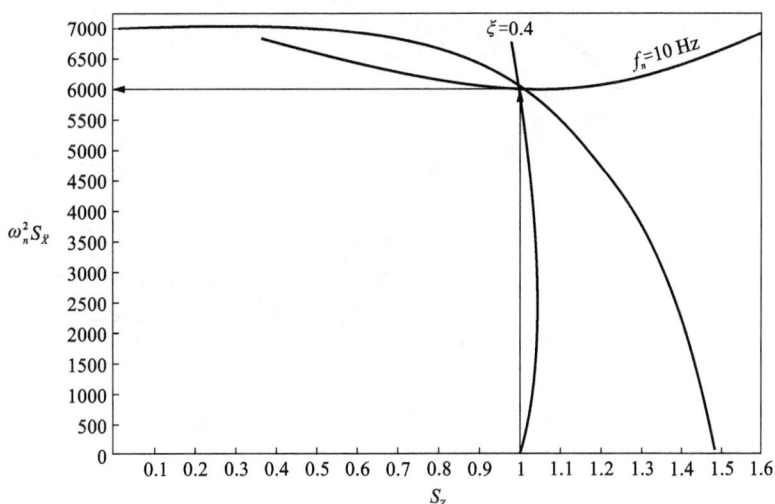

图 4-34　优化设计表格的应用

由均方根的定义可知 S_Z 和 $S_{\ddot{x}}$ 都是 ω_n 和 ξ 的函数：

$$S_Z = S_Z(\omega_n, \xi) \quad S_{\ddot{x}} = S_{\ddot{x}}(\omega_n, \xi) \tag{4-165}$$

因此，只要参数组 (ω_n, ξ) 确定了，S_Z 和 $S_{\ddot{x}}$ 也便唯一确定了，也就是说可以理论上将 ω_n 和 ξ 定义成 S_Z 和 $S_{\ddot{x}}$ 的函数：

$$\omega_n = \omega_n(S_Z, S_{\ddot{x}}) \quad \xi = \xi(S_Z, S_{\ddot{x}}) \tag{4-166}$$

也就是说可以通过 S_Z 和 $S_{\ddot{x}}$ 的值来确定所需要的 ω_n 和 ξ。

通过式（4-165）可以确定图 4-35，观察当 f_n 和 ξ 变化时 S_Z 和 $S_{\ddot{x}}$ 的关系，通过保持 f_n 不变，ξ 变化，便可以相对 S_Z 最小化 $S_{\ddot{x}}$，这些最小值点构成了最佳曲线并确定了 f_n 和 ξ，应用最佳曲线的关键点在于调整、确定或估算 S_Z 和 $S_{\ddot{x}}$ 的值，并在设计曲线上找到对应的点。

为了证明优化策略的正确性，图 4-36 中对不同的 ξ 绘制了 $\omega_n^2 S_{\ddot{x}}/S_Z$ 和 f_n 的一组关系曲线，结果表明增大 ξ 或 f_n 会增大 $\omega_n^2 S_{\ddot{x}}/S_Z$ 的值，这等效于使悬架更刚性，从而导致加速度的增加和相对位移的减小；相反，减小 ξ 或 f_n 会减小 $\omega_n^2 S_{\ddot{x}}/S_Z$ 的值，这等效于使悬架更柔软。

悬架的软化会降低车身的加速度，但是需要较大的相对位移空间，由于物理上的限制，车轮跳动的行程是有限的，因此在设计悬架时需要尽可能地使用可用的悬架行程，并尽可能地降低车身的加速度，在数学上这等效于式（4-164）。

单自由度基座激励系统的运动方程为

$$\ddot{x} + 2\xi\omega_n\dot{x} + \omega_n^2 x = 2\xi\omega_n\dot{y} + \omega_n^2 y \tag{4-167}$$

该方程适用于任何安装在振动基座上的系统和车辆的垂直振动，如果有变化的激励频率，则可以确定系统相对位移 $S_2 = |Z/Y|$ 和绝对加速度 $G_2 = |\ddot{X}/(Y\omega_n^2)|$ 的频率响应来优化系统，优化的策略为

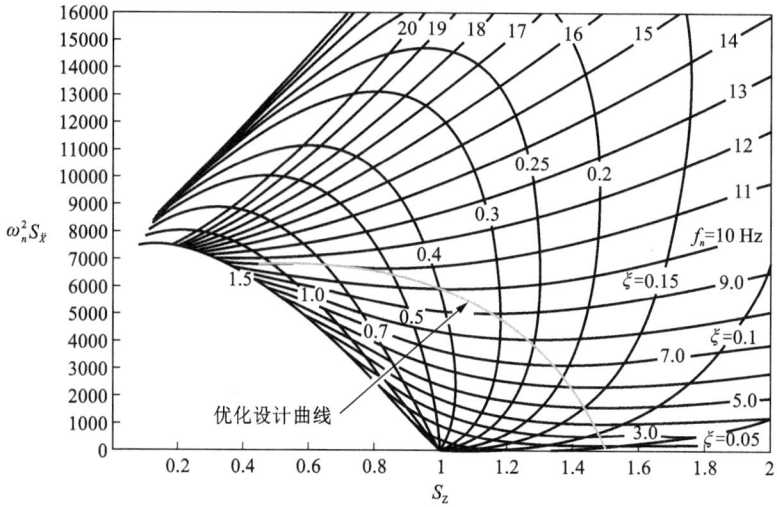

图 4-35 f_n 和 ξ 变化时 S_Z 和 $S_{\ddot{x}}$ 的关系曲线

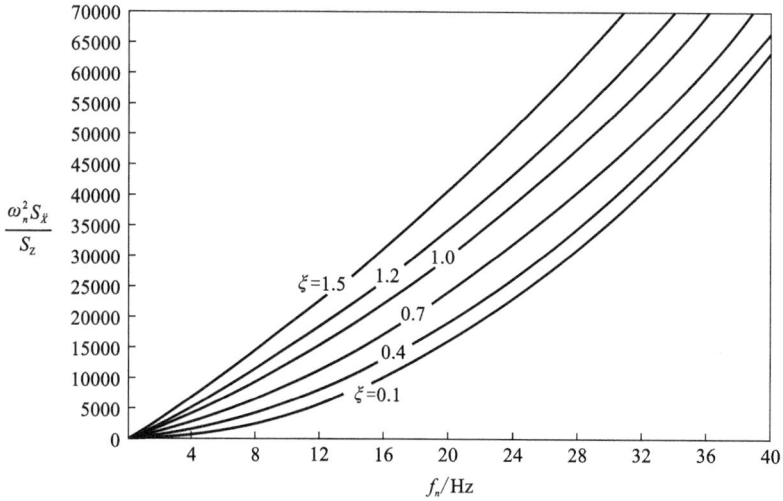

图 4-36 不同 ξ 下 $\omega_n^2 S_{\ddot{x}}/S_Z$ 与 f_n 的关系曲线

$$\begin{cases} \dfrac{\partial S_{\ddot{x}}}{\partial S_Z} = 0 \\[2mm] \dfrac{\partial^2 S_{\ddot{x}}}{\partial^2 S_Z} > 0 \end{cases} \tag{4-168}$$

其中，$S_{\ddot{x}}$ 和 S_X 是 S_2 和 G_2 的均方根，在频率范围 $0 \leqslant \omega \leqslant 20\pi$ 内

$$\begin{cases} S_Z = \sqrt{\dfrac{1}{40\pi}\displaystyle\int_0^{40\pi} S_2^2 \mathrm{d}\omega} \\[3mm] S_{\ddot{x}} = \sqrt{\dfrac{1}{40\pi}\displaystyle\int_0^{40\pi} G_2 \mathrm{d}\omega} \end{cases} \tag{4-169}$$

优化策略表明相对于相对位移 RMS 的最小加速度 RMS，可以使悬架最优，优化的结果

可以在设计图表中显示，以可视化最优 ξ 和 ω_n 的关系。

4.4　基于 Matlab/Simulink 的汽车过减速带仿真分析

通过建立四自由度汽车模型，分析某客车经过减速带时的垂向和俯仰运动，通常减速带主要是抛物线、梯形、半正弦形状，本节选取半正弦形减速带作为研究对象，分析汽车连续通过三个半正弦形的减速带的振动特征。

4.4.1　四自由度汽车建模

如图 4-37 所示为车辆振动的单轨模型，该模型包括了车身的垂向位移 x，车身的俯仰角 θ，车轮的垂向位移 x_1 和 x_2，路面的激励 x_{fd} 和 x_{rd}。

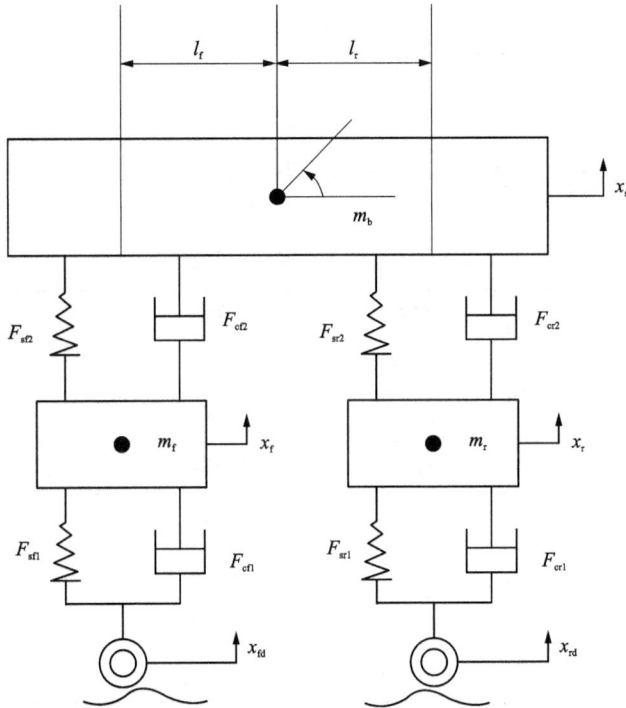

m_b—车体的质量；J—车体转动惯量；m_f，m_r—前后悬架非簧载质量；$x_s(t)$—车体的垂直位移；$\theta(t)$—车体的角位移；$x_f(t)$—m_f 的垂直位移；$x_r(t)$—m_r 的垂直位移；x_{fd}，x_{rd}—前后车轮的激励；l_f—前轮离车辆中心位置的距离；l_r—后轮到车辆中心位置的距离；F_{cf1}—前悬架轮胎的阻尼力；F_{cf2}—前悬架阻尼力；F_{sr1}—后车轮的非线性弹力；F_{sr2}—后悬架的非线性弹力；F_{cr1}—后车轮的非线性阻尼力；F_{cr2}—后悬架的非线性阻尼力；F_{sf1}—车辆前轮胎的弹力；F_{sf2}—车辆前悬架的弹力。

图 4-37　前后半车振动分析模型

根据达朗贝尔原理，在车辆悬架系统静态平衡时，系统的动力学方程组可表示为

$$\begin{cases} m_b \ddot{x}_b = -F_{sf2} - F_{cf2} - F_{sr2} - F_{cr2} \\ J\ddot{\theta} = (F_{sf2} + F_{cf2})l_f - (F_{sr2} + F_{cr2})l_r \\ m_f \ddot{x}_f = F_{sf2} + F_{cf2} - F_{sf1} - F_{cf1} \\ m_r \ddot{x}_r = F_{sr2} + F_{cr2} - F_{sr1} - F_{cr1} \end{cases} \quad (4-170)$$

其中,

$$\begin{cases} F_{sf_2} = k_3(x_b - x_f - l_f \cdot \theta) \\ F_{cf_2} = c_3(x_b - x_f - l_f \cdot \theta)' \\ F_{sr_2} = k_4(x_b - x_r + l_r \cdot \theta) \\ F_{cr_2} = c_4(x_b - x_r + l_r \cdot \theta)' \\ F_{sf_1} = k_1(x_f - x_{fd}) \\ F_{cf_1} = c_1(x_f - x_{fd})' \\ F_{sr_1} = k_2(x_r - x_{fd}) \\ F_{cr_1} = c_2(x_r - x_{rd})' \end{cases} \quad (4-171)$$

选取某型客车作为建模仿真对象,其模型参数如下表所示:

表 4-2 单轨客车模型主要参数

参数	符号	数值	参数	符号	数值
簧上质量	m_b	1590 kg	俯仰转动惯量	J	2690 kg·m²
前簧下质量	m_f	120 kg	前轴距	l_f	1.18 m
后簧下质量	m_r	150 kg	后轴距	l_r	1.77 m
前轮垂向刚度	k_1	404 kN/m	前轮垂向阻尼	c_1	800 N·s/m
后轮垂向刚度	k_2	404 kN/m	后轮垂向阻尼	c_2	800 N·s/m
前悬垂向刚度	k_3	34 kN/m	前悬垂向阻尼	c_3	4524 N·s/m
后悬垂向刚度	k_4	38.5 kN/m	后悬垂向阻尼	c_4	5854 N·s/m

4.4.2 仿真工况设置

在仿真中,我们利用具有连续减速带的颠簸路面来验证模型对车辆垂向振动的描述效果。路面由三个连续的余弦型减速带激励构成,如式(4-172)所示。

$$z_g = \begin{cases} \begin{bmatrix} 1 & 1 \end{bmatrix}^T \times \left[1 - \cos\left(\frac{2\pi}{d}x_d\right)\right] \times \frac{h}{2} & 0 \le x_d \le d \text{ 或 } D \le x_d \le D+d \text{ 或 } 2D \le x_d \le 2D+d \\ \begin{bmatrix} 0 & 0 \end{bmatrix}^T & \text{其他} \end{cases}$$

$$(4-172)$$

其中,$h=6$ cm 为减速带的高度,$d=20$ cm 为减速带宽度,$D=10\,d$ 为两个减速带的间距。这里为了公式的简洁，将减速带间距设置为了带宽的整数倍，地面起伏如图 4-38 所示。

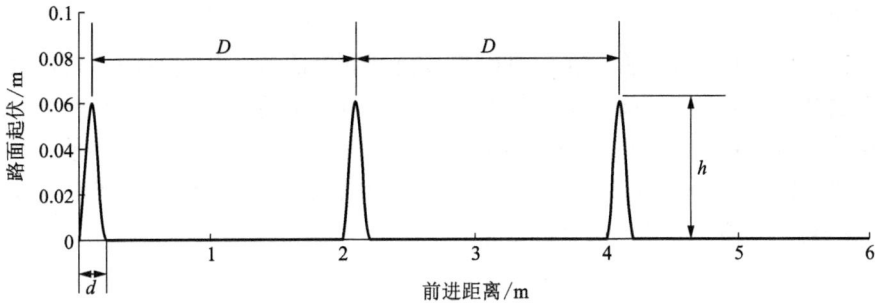

图4-38 连续减速带路面

显然，由于减速带的间距不等于车辆的轴距，该路面激励将同时引发车辆的垂向和俯仰振动。通常当车辆通过减速度带时，驾驶员会提前降低车速以避免过大的冲击，因此在仿真中设置车速为 2.0 m/s，即车辆通过单个减速度带的时间为 0.1 s。

4.4.3 仿真结果

车辆以 2.0 m/s 的速度通过三个连续减速度带的响应结果如图 4-39 和图 4-40 所示。从图 4-39 左侧可以看到，由于前后车轮通过减速带的时间是交替错开的，所以簧上质量会出现六个向上的位移峰值，其中第 1、2、4 个峰值为前轮过减速带激起的，第 3、5、6 个峰值则为后轮过减速带激起的。从图中还可以看到，对应同一个车轴的位移峰值会有明显的形状相似性，而不同车轴的峰值形状差异较大，这是由于车辆的前后轴距、刚度、阻尼等均存在较大差异。对于俯仰角位移响应，由于前轴和后轴的作动效果是相反的，所以图中曲线呈现出

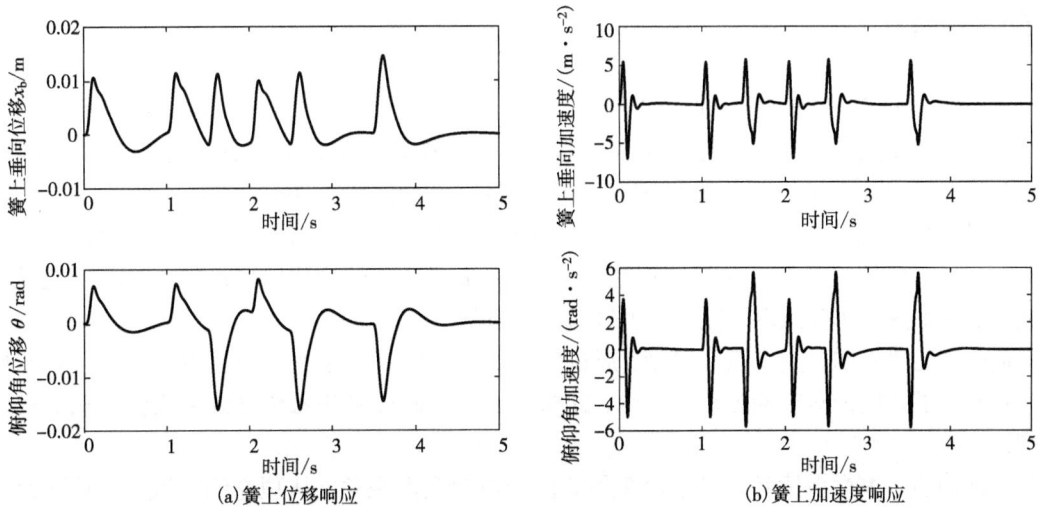

(a) 簧上位移响应

(b) 簧上加速度响应

图4-39 簧上状态响应

3个波峰和3个波谷。从图4-39右侧可以看到，簧上的加速度响应过程是非常迅速的，并且同样可以观察到，前、后轴对垂向加速度的激励作用是同向的，而对俯仰角加速度的激励作用则是相反的。

图4-40给出了簧下的轮胎力响应和悬架形变量响应曲线。从左侧图中可以看到，对应于前、后通过减速带的时刻，前后轮胎分别出现了剧烈的载荷波动，且由于减速带的激励较为剧烈，轮胎甚至出现了短暂的"离地"现象。同时从左侧图中还可以看到，前、后轴的响应几乎是独立的，仅有微小的影响通过车身传递到非激励轴。观察右侧图悬架形变量的响应曲线也可以得到前、后轴响应相互独立的结论。

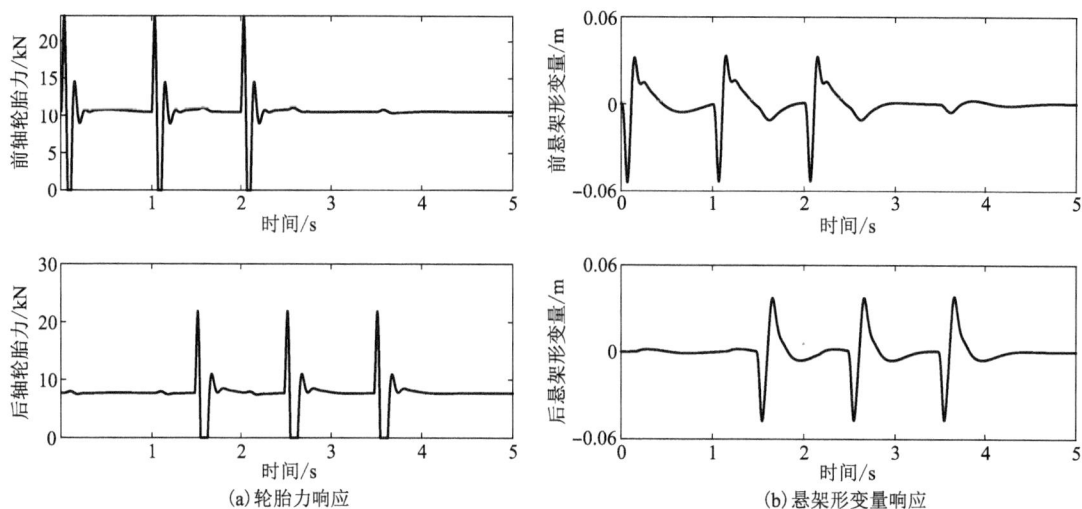

(a) 轮胎力响应　　　　　　　　　　(b) 悬架形变量响应

图4-40　簧下状态响应

4.5　小结

本章首先介绍了振动系统的基本原理，包括机械振动元件如质量、弹簧和阻尼器的概念，以及它们在汽车悬架系统中的应用。接着，深入探讨了振动系统的频率响应和时间响应，以及如何通过这些分析方法来理解和预测车辆在不同路面条件下的振动行为。

在悬架优化部分，提出了基于均方根优化方法的设计思路，用于选择最优的弹簧和阻尼器参数，以实现最佳的悬架性能。通过实例分析，展示了如何应用这些设计表格来优化悬架参数，以达到减少车身振动、提高乘坐舒适性的目的。

此外，还建立四自由度汽车模型，通过软件仿真分析了汽车通过减速带时的垂向和俯仰运动；研究了减速带对车辆振动的影响，并探讨了如何通过调整悬架参数来改善车辆的通过性能。

总体而言，本章为读者提供了汽车平顺性分析的全面视角，从理论到实践，从悬架设计到仿真验证，为汽车工程师在悬架系统设计和优化方面提供了宝贵的参考。

第 5 章
汽车操纵稳定性建模与仿真分析

5.1　操纵稳定性概述

　　汽车的操纵稳定性泛指包含汽车操纵性和稳定性的综合特性。操纵性是汽车及时而准确地执行驾驶员转向、加速和制动指令的(响应)能力。稳定性是汽车在行驶过程中,受到外界干扰后维持或迅速恢复原来运动状态的能力。

　　操纵稳定性(简称操稳性)既反映汽车的实际行迹与驾驶员主观意图在时间上和空间上的吻合程度,又反映汽车运行的稳定程度。可以说,稳定性是操纵性的保证,稳定性丧失会导致操纵性失控,两者性质不同但相互依存。

　　驾驶员依据环境条件及汽车行驶状态,通过方向盘、加速踏板和制动踏板等操纵机构对汽车发出调整行迹和速度的指令,汽车实际行迹的变化又通过驾驶员感官的主观感觉与原意图进行比较后,再发出修正指令,直到满意为止。

　　操纵稳定性是汽车主要的性能之一。首先,汽车行驶应该安全,那就意味着驾驶员的输入不应使汽车响应过度而导致汽车失控。很明显,汽车的操控有明显的物理极限。如果汽车轮胎的摩擦极限过低,那么这个轮胎可能完全滑动,这种现象必须避免,并且汽车的主要控制者是驾驶员。这就意味着驾驶员必须持续不断地监控车辆的行为以应对任何被认为是过于危险的车辆响应。

　　此外,汽车制造商必须确保其制造的汽车有平顺的操纵表现,从某种意义上来说,这是由测试人员和客户来判断的。汽车必须能够给驾驶员清晰的驾驭感觉,也就是汽车必须对驾驶员的输入有响应,突然偏离路径的偏差会很快消除,车身的侧倾保持在一定限度内等。汽车的这种性能应该在大范围的纵向和侧向加速度下都具备,这可能和之前的及时注意汽车临界状态并予以修正稍有冲突。

　　本节从主观和客观的角度更深层次地解释良好操纵性的概念,并借助汽车试验和分析来评价一辆车是否具有良好操纵性。必须明确的是,良好的操纵性在很大程度上取决于驾驶者的经验以及在不同情况下处理车辆突发状况的能力。

　　研究车辆操控时,最简单的汽车模型为单轮模型(也叫作单车模型),这个模型通常涉及转向控制时的性能。有效控制(比如车轮制动)将限制车辆的过多侧偏,此时必须区分左右轮胎和路面之间的联系。单轮模型进一步扩大之后就是双轮模型。

　　需要留意的是两种模型都可能包含非线性轮胎特性。这就意味着如果速度恒定,所需要面对的不仅是二阶非线性微分方程,模型也应该采用合适的工具进行处理。因此,根据模型参数,可能会产生多个解,这些参数的细微改变可能导致从一个点突然转变到多个点(与轮胎特性有关的参数似乎是主要的)。初始值微小的改变可能会导致结果的显著变化,并且局部稳定性分析并不全面。

在 5.3 节中解释稳态的特点,从稳态定圆实验的稳态曲线开始展开。5.4 中讨论稳态解是非稳态解的特殊点。侧偏时突然不稳定的力矩源于轮胎特性(也叫作侧偏不稳定性),这个力可以在操纵图中得以表达。这个操控性图和 5.3 中讨论的操纵曲线息息相关并且特别适合研究非线性的汽车表现,这个图将在 5.5 中详细讨论。非线性系统主要用于研究汽车的定量行为,以及由于操纵和系统参数变化导致的反应趋势,也就意味着需要验证系统本质特征,通常情况下,比套用模型来测试结果要困难得多。如果定性的匹配不符合要求,那么定量的研究也变得没有意义。

图表工具,例如操纵图,可以将这些敏感性可视化。另外一个可视化这些敏感性的办法是相平面,这是运用二维空间研究非线性系统很常用的工具。单一点(稳态点)、汽车稳态所接近的这些点(汽车稳态行为)和全局稳定性,能用一种简洁的办法来说明。其他的图解表达方式例如稳态图、MMM 图、g-g 图都很好。

5.2 良好操稳性标准

评价车辆操稳性能的方法主要有两类:开环和闭环测试。开环测试中,驾驶员给车辆一个确定的输入后,汽车产生的或多或少的反应皆由转向机构控制。这些输入可以是阶跃输入,也可以是稳态输入,一个固定的转向输入、一个脉冲或者正弦转向输入都有可能增大车辆速度。

对于闭环测试,驾驶员根据实现特定的任务来调整车辆的响应和输入,如在双移线测试中,将最大速度作为性能指标之一。具体的评价实验方法可参考 ISO 中各种汽车测试的描述,其中的某些区别源于驾驶员对车辆的控制,驾驶员控制被认为是闭环控制回路的一部分。一种方法是通过驾驶员或者测试车辆的表现(基于开环测试:一般已知驾驶员输入,但是这不是必要的)来评价车辆的性能。车辆操稳性测试评价方法,根据评价标准的不同,通常可以分为主观评价和客观评价。

当主观地评估车辆性能时,测试驾驶员根据转向回馈、车辆操纵感、安全感、直线行驶稳定性等感觉进行评价。可以选择性地进行测试以使得车辆在这些评估方面有区分。例如,测试左右车轮在不同道路摩擦系数下的制动效果(以 μ 区分),可以在入弯时松开油门或者刹车,或是弯中松开方向盘等。然而,主观评价虽然可以依据标准对车辆进行排名,但是要对不同组织完成的评价进行比较是非常困难的。此外,在主观评价中,车辆获得差评的原因可能并不直观,这就需要进行进一步的调查。应该注意的是,不仅评价本身重要,而且评价之间的差别也很重要。这些偏差允许区分主体的个别评价和高度一致的评价。

通常,原始变量的集合被简化成一组可以被视为与每个其他组成部分正交(独立统计)的组成部分或者因素。主成分是原始测量变量的加权线性组合,那么第一步就是将这个集合减少为具有两个或者更多集群之间的最大区分(与操纵稳定性或者稳定性有关)新线性组合。第二步被称为判别函数分析(DFA),一些研究人员直接跳过主成分分析(PCA)并根据最大歧视标准进行归约,然后对更独立的因素进行解释。完成开环测试结果和主观评价的主成分分析后,需要研究客观和主观测试之间的相关性。

ISO 标准化委员会已经就客观评价进行了大量的研究。车辆装有仪器并给出明确的输入,利用测试仪器的示数(例如反应时间、某些变量相对于转向输入的滞后等)来表明车辆特征。客观评价的优点是，这些测试可以在仿真模型中进行模拟，通过这种方式，可以在早期阶段评估设计修改对车辆的影响。但是，这些测量仅为测试驾驶员提供了车辆主观感受的有限图像。国际上主流的车辆操稳性测试标准包括 ISO4138：稳态回转实验和 ISO7401：横向瞬态响应测试。

5.2.1　ISO4138：稳态回转实验

该测试的目的是确定稳态车辆的方向控制响应，在一个环形路径中慢慢增大车辆的速度。通常根据方向盘转角和侧向加速度 a_y（两者的曲线）来描述车辆稳态特性。这种关系直接和非线性轴特性相关，曲线的形状决定了车辆一个重要的性能——行驶稳定性。在本章的后续部分将会继续讨论这一点。良好操纵稳定性评价标准见表 5-1。

表 5-1　良好操纵稳定性评价标准

良好操纵性标准	解释
延迟时间短	命令输入和车辆响应（侧向加速度、横摆角速度等）间的长时间延迟应当避免
车辆响应不能太大也不能太小	一方面，一个很小的输入引起车辆巨大的响应会导致驾驶紧张；另一方面，很大的输入只能引起车辆很小的反应也是不合适的
灵敏和稳定平衡	稳定性和灵敏性是相对立的两方面。汽车不稳定就要求驾驶员持续稳定驾驶，这往往被视作不安全。太高的稳定性则导致延迟加剧，这也应该尽可能避免
小的车身侧偏角	车身侧偏角是指驾驶员视线偏离方向的程度。一方面，车辆预期前进的角度和实际前进角度要一致。另一方面，非零的侧偏角也是车辆给驾驶员反馈的一部分
抗干扰能力	汽车总是处于受到干扰的状态，例如横风、道路不平等
微小的侧倾	对于驾驶员来说，精确的车辆操控感是获得微小的车辆侧倾
一致的车辆表现	车辆改变最大的通常是速度、载荷、轮胎附着情况、侧向加速度等。这对于驾驶来说是不可预测的。这将导致在所有运行条件下车辆性能保持一致，并且当接近轮胎的极限时驾驶员没有被警告。因此，一致的车辆表现应该排除非常规的车辆行为

与此同时，车辆的其他参数也可以和侧向加速度相对应，比如车辆侧偏角和车辆侧倾角。关键参数与侧向加速度的相关性见表 5-2。

表 5-2　关键参数与侧向加速度的相关性

方向盘转角梯度	$\dfrac{\partial \delta}{\partial a_y}(a_y = 0)$
侧偏角梯度	$\dfrac{\partial \beta}{\partial a_y}(a_y = 0)$
侧倾角梯度	$\dfrac{\partial \varphi}{\partial a_y}(a_y = 0)$

5.2.2　ISO7410：横向瞬态响应测试

这个测试的目的是确定车辆的瞬态响应行为。时域和频域的典型特征值相对于函数上响应时间、增益（横向加速度、横摆角速度）和超调值有时间上的滞后。表5-3给出了ISO7410中大部分的测试要点。

表5-3　测试方法

时域		
种类/方式	步骤	标准
步骤输入	转向角δ的连续斜坡变化	响应时间、峰值响应时间、汽车超调量（横摆速度 a_y）
正弦输入（一个周期）	一个周期的方向盘输入［0.5 Hz，1 Hz 任选］，a_y（4 m/s² ,2 m/s² 或者 6 m/s² 任选）	a_y 的第一个峰值、横摆角速度 r、时间滞后（a_y，r）和转向输入 δ
频域		
随机输入	连续一个涵盖频率范围的输入，$a_y<4$ m/s²，建议 $a_y=2$ m/s²	转向输入的稳态增益（a_y，r）、带宽、峰值比、等效时间等
脉冲输入	三角波形转向输入 0.3~0.5 s，稳态 $\delta_{max}cf$，$a_y=4$ m/s²	类似于随机输入
连续正弦输入	在 δ 中连续三个时期，随着频率的增加，$a_y<4$ m/s²	振幅（a_y，r），增益（a_y，r），转向输入 δ，a_y、r 和方向角 δ 之间的相移

关于以上两个测试更加详细的讨论：方向盘角阶跃转向输入（也称"J-turn"）和随机转向输入。

"J-turn"测试的输入和输出结果如图5-1所示，其中图5-1（a）显示了方向盘输入，图5-1（b）显示了车辆响应，此处为横摆角速度。在恒定的转向角输入下，车辆将以稳态圆周曲线行驶。从直线行驶状态过渡到回转状态需要一定的响应时间，并且这一过程中还会伴随超调行为。

响应时间 T_r 是从 r 达到峰值50%的时间到车辆稳态响应值90%为止的。峰值响应时间 $T_{r,max}$ 是达到最大横摆角速度的时间。超调量 U_r 定义为横摆角速度峰值与稳态值 r_{ss} 之间的差值。其他性能指标包括横摆角速度与横向加速度之间的滞后时间以及 TB 因子。TB 因子是角阶跃转向实验中稳态侧偏角和横摆角速度峰值时间的乘积。许多测试结果显示，TB 因子与主观评价的相关性很高，这意味着驾驶员无法正确区分驾驶方向偏差和驾驶方向响应延迟（特别是转向过度工

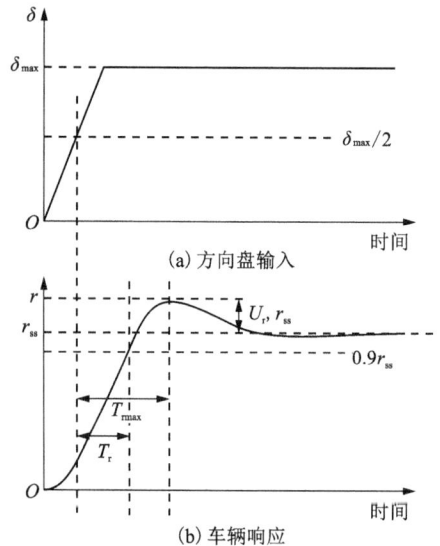

图5-1　稳态转向输入和车辆横摆角速度的响应关系

况)。当车辆经历阶跃转向或者斜坡转向时,前轮侧向力开始增大,接着车辆开始侧滑。接下来,后轮侧向力增大,并且同样地,车辆开始侧滑。因此,这种侧偏对于横摆角速度来说是延迟的。漂移(横向滑动)会影响横向加速度,因此,横摆加速度将相对于横摆角速度延迟。这就意味着驾驶员将在经历车辆侧向力之前经历侧偏,这在图 5-2 中进行了说明,其中横摆角速度和横向加速度响应(分别由稳态值 r_{ss} 和 $a_{y,ss}$)描述为斜坡转向输入。人们观察到横向加速度会有更大的滞后。

随机转向实验是横向加速度高达 4 m/s² 时对车辆频率性能进行的实验评估。这种行为可以用增益和相位伯德图来表示(附录 3)。图 5-3 显示了单轮车辆模型的横摆角速度和一些性能指标。图 5-3(a)表示转向增益,它是正弦转向输入的横摆角速度幅度和转向角幅度之比。

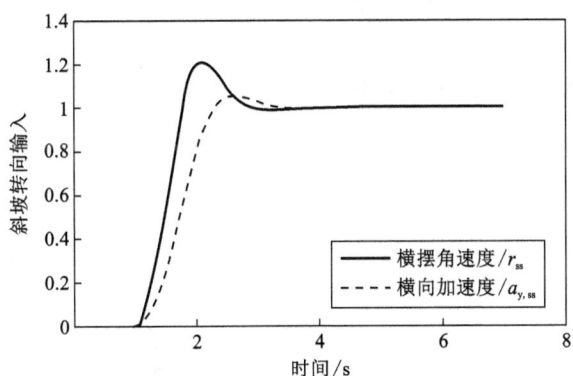

图 5-2　稳态输入的横摆角速度和横向角加速度响应

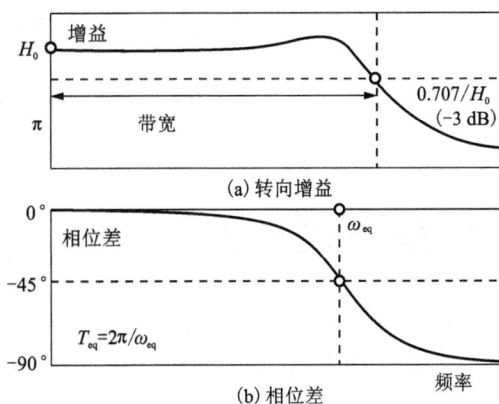

图 5-3　随机驾驶测试

图 5-3(b)显示了横摆角速度和转向角之间的相位差。请注意增益中的共振峰值和相对于大频率移动至 -90° 的相位。这个频率行为将在后面的章节中更详细地讨论(表 5-4)。

表 5-4　转向响应性能的频域评价指标

带宽 ω_b	增益至少等于 $0.707 = 1/\sqrt{2}$ 的稳态增益 H_0
等效时间 T_{eq}	$T_{eq} = 2\pi/\omega_{eq}$ 其中,ω_{eq} 对应 45° 的相位滞后

稳态横摆角速度增量 H(横摆角速度和转向角之比),反映车辆横摆运动对转向盘输入的响应特征。H 值很大,意味着转向角的微小变化会使车辆产生很大的横摆响应效果,这需要驾驶员敏锐的操控反应; H 值很小,意味着需要较大的转向输入才能获得足够的车辆响应,这也不是优选的。因此,车辆稳态增益的最佳范围是最大值和最小值之间的频带。

等效时间表示车辆对转向角突然变化(比如紧急避障)的动态响应。T_{eq} 越小,车辆就能越好地跟随驾驶员输入以避免事故发生。图 5-4 中展示了一些 1995 年前后测试的欧洲汽车的 (H_0, T_{eq}) 值分布。

值得注意的是，所有的汽车稳态增益都接近专家驾驶员的下限，这也是典型驾驶员的下半部分。越是偏运动型的汽车，其横摆角速度越大。

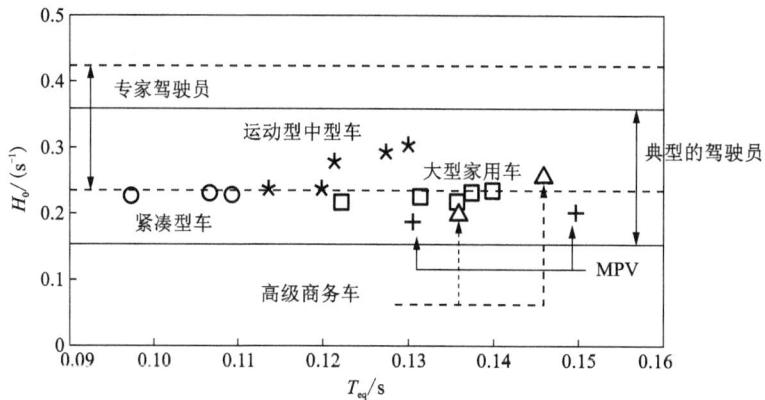

图 5-4　一些欧洲汽车的 Weir-Dimarco 图

5.3　操纵稳定性模型

通常，操纵稳定性模型由如下三组方程构成：

(1)同余方程(运动学关系)。

(2)平衡方程(力和力矩平衡方程)。

(3)本构方程(轮胎-路面之间变形及其附着关系，参见 2.3 节)。

定义相对车身固定参考系汽车坐标系为 $S = (x, y, z; G)$，其中，坐标原点为汽车的重心 G(习惯上设置 G 为原点，但不是必须的)，x 轴为汽车前进的方向，y 轴为汽车侧向方向(前进方向的左边)，z 轴垂直于地面，方向朝上。简化的二维平面模型如图 5-5 所示，$\boldsymbol{i}$，$\boldsymbol{j}$，$\boldsymbol{k}$ 分别为 x，y，z 方向上的单位向量。

5.3.1　同余方程(运动学方程)

运动学方程描述汽车运动变量之间的关系，包括位移、速度和加速度，但不包括力和质量的影响。

1)重心 G 点的速度与汽车的横摆角速度

汽车的运动可以由汽车重心 G 点的角速度 Ω 和速度 V_G 描述。当然也可以用车身上其他点来描述。

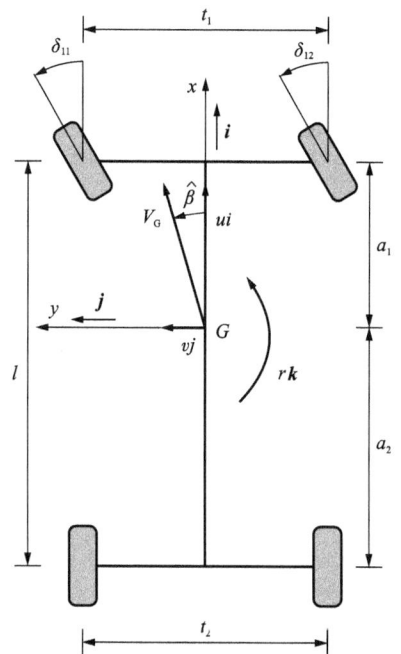

图 5-5　简化的二维平面模型

$$V_G = u\boldsymbol{i} + v\boldsymbol{j}$$
$$\Omega = r\boldsymbol{k}$$

(5-1)

其中，u、v 分别为汽车重心 G 处的前进速度和侧向速度，r 为汽车的横摆角速度。

汽车车身上任何一点 $P=(x, y)$ 上的速度可以由以下转换公式计算：

$$
\begin{aligned}
V_P &= V_G + \Omega \times GP \\
&= (u\boldsymbol{i} + v\boldsymbol{j}) + r\boldsymbol{k} \times (x\boldsymbol{i} + y\boldsymbol{j}) \\
&= (u - ry)\boldsymbol{i} + (v + rx)\boldsymbol{j} \\
&= V_{Px}\boldsymbol{i} + V_{Py}\boldsymbol{j}
\end{aligned}
\tag{5-2}
$$

2）汽车的横摆角和重心 G 的轨迹

以 $S_0 = (x_0, y_0, z_0; O_0)$ 为大地固定参考系，对应的单位向量为 (i_0, j_0, k_0)，有

$$
i_0 \cdot \boldsymbol{i} = \cos \psi , \quad j_0 \cdot \boldsymbol{i} = \sin \psi
\tag{5-3}
$$

坐标系定义如图 5-6 所示。

从而得到在大地坐标系下的重心速度为

$$
V_G = u\boldsymbol{i} + v\boldsymbol{j} = \dot{x}_0^G i_0 + \dot{y}_0^G j_0
\tag{5-4}
$$

其中，

$$
\begin{cases}
\dot{x}_0^G = u\cos \psi - v\sin \psi \\
\dot{y}_0^G = u\sin \psi + v\cos \psi \\
\dot{\psi} = r
\end{cases}
\tag{5-5}
$$

在任意时刻 $(t = \hat{t})$ 汽车航偏角 ψ、重心 G 点的坐标 x_0^G、y_0^G 可以由积分得到。

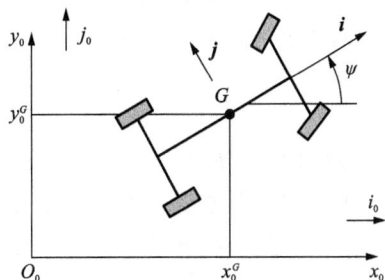

图 5-6 坐标系定义

$$
\psi(\hat{t}) = \psi(0) + \int_0^{\hat{t}} r(t)\,\mathrm{d}t
\tag{5-6}
$$

$$
\begin{cases}
x_0^G(\hat{t}) = x_0^G(0) + \int_0^{\hat{t}} \dot{x}_0\,\mathrm{d}t = x_0^G(0) + \int_0^{\hat{t}} \left[u(t)\cos \psi(t) - v(t)\sin \psi(t) \right]\mathrm{d}t \\
y_0^G(\hat{t}) = y_0^G(0) + \int_0^{\hat{t}} \dot{y}_0\,\mathrm{d}t = y_0^G(0) + \int_0^{\hat{t}} \left[u(t)\sin \psi(t) + v(t)\cos \psi(t) \right]\mathrm{d}t
\end{cases}
\tag{5-7}
$$

这三个方程描述了汽车在固定参考系下的运动。

3）速度瞬心 C

若一刚体在平面运动下的横摆角速度 r 不等于 0，则刚体运动可以视为绕某一速度等于 0 的点 C 做圆周运动，C 点称为（速度）瞬心，有 $V_c = 0$。

通过图 5-7 可知在相对参考系 S 下 $GC = S\boldsymbol{i} + R\boldsymbol{j}$，可以得到

$$
V_G = r\boldsymbol{k} \times CG = r\boldsymbol{k} \times (-R\boldsymbol{j} - S\boldsymbol{i}) = rR\boldsymbol{i} - rS\boldsymbol{j} = u\boldsymbol{i} + v\boldsymbol{j}
\tag{5-8}
$$

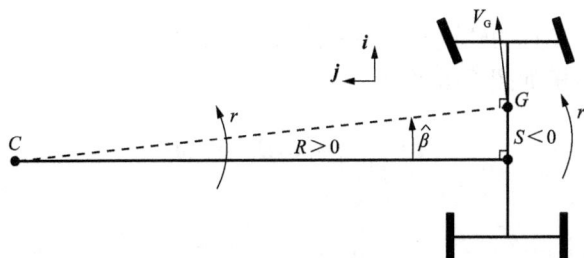

图 5-7 速度瞬心

其中，

$$R = \frac{u}{r}, \ S = -\frac{v}{r} \tag{5-9}$$

R、S 分别为瞬心 C 到重心 G 的横向距离和纵向距离。

4）基本比值 β 和 ρ

已知 $R = u/r$ 和 $S = -v/r$，可以得到

$$\beta = \frac{v}{u} = -\frac{S}{R}, \ \rho = \frac{r}{u} = \frac{1}{R} \tag{5-10}$$

比值 β 和汽车侧偏角 $\hat{\beta}$ 关系为 $\hat{\beta} = \arctan \beta$，大多数情况下由于 β 较小，可以近似认为 $\hat{\beta} \approx \beta$。对于 ρ 可以做以下变形：

$$l\rho = l\frac{r}{u} = \frac{l}{R} \tag{5-11}$$

其中，l 为轴距，l/R 为经典的阿克曼角。

5）重心 G 点的加速度和汽车的角加速度

汽车上任意一点 P 的加速度可以表示为

$$a_P = a_G + \dot{\Omega} \times GP + \Omega \times (\Omega \times GP) \tag{5-12}$$

在平面运动中，上式可以简化为

$$a_P = a_G + \dot{r}k \times GP - r^2 GP \tag{5-13}$$

其中，角加速度可以表示为

$$\dot{\Omega} = \dot{r}k = \ddot{\psi}k = (u\dot{\rho} + \dot{u}\rho)k \tag{5-14}$$

因为已知汽车 G 点的绝对速度 V_G，求导可以得出 G 点的绝对加速度 a_G 为

$$a_G = \frac{\mathrm{d}V_G}{\mathrm{d}t} = \dot{u}i + ur j + \dot{v}j - vr i = (\dot{u} - vr)i + (\dot{v} + ur)j = a_x i + a_y j \tag{5-15}$$

其中，a_x 为 G 点的纵向加速度

$$a_x = \dot{u} - vr = \dot{u} - u^2 \rho\beta \tag{5-16}$$

a_y 为 G 点的侧向加速度

$$a_y = \dot{v} + ur = u\dot{\beta} + \dot{u}\beta + u^2 \rho \tag{5-17}$$

在稳态（$\dot{u} = \dot{v} = 0$）情况下，汽车侧向加速度 $\tilde{a}_y$ 为

$$\tilde{a}_y = ur = u^2 \rho = \frac{u^2}{R}$$

通常情况下，汽车 G 点的轨迹并不和 x 轴相切，即 $\hat{\beta} \neq 0$。其中单位向量 t 沿着 V_G 方向。车辆转向时的加速度分解如图 5-8 所示。

$$t = \frac{V_G}{|V_G|} = \cos\hat{\beta}i + \sin\hat{\beta}j \tag{5-18}$$

其中，

$$|V_G| = V_G = \sqrt{u^2 + v^2} \tag{5-19}$$

$$\sin\hat{\beta} = \frac{v}{\sqrt{u^2 + v^2}} \approx \left(\beta = \frac{v}{u}\right) \tag{5-20}$$

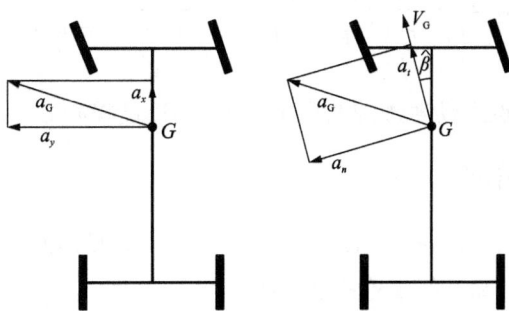

图 5-8　车辆转向时的加速度分解

$$\cos\hat{\beta}=\frac{u}{\sqrt{u^2+v^2}}\approx1 \tag{5-21}$$

除此之外，还可以定义单位向量 $\boldsymbol{n}$ 与 V_G 垂直

$$\boldsymbol{n}=k\times t=-\sin\hat{\beta}\boldsymbol{i}+\cos\hat{\beta}\boldsymbol{j} \tag{5-22}$$

因此，G 点加速度可以由 a_t、a_n 表示

$$a_G=a_t+a_n=a_t t+a_n n \tag{5-23}$$

其中，

$$a_t=a_G\cdot t=a_x\cos\hat{\beta}+a_y\sin\hat{\beta}=\frac{a_x u+a_y v}{\sqrt{u^2+v^2}}=\frac{\dot{u}u+\dot{v}v}{\sqrt{u^2+v^2}}=\frac{dV_G}{dt} \tag{5-24}$$

$$a_n=a_G\cdot n=-a_x\sin\hat{\beta}+a_y\cos\hat{\beta}=\frac{-a_x v+a_y u}{\sqrt{u^2+v^2}}=\frac{r(u^2+v^2)+\dot{v}u-\dot{u}v}{\sqrt{u^2+v^2}} \tag{5-25}$$

6) 重心 G 点的曲率半径

车辆转向半径和曲率如图 5-9 所示。

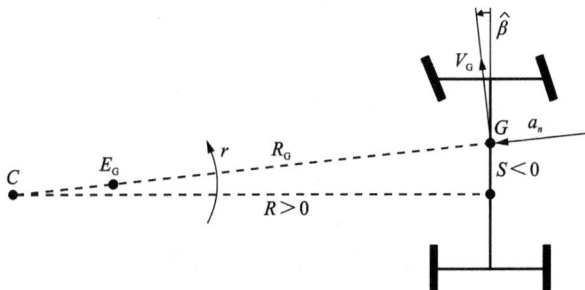

图 5-9　车辆转向半径和曲率

G 点运动轨迹的曲率半径 R_G 为

$$R_G = \frac{V_G^2}{a_n} = \frac{(u^2+v^2)^{\frac{3}{2}}}{r(u^2+v^2)+\dot{v}u-\dot{u}v} = \frac{V_G}{r+\dfrac{\dot{v}u-\dot{u}v}{V_G^2}} = \frac{V_G^3}{a_y u - a_x v} \tag{5-26}$$

有一点值得注意, G 点运动轨迹的曲率中心 E_G 和速度瞬心 C 一般不重合。

5.3.2 轮胎运动学(滑移)

前面讨论了汽车车身, 而没有讨论方向盘转角 δ_{ij} 等, 然而其影响也是非常重要的。图 5-10 中给出了四轮转向工况下的车轮速度方向。

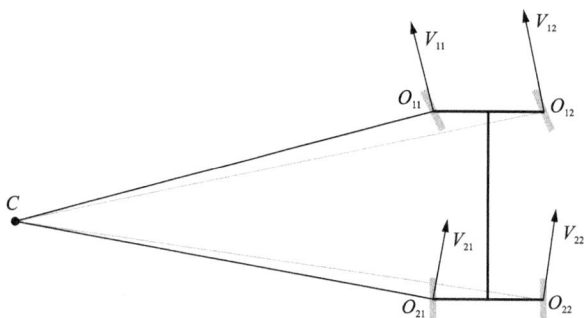

图 5-10 车辆转向时的轮胎滑移

由图 5-10 所示的几何关系, 左前轮中心点 O_{11} 的速度 V_{11} 计算如下:

$$V_{11} = V_G + r\boldsymbol{k} \times GO_{11} = (u\boldsymbol{i}+v\boldsymbol{j}) + r\boldsymbol{k} \times \left(a_1\boldsymbol{i}+\frac{t_1}{2}\boldsymbol{j}\right) \tag{5-27}$$

同理, 可以求出其余三个车轮中心点的速度为

$$V_{11} = \left(u-\frac{rt_1}{2}\right)\boldsymbol{i} + (v+ra_1)\boldsymbol{j}$$

$$V_{12} = \left(u+\frac{rt_1}{2}\right)\boldsymbol{i} + (v+ra_1)\boldsymbol{j}$$

$$V_{21} = \left(u-\frac{rt_2}{2}\right)\boldsymbol{i} + (v-ra_2)\boldsymbol{j}$$

$$V_{22} = \left(u+\frac{rt_2}{2}\right)\boldsymbol{i} + (v-ra_2)\boldsymbol{j}$$

$$\tag{5-28}$$

四个车轮中点的速度都可以基于汽车瞬心来表达, 即

$$V_{ij} = r\boldsymbol{k} \times CO_{ij} \tag{5-29}$$

车轮的速度方向 V_{ij} 和汽车 x 轴的方向的夹角 β_{ij} 可以通过下式获得

$$\tan\hat{\beta}_{11}=\frac{v+ra_1}{u-rt_1/2}=\beta_{11}=\tan(\delta_{11}-\alpha_{11})$$

$$\tan\hat{\beta}_{12}=\frac{v+ra_1}{u+rt_1/2}=\beta_{12}=\tan(\delta_{12}-\alpha_{12})$$

$$\tan\hat{\beta}_{21}=\frac{v-ra_2}{u-rt_2/2}=\beta_{21}=\tan(\delta_{21}-\alpha_{21})$$

$$\tan\hat{\beta}_{22}=\frac{v-ra_2}{u+rt_2/2}=\beta_{22}=\tan(\delta_{22}-\alpha_{22})$$

(5-30)

其中，δ_{ij} 和 α_{ij} 分别为各个车轮的转向角和速度侧偏角，β_{ij} 为各个车轮的实际滚动侧偏比值。

$$\beta_{11}=\frac{a_1-S}{R-t_1/2}$$

$$\beta_{12}=\frac{a_1-S}{R+t_1/2}$$

$$\beta_{21}=\frac{-a_2-S}{R-t_2/2}$$

$$\beta_{22}=\frac{-a_2-S}{R+t_2/2}$$

(5-31)

因为 $S\geq-a_2$，且在一般情况下 $|R|\gg t_i/2$，可以得到 $\beta_{i1}\approx\beta_{i2}$，即同轴的左右车轮侧偏比值接近。车辆转向时的轮胎侧偏角如图 5-11 所示。

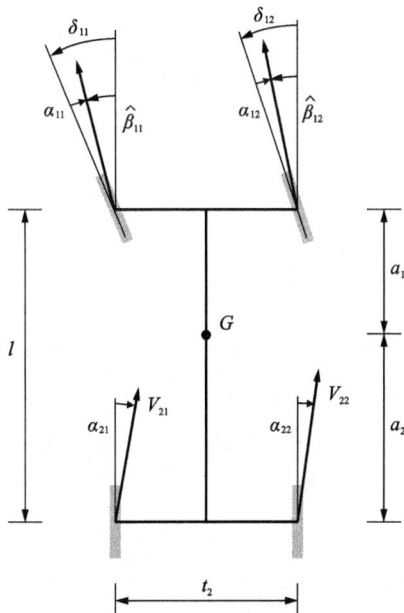

图 5-11　车辆转向时的轮胎侧偏角

进而可以得出每一个轮胎的侧偏角 α_{ij}（顺时针为正）为

$$\alpha_{ij} = \delta_{ij} - \hat{\beta}_{ij} \approx \delta_{ij} - \beta_{ij} \tag{5-32}$$

1）纵向与横向滑移

通过滑移率的定义，可以求得纵向滑移率和横向滑移率。

纵向滑移率为

$$\sigma_{x_{11}} = \frac{\left[(u - rt_1/2)\cos\delta_{11} + (v + ra_1)\sin\delta_{11} \right] - \omega_{11}r_1}{\omega_{11}r_1}$$

$$\sigma_{x_{12}} = \frac{\left[(u + rt_1/2)\cos\delta_{12} + (v + ra_1)\sin\delta_{12} \right] - \omega_{12}r_1}{\omega_{12}r_1}$$

$$\sigma_{x_{21}} = \frac{\left[(u - rt_2/2)\cos\delta_{21} + (v - ra_2)\sin\delta_{21} \right] - \omega_{21}r_2}{\omega_{21}r_2} \tag{5-33}$$

$$\sigma_{x_{22}} = \frac{\left[(u + rt_2/2)\cos\delta_{22} + (v - ra_2)\sin\delta_{22} \right] - \omega_{22}r_2}{\omega_{22}r_2}$$

侧向滑移率为

$$\sigma_{y_{11}} = \frac{(v + ra_1)\cos\delta_{11} - (u - rt_1/2)\sin\delta_{11}}{\omega_{11}r_1}$$

$$\sigma_{y_{12}} = \frac{(v + ra_1)\cos\delta_{12} - (u + rt_1/2)\sin\delta_{12}}{\omega_{12}r_1}$$

$$\sigma_{y_{21}} = \frac{(v - ra_2)\cos\delta_{21} - (u - rt_2/2)\sin\delta_{21}}{\omega_{21}r_2} \tag{5-34}$$

$$\sigma_{y_{22}} = \frac{(v - ra_2)\cos\delta_{22} - (u + rt_2/2)\sin\delta_{22}}{\omega_{22}r_2}$$

纵向滑移率和侧向滑移率可以进一步化简为

$$\sigma_{x_{11}} \approx \frac{(u - rt_1/2) - \omega_{11}r_1}{\omega_{11}r_1}, \ \sigma_{y_{11}} \approx \frac{(v + ra_1) - u\delta_{11}}{\omega_{11}r_1}$$

$$\sigma_{x_{12}} \approx \frac{(u + rt_1/2) - \omega_{12}r_1}{\omega_{12}r_1}, \ \sigma_{y_{12}} \approx \frac{(v + ra_1) - u\delta_{12}}{\omega_{12}r_1}$$

$$\sigma_{x_{21}} \approx \frac{(u - rt_2/2) - \omega_{21}r_2}{\omega_{21}r_2}, \ \sigma_{y_{21}} \approx \frac{(v - ra_2) - u\delta_{21}}{\omega_{21}r_2} \tag{5-35}$$

$$\sigma_{x_{22}} \approx \frac{(u + rt_2/2) - \omega_{22}r_2}{\omega_{22}r_2}, \ \sigma_{y_{22}} \approx \frac{(v - ra_2) - u\delta_{22}}{\omega_{22}r_2}$$

5.3.3 转向系模型

一方面，汽车转向是通过转动汽车的全部或部分车轮实现的，转向角度主要通过驾驶员控制方向盘转角实现。另一方面，车轮的相对转向，即左前轮相对于右前轮的转向量不受驾驶员控制，这会影响操纵性能，因此应谨慎选择。

由于车轮具有定向能力，车轮的布置使得它们的前进方向几乎一致，即它们之间不会发生太多冲突。然而，轮胎在较小的侧偏角下可以正常工作，正如将要讨论的，适当大小的"冲突"不仅是允许的，还可能是有益的。设 δ_v 为方向盘转角，前轮转向角的数学模型为

$$\delta_{11}=\delta_{11}(\delta_v)\,,\ \delta_{12}=\delta_{12}(\delta_v) \tag{5-36}$$

为了保证汽车左右转向效果一致，还需满足

$$\delta_{11}(\delta_v)=-\delta_{12}(-\delta_v) \tag{5-37}$$

前轮内倾与外倾角如图 5-12 所示。

汽车前轮转向角可以用泰勒函数展开到二阶来表示：

$$\delta_{11}\approx -\delta_1^0+\tau_1\delta_v+\varepsilon_1\frac{t_1}{2l}(\tau_1\delta_v)^2$$

$$\delta_{12}\approx \delta_1^0+\tau_1\delta_v-\varepsilon_1\frac{t_1}{2l}(\tau_1\delta_v)^2 \tag{5-38}$$

可以通过控制 δ_1^0、ε_1、τ_1 来控制汽车的转向角，其中 τ_1 只影响人机工程学，然而另外两个参数影响汽车的操作性。第一项中，角度 δ_1^0 称为静态前束，如果 $\delta_1^0>0$ 称为内束，则 $\delta_1^0<0$ 称为外束。第二项 $\tau_1\delta_v$ 称为平行转向，其对左右两个转向轮的贡献

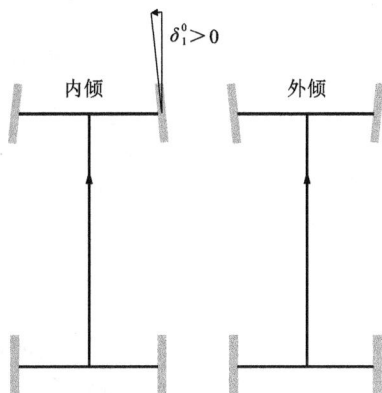

图 5-12　前轮内倾与外倾角

是相同的。如果转向角只有此项，则汽车两转向轮永远是平行的。通常情况下，$\tau_1\approx 1/20$。第三项是比较有趣的，ε_1 称为阿克曼系数，此角和方向盘有关。其中，ε_1 称为阿克曼系数，ε_1 可从 -1 到 1 变化，当 $\varepsilon_1=1$ 时，称为阿克曼转向，当 $\varepsilon_1=0$ 时，称为平行转向，当 $\varepsilon_1=-1$ 时，称为反阿克曼转向。平行转向、反阿克曼转向、阿克曼转向如图 5-13~图 5-15 所示。

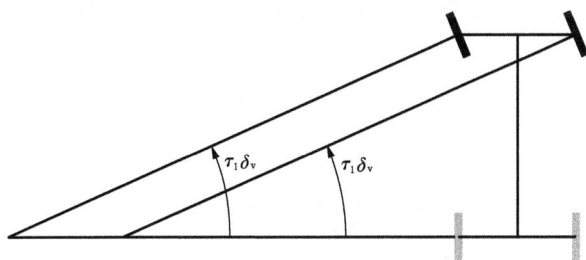

图 5-13　平行转向（$\varepsilon_1=0$）

阿克曼转向运动学于 1818 年获得专利，适用于马车，即具有刚性轮的车辆。通过这种布置，具有刚性轮（没有前束）的车辆的所有车轮可以自由旋转（无滑移），没有侧偏角。

顺便提出，无论有没有侧偏角，图 5-15 中 C_0 并不是汽车前轮轨迹的曲率中心。

通过图中的几何关系可以得出：

$$\tan\delta_{11}=\frac{l}{R-t_1/2}\,,\ \tan\delta_{12}=\frac{l}{R+t_1/2} \tag{5-39}$$

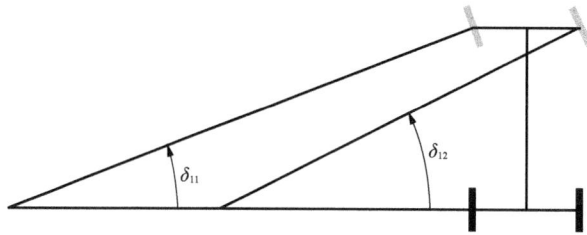

图 5-14　反阿克曼转向($\varepsilon_1 = -1$)

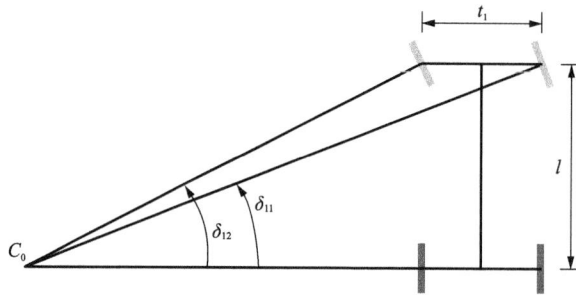

图 5-15　阿克曼转向($\varepsilon_1 = 1$)

进一步得出：

$$\frac{1}{\tan \delta_{12}} - \frac{1}{\tan \delta_{11}} = \frac{t_1}{l} \tag{5-40}$$

通过泰勒级数利用小角度条件下的近似表示，这个关系还可以再进行简化：

$$\frac{1}{\delta_{12}} - \frac{1}{\delta_{11}} \approx \frac{t_1}{l}$$

$$\delta_{11} \approx \frac{1}{\dfrac{1}{\delta_{12}} - \dfrac{t_1}{l}} = \frac{\delta_{12}}{1 - \dfrac{t_1}{l}\delta_{12}} \tag{5-41}$$

$$\delta_{11} \approx \delta_{12}\left(1 + \frac{t_1}{l}\delta_{12}\right)$$

最终可以得到：

$$\delta_{11} \approx \delta_{12} + \frac{t_1}{l}\delta_{12}^2 \tag{5-42}$$

对比式(5-38)，在 $\varepsilon_1 = 1$ 情况下可得出内轮转向角大于外轮转向角；在 $\varepsilon_1 = -1$ 情况下可得出内轮转向角小于外轮转向角。

5.3.4　本构(轮胎)方程

在任何汽车模型中，都要建立汽车受力与运动的关系。汽车受力大多由轮胎提供，有

114

$$\begin{cases} F_x = F_x(F_z, \gamma, \sigma_x, \sigma_y, \varphi) \\ F_y = F_y(F_z, \gamma, \sigma_x, \sigma_y, \varphi) \\ M_z = M_z(F_z, \gamma, \sigma_x, \sigma_y, \varphi) \end{cases} \tag{5-43}$$

5.3.5　作用在汽车上的力

作用在汽车上的力主要有四种：重力、空气阻力、轮胎-路面摩擦力、轮胎-路面垂直反力。

1）重力

重力为 W，重力作用于重心 G 点，因此重力对 G 点不产生力矩。

$$W = -W\boldsymbol{k} = -mg\boldsymbol{k} \tag{5-44}$$

2）空气阻力

$$F_a = -X_a\boldsymbol{i} - Y_a\boldsymbol{j} - Z_a\boldsymbol{k} \tag{5-45}$$

空气阻力取决于汽车的形状、大小，以及汽车和空气的相对速度 V_a

$$X_a = \frac{1}{2}\rho_a V_a^2 S_a C_x, \quad Y_a = \frac{1}{2}\rho_a V_a^2 S_a C_y, \quad Z_a = \frac{1}{2}\rho_a V_a^2 S_a C_z \tag{5-46}$$

其中，ρ_a 为空气密度，V_a 为相对速度，S_a 为迎风面积，C_x、C_y、C_z 为空气阻力系数。通常情况下，$C_x>0$、$C_y=0$。汽车行驶时的空气阻力如图 5-16 所示。

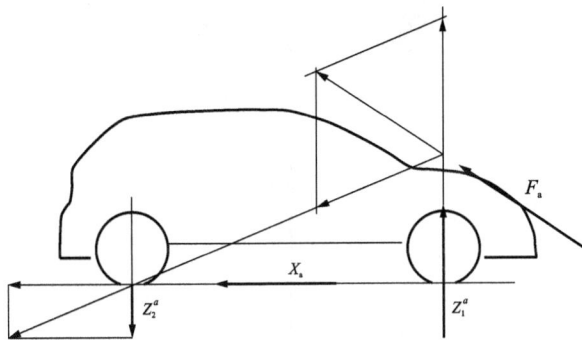

图 5-16　汽车行驶时的空气阻力

一般情况下，F_a 并不作用于重心 G 上，因此会产生力矩 M_a。通常不用力矩分量来表示空气阻力，而是通过定义前、后轴空气垂直反力来表示

$$\begin{cases} Z_1^a = \frac{1}{2}\rho_a V_a^2 S_a C_{z1} = \zeta_1 V_a^2 \\ Z_2^a = \frac{1}{2}\rho_a V_a^2 S_a C_{z2} = \zeta_2 V_a^2 \end{cases} \tag{5-47}$$

其中，C_{z1}、C_{z2} 为前后轴的下压力（负升力）系数。

汽车直线行驶时，空气阻力 F_a 可以由 X_a、Z_1^a、Z_2^a 完全等效代替。空气阻力的作用效果等效替代如图 5-17 所示。

对于家用车，C_{z1}、$C_{z2} \approx 0$，设 F_a 作用力高度为 h_a，可得

115

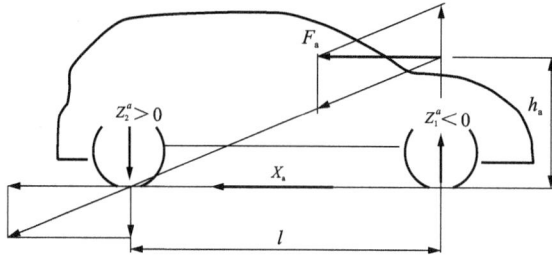

图 5-17 空气阻力的作用效果等效替代图

$$Z_2^a = -Z_1^a = X_a \frac{h_a}{l} \tag{5-48}$$

3）轮胎-路面摩擦力

轮胎-路面摩擦力 $F_{t_{ij}}$ 可以分解为纵向部分 $F_{x_{ij}}$ 和切向部分 $F_{y_{ij}}$，必须强调的是，这里力的分解是相对轮胎参考系而言的，而不是对汽车参考系。纵向与侧向轮胎力如图 5-18 所示。

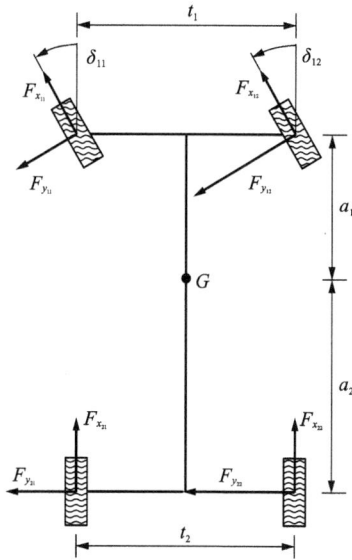

图 5-18 纵向与侧向轮胎力

设轮胎的转向角为 δ_{ij}，X_{ij} 和 Y_{ij} 分别表示车身坐标系 x 和 y 方向的轮胎力分量，F_{ij} 表示车身坐标系下的单个轮胎合力，则可得出

$$F_{ij} = X_{ij} i + Y_{ij} j \tag{5-49}$$

$$X_{ij} = F_{x_{ij}} \cos \delta_{ij} - F_{y_{ij}} \sin \delta_{ij}$$
$$Y_{ij} = F_{x_{ij}} \sin \delta_{ij} + F_{y_{ij}} \cos \delta_{ij} \tag{5-50}$$

轮胎力等效作用效果如图 5-19 所示。

为了简化表达，定义以下变量：

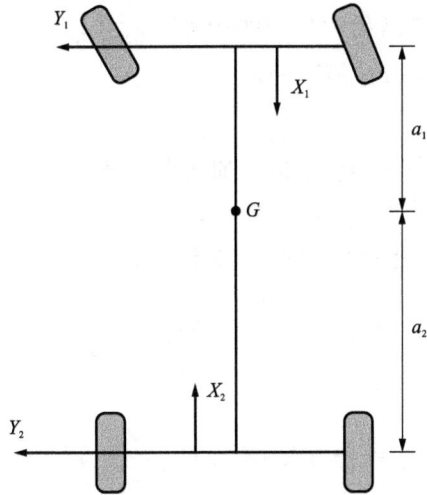

图 5-19　轮胎力等效作用效果

$$\begin{cases} X_1 = X_{11} + X_{12}, \ X_2 = X_{21} + X_{22} \\ Y_1 = Y_{11} + Y_{12}, \ Y_2 = Y_{21} + Y_{22} \\ \Delta X_1 = \dfrac{X_{12} - X_{11}}{2}, \ \Delta X_2 = \dfrac{X_{22} - X_{21}}{2} \\ \Delta Y_1 = \dfrac{Y_{12} - Y_{11}}{2}, \ \Delta Y_2 = \dfrac{Y_{22} - Y_{21}}{2} \end{cases} \tag{5-51}$$

其中，

$$\begin{cases} X_1 = (F_{x_{11}} \cos \delta_{11} + F_{x_{12}} \cos \delta_{12}) - (F_{y_{11}} \sin \delta_{11} + F_{y_{12}} \sin \delta_{12}) \\ X_2 = F_{x_{21}} + F_{x_{22}} \end{cases} \tag{5-52}$$

$$\begin{cases} Y_1 = (F_{y_{11}} \cos \delta_{11} + F_{y_{12}} \cos \delta_{12}) + (F_{x_{11}} \sin \delta_{11} + F_{x_{12}} \sin \delta_{12}) \\ Y_2 = F_{y_{21}} + F_{y_{22}} \end{cases} \tag{5-53}$$

$$\begin{cases} \Delta X_1 = [(F_{x_{12}} \cos \delta_{12} - F_{x_{11}} \cos \delta_{11}) - (F_{y_{12}} \sin \delta_{12} - F_{y_{11}} \sin \delta_{11})]/2 \\ \Delta X_2 = (F_{x_{22}} - F_{x_{21}})/2 \end{cases} \tag{5-54}$$

小转向角时可简化为

$$\begin{cases} \delta_1 = (\delta_{11} + \delta_{12})/2 \\ \delta_2 = (\delta_{21} + \delta_{22})/2 \approx 0 \end{cases} \tag{5-55}$$

通过进一步简化可得

$$\begin{cases} X_1 = (F_{x_{11}} + F_{x_{12}}) \cos \delta_1 - (F_{y_{11}} + F_{y_{12}}) \sin \delta_1 \\ X_2 = F_{x_{21}} + F_{x_{22}} \end{cases} \tag{5-56}$$

$$\begin{cases} Y_1 = (F_{y_{11}} + F_{y_{12}}) \cos \delta_1 + (F_{x_{11}} + F_{x_{12}}) \sin \delta_1 \\ Y_2 = F_{y_{21}} + F_{y_{22}} \end{cases} \tag{5-57}$$

$$\begin{cases} \Delta X_1 = \left[\left(F_{x_{12}} - F_{x_{11}} \right) \cos \delta_1 - \left(F_{y_{12}} - F_{y_{11}} \right) \sin \delta_1 \right]/2 \\ \Delta X_2 = \left(F_{x_{22}} - F_{x_{21}} \right)/2 \end{cases} \tag{5-58}$$

4）轮胎-路面垂直反力

垂直反力定义为 $F_{z_{ij}}$，把每一根轴上的力加起来可得

$$Z_1 = F_{z_{11}} + F_{z_{12}}, \quad Z_2 = F_{z_{21}} + F_{z_{22}} \tag{5-59}$$

计算每一根轴上不同车轮上的力的差（称为侧向载荷转移）可得

$$\Delta Z_1 = \frac{F_{z_{12}} - F_{z_{11}}}{2}, \quad \Delta Z_2 = \frac{F_{z_{22}} - F_{z_{21}}}{2} \tag{5-60}$$

下面通过 ΔZ_i 和 Z_i 表达 $F_{z_{ij}}$：

$$\begin{cases} F_{z_{11}} = \dfrac{Z_1}{2} - \Delta Z_1 = Z_{11}, \quad F_{z_{12}} = \dfrac{Z_1}{2} + \Delta Z_1 = Z_{12} \\ F_{z_{21}} = \dfrac{Z_2}{2} - \Delta Z_2 = Z_{21}, \quad F_{z_{22}} = \dfrac{Z_2}{2} + \Delta Z_2 = Z_{22} \end{cases} \tag{5-61}$$

5.3.6 汽车平衡方程（力平衡和力矩平衡方程）

对于刚体，经典的动力学方程（牛顿第二定律和角动量定律）为

$$\begin{cases} m a_G = F \\ \dot{K}_G^r = M_G \end{cases} \tag{5-62}$$

设汽车受到的总外力为 F，总外力矩为 M_G（相对汽车重心 G），则有

$$\begin{cases} F = Xi + Yj + Zk \\ M_G = Li + Mj + Nk \end{cases} \tag{5-63}$$

其中，X 是纵向力，Y 是侧向力，Z 是垂向力，L 表示侧倾力矩，M 表示俯仰力矩，N 表示横摆力矩。对于两轴汽车，力的计算如下：

$$\begin{cases} X = X_1 + X_2 - X_a \\ Y = Y_1 + Y_2 \\ Z = Z_1 + Z_2 - \left(mg + Z_1^a + Z_2^a \right) \end{cases} \tag{5-64}$$

力矩的计算如下：

$$\begin{cases} L = -\Delta Z_1 t_1 - \Delta Z_2 t_2 + \left(Y_1 + Y_2 \right) h \\ M = -Z_1 a_1 + Z_2 a_2 - \left(X_1 + X_2 - X_a \right) h + Z_1^a a_1 - Z_2^a a_2 \\ N = Y_1 a_1 - Y_2 a_2 + \Delta X_1 t_1 + \Delta X_2 t_2 \end{cases} \tag{5-65}$$

通过计算力和力矩，可以得出六个全局平衡方程

$$\begin{cases} m \left(\dot{u} - vr \right) = X \\ m \left(\dot{v} + ur \right) = Y \\ 0 = Z \\ -J_{zx} \dot{r} = L \\ -J_{zx} r^2 = M \\ J_z \dot{r} = N \end{cases} \tag{5-66}$$

可以把上述六个全局平衡方程分为两组，第一组为平面内平衡方程，其明确表明了汽车的运动：

$$\begin{cases} ma_x = m(\dot{u}-vr) = X = X_1 + X_2 - X_a \\ ma_y = m(\dot{v}+ur) = Y = Y_1 + Y_2 \\ J_z\dot{r} = N = Y_1a_1 - Y_2a_2 + \Delta X_1t_1 + \Delta X_2t_2 \end{cases} \tag{5-67}$$

第二组为平面外平衡方程，其中包含约束力（垂直载荷）以使车辆符合路面的平整度：

$$\begin{cases} 0 = Z = Z_1 + Z_2 - (mg + Z_1^a + Z_2^a) \\ -J_{zx}r^2 = M = -(Z_1 - Z_1^a)a_1 + (Z_2 - Z_2^a)a_2 - (X_1 + X_2 - X_a)h \\ -J_{zx}\dot{r} = L = (Y_1 + Y_2)h - \Delta Z_1t_1 - \Delta Z_2t_2 \end{cases} \tag{5-68}$$

上述两组平衡方程是非常重要的，提供了很多汽车动力学的信息。

通过联合第一组和第二组平衡方程，可以对第二组平衡方程做出进一步简化，可以更好地表达垂直载荷和汽车运动的关系

$$\begin{cases} mg + Z_1^a + Z_2^a = Z_1 + Z_2 \\ -ma_xh + J_{zx}r^2 + Z_1^aa_1 - Z_2^aa_2 = Z_1a_1 - Z_2a_2 \\ ma_yh + J_{zx}\dot{r} = \Delta Z_1t_1 + \Delta Z_2t_2 \end{cases} \tag{5-69}$$

为了更好强调横摆力矩的组成，可以定义

$$\begin{cases} N_Y = Y_1a_1 - Y_2a_2 \\ N_X = \Delta X_1t_1 + \Delta X_2t_2 \end{cases} \tag{5-70}$$

可以得到

$$N = N_Y + N_X = J_z\dot{r} \tag{5-71}$$

事实上，N_Y 是由侧向力引起的，而 N_X 是左右纵向力不同引起的。

可以计算地面给前、后轴车轮的侧向力为

$$Y_1 = \frac{Ya_2 + N_Y}{l} = \frac{Ya_2^b}{l} \tag{5-72}$$

$$Y_2 = \frac{Ya_1 - N_Y}{l} = \frac{Ya_1^b}{l} \tag{5-73}$$

其中，

$$\begin{cases} a_1^b = a_1 - x_N \quad a_2^b = a_2 + x_N \tag{5-74} \end{cases}$$

$$x_N = \frac{N_Y}{Y} = \frac{J_z\dot{r} - N_X}{Y} \tag{5-75}$$

$$a_1^b + a_2^b = a_1 + a_2 = l \tag{5-76}$$

5.3.7　载荷转移

作用在轮胎上的垂直载荷会极大地影响轮胎的性能。因此，汽车动力学和垂直载荷之间的关系需要重点讨论。

在车辆运动过程中，只要有加速度，垂直载荷就会改变。在较大的空气动力学垂直载荷（向下压力）的情况下，车速也会影响垂直载荷。

1)纵向载荷转移

对于两轴汽车,每一根轴上的垂直载荷为

$$\begin{cases} Z_1 = Z_1^0 + Z_1^a + \Delta Z \\ Z_2 = Z_2^0 + Z_2^a - \Delta Z \end{cases}$$ (5-77)

其中,ΔZ 是由纵向加速度 a_x 引起的载荷转移

$$\Delta Z = -\frac{ma_x h}{l} + \frac{J_{zx} r^2}{l} \approx -\frac{ma_x h}{l}$$ (5-78)

Z_1^0、Z_2^0 为静态载荷

$$Z_1^0 = \frac{mga_2}{l}, \quad Z_2^0 = \frac{mga_1}{l}$$ (5-79)

2)横向载荷转移

将侧向载荷转移 ΔZ_1、ΔZ_2 代入平衡方程中可以得到

$$\Delta Z_1 t_1 + \Delta Z_2 t_2 = Yh + J_{zx} \dot{r} = ma_y h + J_{zx} \dot{r} \approx ma_y h$$ (5-80)

其中,a_y 为侧向加速度。当然,仅靠这一个方程是求不出 ΔZ_1、ΔZ_2 的,其在静态情况下也是无法直接求解的,但它们之间总存在以下关系

$$\Delta Z_1^0 t_1 + \Delta Z_2^0 t_2 = 0$$ (5-81)

悬架的结构影响 $\Delta Z_1 / \Delta Z_2$,这对汽车动力学是非常重要的。

3)轮胎上的载荷

如果不了解悬架和轮胎,就无法计算出载荷转移,因此需要考虑悬架。对以上部分总结,可以得到每个轮胎上的载荷为

$$\begin{cases} Z_{11} = 0.5(Z_1^0 + Z_1^a + \Delta Z) - \Delta Z_1 \\ Z_{12} = 0.5(Z_1^0 + Z_1^a + \Delta Z) + \Delta Z_1 \\ Z_{21} = 0.5(Z_2^0 + Z_2^a - \Delta Z) - \Delta Z_2 \\ Z_{22} = 0.5(Z_2^0 + Z_2^a - \Delta Z) + \Delta Z_2 \end{cases}$$ (5-82)

下面是更详细的形式:

$$\begin{cases} Z_{11} = \frac{1}{2}\left(\frac{mga_2}{l} + \frac{1}{2}\rho_a S_a C_{z1} u^2 - \frac{ma_x h - J_{zx} r^2}{l} \right) - \Delta Z_1 \\ Z_{12} = \frac{1}{2}\left(\frac{mga_2}{l} + \frac{1}{2}\rho_a S_a C_{z1} u^2 - \frac{ma_x h - J_{zx} r^2}{l} \right) + \Delta Z_1 \\ Z_{21} = \frac{1}{2}\left(\frac{mga_1}{l} + \frac{1}{2}\rho_a S_a C_{z2} u^2 + \frac{ma_x h - J_{zx} r^2}{l} \right) - \Delta Z_2 \\ Z_{22} = \frac{1}{2}\left(\frac{mga_1}{l} + \frac{1}{2}\rho_a S_a C_{z2} u^2 + \frac{ma_x h - J_{zx} r^2}{l} \right) + \Delta Z_2 \end{cases}$$ (5-83)

如果不分析悬架,ΔZ_1、ΔZ_2 是求不出来的。

5.4 悬架模型一阶分析

悬架模型的一阶分析不仅要考虑悬架,还要考虑轮胎的影响。如果不分析悬架,则不可能求出前后轴的横向载荷转移。

1)悬架参考模型

图 5-20 展示了两种常见悬架的参考模型,同时定义了悬架的几何参数:t_i、b_i、c_i、q_i。假设这些参考模型在计算中完全对称,其中,t_1、t_2 为前、后轴轮距,b_1、b_2 为前、后轴轮胎的侧倾转动中心高度,c_1、c_2 为前、后轴轮胎的侧倾转动半径,A_i 为车轮和地面接触点,B_i 为车轮绕车身旋转的瞬时中心,Q_i 为直线 A_1B_1 和 A_2B_2 的交点,因为悬架完全对称,所以交点在悬架中线上,离地面距离为 q_i,Q_i 又称为侧倾中心。

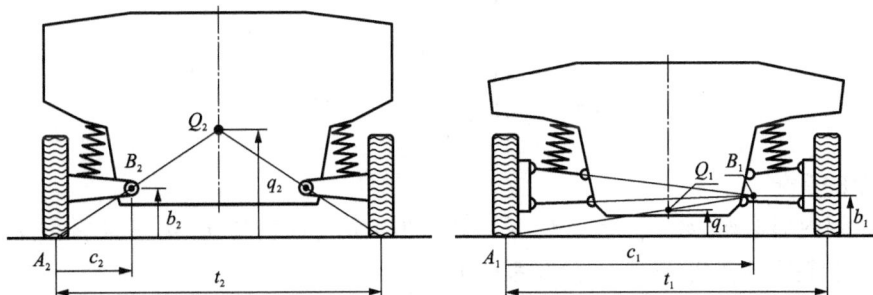

图 5-20 悬架参考模型

对于悬架的几何参数,有如下关系式:

$$q_i = \frac{t_i}{2}\frac{b_i}{c_i}$$

2)悬架内部坐标和车辆内部坐标

对于悬架参考模型,有四个必须的内部坐标用来描述悬架状态:车身侧倾角 φ_j^s 仅由悬架挠度造成;车身侧倾角 φ_i^p 仅由轮胎变形造成;垂直位移 z_i^s 仅由悬架挠度造成;垂直位移 z_i^p 仅由轮胎变形造成。

对于车辆,有三个必须的内部坐标用来描述车辆状态:车身总侧倾角 $\varphi = \varphi_1^s + \varphi_1^p = \varphi_2^s + \varphi_2^p$;前悬总垂直位移 $z_1 = z_1^s + z_1^p$;后悬总垂直位移 $z_2 = z_2^s + z_2^p$。

3)车轮外倾角的变化

通过悬架内部坐标(φ_i^s,z_i^s,φ_i^p,z_i^p)来计算汽车车轮外倾角 γ_{ij} 的变化是非常重要的。在一阶分析中,通过泰勒级数展开到线性项:

$$\gamma_{ij} = \gamma_{ij}^0 + \Delta\gamma_{ij} \approx \gamma_{ij}^0 + \frac{\partial\gamma_{ij}}{\partial\varphi_i^s}\varphi_i^s + \frac{\partial\gamma_{ij}}{\partial z_i^s}z_i^s + \frac{\partial\gamma_{ij}}{\partial\varphi_i^p}\varphi_i^p + \frac{\partial\gamma_{ij}}{\partial z_i^p}z_i^p \tag{5-84}$$

其中,γ_{ij}^0 车轮静态外倾角,剩余四个一阶导数项都可以通过悬架参考模型来计算:

$$\begin{cases} \dfrac{\partial \gamma_{i1}}{\partial \varphi_i^s} = \dfrac{\partial \gamma_{i2}}{\partial \varphi_i^s} = -\dfrac{q_i - b_i}{b_i} = -\dfrac{t_i/2 - c_i}{c_i} \\[3mm] \dfrac{\partial \gamma_{i1}}{\partial z_i^s} = -\dfrac{\partial \gamma_{i2}}{\partial z_i^s} = -\dfrac{1}{c_i} \\[3mm] \dfrac{\partial \gamma_{i1}}{\partial \varphi_i^p} = \dfrac{\partial \gamma_{i2}}{\partial \varphi_i^p} = 1 \\[3mm] \dfrac{\partial \gamma_{i1}}{\partial z_i^p} = \dfrac{\partial \gamma_{i2}}{\partial z_i^p} = 0 \end{cases} \tag{5-85}$$

通过计算一阶导数项, 可以得到外倾角变化部分 $\Delta \gamma_{ij}$ 的函数为

$$\begin{cases} \Delta y_{i1} \approx -\left(\dfrac{\dfrac{t_i}{2} - c_i}{c_i} \right) \varphi_i^s - \dfrac{1}{c_i} z_i^s + \varphi_i^p \\[6mm] \Delta y_{i2} \approx -\left(\dfrac{\dfrac{t_i}{2} - c_i}{c_i} \right) \varphi_i^s + \dfrac{1}{c_i} z_i^s + \varphi_i^p \end{cases} \tag{5-86}$$

4) 轮距的变化

通过悬架内部坐标 $(\varphi_i^s, z_i^s, \varphi_i^p, z_i^p)$ 来计算汽车车轮轮距的变化 Δt_i 是非常重要的。悬架垂直位移 z_i^s 和轮距的变化 Δt_i 的一阶关系如下:

$$\Delta t_i \approx -\frac{2b_i}{c_i} z_i^s = -\frac{4q_i}{t_i} z_i^s \tag{5-87}$$

因为悬架通常是完全对称的, 所以, Δt_i 和 φ_i^s, φ_i^p 无关。

5) 侧倾角刚度和线刚度

车身的侧倾与垂向运动如图 5-21 所示。

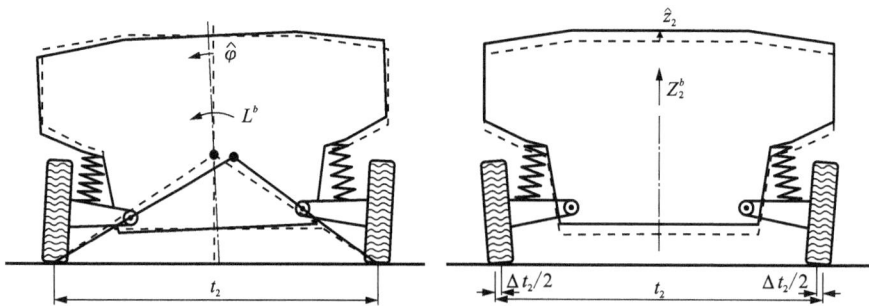

图 5-21 车身的侧倾与垂向运动

为了计算悬架的侧倾角刚度, 首先假设对车身施加一很小的侧倾力矩 L_i^b, 悬架的侧倾角为 $\hat{\varphi}$。定义 k_φ 为总侧倾角刚度, k_{φ_1}、k_{φ_2} 为前后悬架侧倾角刚度, 则有如下关系:

$$k_\varphi = \frac{L_i^b}{\hat{\varphi}} \tag{5-88}$$

$$k_\varphi \hat{\varphi} = (k_{\varphi_1} + k_{\varphi_2}) \hat{\varphi} = L_i^b \tag{5-89}$$

有了上述式子，可以根据图 5-22 计算载荷转移：

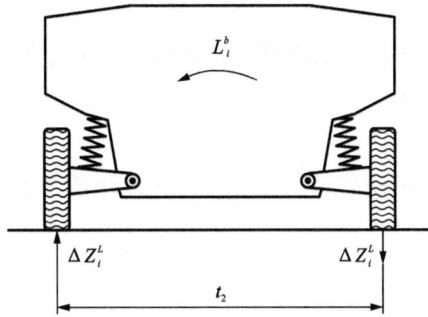

图 5-22　侧倾力矩

可以得到如下关系：

$$\begin{cases} \boldsymbol{L}_1^b = \Delta Z_1^L t_1 = k_{\varphi_1}\hat{\varphi} \\ \boldsymbol{L}_2^b = \Delta Z_2^L t_2 = k_{\varphi_2}\hat{\varphi} \end{cases} \tag{5-90}$$

同时可以计算前后悬架的侧倾角刚度：

$$k_{\varphi_1} = \frac{\Delta Z_1^L t_1}{\hat{\varphi}}, \ k_{\varphi_2} = \frac{\Delta Z_2^L t_2}{\hat{\varphi}} \tag{5-91}$$

载荷转移 ΔZ_1^L 和 ΔZ_2^L 是由悬架和轮胎共同决定的。为了之后的计算，需要计算出哪些侧倾角是由悬架引起的，哪些侧倾角是由轮胎变形引起的。需要计算出前后悬架侧倾角刚度 $k_{\varphi_1}^s$、$k_{\varphi_2}^s$ 和轮胎侧倾角刚度 $k_{\varphi_1}^p$、$k_{\varphi_2}^p$。

由于轮胎和悬架相当于串联作用，可以得出：

$$k_{\varphi_i} = \frac{k_{\varphi_i}^s k_{\varphi_i}^p}{k_{\varphi_i}^s + k_{\varphi_i}^p} \tag{5-92}$$

对于前后轴，可以得到：

$$\Delta Z_i^L t_i = k_{\varphi_i}\hat{\varphi} = k_{\varphi_i}^s \hat{\varphi}_i^s = k_{\varphi_i}^p \hat{\varphi}_i^p = \boldsymbol{L}_i^b \tag{5-93}$$

$$\hat{\varphi} = \hat{\varphi}_i^s + \hat{\varphi}_i^p \tag{5-94}$$

其中，$\hat{\varphi}_i^s$、$\hat{\varphi}_i^p$ 分别为在对汽车车身施加 $\boldsymbol{L}_i^b$ 后由悬架和轮胎引起的侧倾角。

如果 p_1 和 p_2 为前后轴轮胎的垂直刚度，则轮胎侧倾角刚度为

$$k_{\varphi_i}^p = \frac{p_i t_i^2}{2} \tag{5-95}$$

在计算出轮胎侧倾角刚度后，可以计算得出悬架侧倾角刚度：

$$k_{\varphi_i}^s = \frac{k_{\varphi_i}^p k_{\varphi_i}}{k_{\varphi_i}^p - k_{\varphi_i}} \tag{5-96}$$

和计算侧倾角刚度类似，在计算垂直刚度时，假设垂直载荷 Z_i^b 作用在前后轴上，汽车前后轴垂直位移 z_i，定义前后轴垂直刚度为 k_{z_1} 和 k_{z_2}。因此有

$$\begin{cases} Z_1^b = k_{z_1}\hat{z}_1 \\ Z_2^b = k_{z_2}\hat{z}_2 \end{cases} \tag{5-97}$$

同样，需要得出悬架和轮胎的垂直刚度，分别定义为 $k_{z_i}^s$、$k_{z_i}^p$。

对于前后轴轮胎，可以得到

$$k_{z_i}^p = 2p_i \tag{5-98}$$

同样，因为轮胎和悬架呈串联状态，可以通过下式计算得出悬架垂直刚度：

$$k_{z_i} = \frac{k_{z_i}^s k_{z_i}^p}{k_{z_i}^s + k_{z_i}^p} \tag{5-99}$$

对前后轴，可以得到

$$k_{z_i}\hat{z}_i = k_{z_i}^s \hat{z}_i^s = k_{z_i}^p \hat{z}_i^p = Z_i^b \tag{5-100}$$

$$\hat{z}_i = \hat{z}_i^s + \hat{z}_i^p \tag{5-101}$$

其中，$\hat{z}_i^s$、$\hat{z}_i^p$ 分别为悬架和轮胎造成的垂直位移。

5.4.1 侧向力的影响

假设有一侧向惯性力 $-Y_j$（$Y = ma_y$）被加在距离地面高度为 h 的位置，并且距离前轴为 a_1^b，距离后轴为 a_2^b，$a_1^b a_2^b$ 和 $a_1 a_2$ 不同。车身无侧倾轴线如图 5-23 所示。

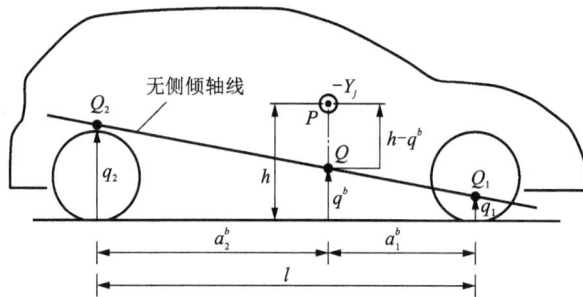

图 5-23 车身无侧倾轴线

可以得到前后轴分别承受的侧向力为

$$Y_1 = \frac{Ya_2^b}{l}, \quad Y_2 = \frac{Ya_1^b}{l} \tag{5-102}$$

在侧向载荷转移一节，有

$$Yh = \Delta Z_1 t_1 + \Delta Z_2 t_2 \tag{5-103}$$

在施加一侧向惯性力后，会产生一侧向角 φ：

$$\varphi = \varphi_1^s + \varphi_1^p = \varphi_2^s + \varphi_2^p \tag{5-104}$$

在计算侧倾角刚度一节，可以得到

$$\Delta Z_1 t_1 = k_{\varphi_1}^p \varphi_1^p, \quad \Delta Z_2 t_2 = k_{\varphi_2}^p \varphi_2^p \tag{5-105}$$

因此可得

$$Yh = k^p_{\varphi_1} \varphi^p_1 + k^p_{\varphi_2} \varphi^p_2 \tag{5-106}$$

5.4.2　作用在侧倾中心上的侧向力

如图 5-24 所示，作用在侧倾中心 Q_i 上的力 Y_i 通过悬架连杆被传递到地面，而没有通过悬架弹簧。因此，作用在侧倾中心上的力不产生任何悬架侧倾角，但是仍会产生载荷转移 ΔZ^Y_i：

$$Y_i q_i = \Delta Z^Y_i t_i \tag{5-107}$$

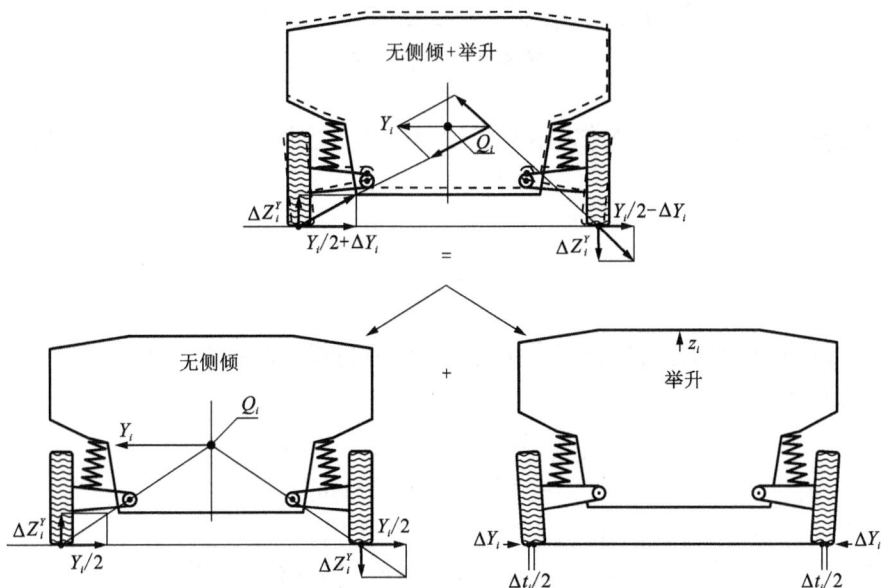

图 5-24　无侧倾举升运动的分解

这是侧倾中心一个重要特点，也可以称侧倾中心为不侧倾中心。同理：一个侧向力作用在侧倾轴线上任意一点，都不会造成车身侧倾。

虽然作用在侧倾轴线上的侧向力不会造成车身侧倾，但是引起了载荷转移，因此会引起轮胎垂直方向变形。

此外，由于路面对左右轮胎上施加的侧向力不相等（它们等于 $Y_i/2 \pm \Delta Y_i$，其中 ΔY_i 取决于轮胎性能），因此车身会有一个向上的（很小的）垂直位移 z^s_i：

$$z^s_i = \frac{2b_i}{c_i} \frac{\Delta Y_i}{k^s_{z_i}} = \frac{4q_i}{t_i} \frac{\Delta Y_i}{k^s_{z_i}} \tag{5-108}$$

因为车身有一垂直位移，所以轮距也会相应发生变化：

$$\Delta t_i = -\frac{2b_i}{c_i} z^s_i = -\frac{4q_i}{t_i} z^s_i = -\left(\frac{4q_i}{t_i}\right)^2 \frac{\Delta Y_i}{k^s_{z_i}} \tag{5-109}$$

有一点值得强调的是，侧倾中心的高度越低，作用在侧倾中心上的侧向力引起的车身垂直位移越小。

5.4.3　侧倾力矩

假设一个侧向力$-Y_j$作用在车身任意一点P。侧倾力矩如图5-25所示。

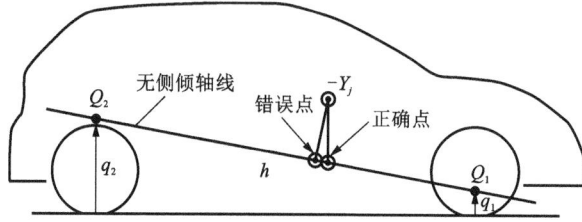

图5-25　侧倾力矩

可以把这一侧向力$-Y_j$分解为作用在前后轴侧倾中心上的力$-Y_{1j}$、$-Y_{2j}$和一个侧倾力矩L_i^b：

$$L_i^b = Y(h-q^b)i \tag{5-110}$$

其中，

$$q^b = \frac{a_2^b q_1 + a_1^b q_2}{a_1^b + a_2^b} \tag{5-111}$$

作用在侧倾轴线上的力可以分解为作用在前后轴侧倾中心上的力$-Y_{1j}$、$-Y_{2j}$，又因为$Y_1 a_1^b = Y_2 a_2^b$，所以可得

$$Yq^b = Y_1 q_1 + Y_2 q_2 \tag{5-112}$$

$$Yh = Y(h-q^b) + Y_1 q_1 + Y_2 q_2 \tag{5-113}$$

力矩$L^b = Y(h-q^b)$是唯一产生车身侧倾的原因，可以更清晰表达如下：

$$L^b = Y(h-q^b) = L_1^b + L_2^b = k_{\varphi_1}^s \varphi_1^s + k_{\varphi_2}^s \varphi_2^s = \Delta Z_1^L t_1 + \Delta Z_2^L t_2 \tag{5-114}$$

每一根轴上的总侧向载荷ΔZ_i为

$$\Delta Z_i t_i = (\Delta Z_i^Y + \Delta Z_i^L) t_i = Y_i q_i + k_{\varphi_i}^s \varphi_i^s = k_{\varphi_i}^p \varphi_i^p \tag{5-115}$$

其中，ΔZ_i^Y是由悬架连杆影响产生的，ΔZ_i^L是由悬架弹簧影响产生的。

5.4.4　侧倾角和横向载荷转移

所有关于悬架的一阶分析的方程已经完全建立，通过这些方程可以得到侧向力Y和侧倾角φ的关系，也可以得到前后桥侧向载荷转移ΔZ_1和ΔZ_2。

把前面所有方程总结如下：

$$Y = Y_1 + Y_2$$

$$Yh = \Delta Z_1 t_1 + \Delta Z_2 t_2$$

$$\varphi = \varphi_i^s + \varphi_i^p$$

$$\Delta Z_i t_i = k_{\varphi_i}^p \varphi_i^p$$

$$Yh = k_{\varphi_1}^p \varphi_1^p + k_{\varphi_2}^p \varphi_2^p$$

$$Y(h-q^b) = k_{\varphi_1}^s \varphi_1^s + k_{\varphi_2}^s \varphi_2^s$$

$$\Delta Z_i t_i = (\Delta Z_i^Y + \Delta Z_i^L) t_i = Y_i q_i + k_{\varphi_i}^s \varphi_i^s$$

可以通过以下方程求出前后桥侧倾角：

$$\varphi = \varphi_1^s + \varphi_1^p = \varphi_2^s + \varphi_2^p \tag{5-116}$$

$$Y(h-q^b) = k_{\varphi_1}^s \varphi_1^s + k_{\varphi_2}^s \varphi_2^s \tag{5-117}$$

$$\begin{cases} Y_1 q_1 + k_{\varphi_1}^s \varphi_1^s = k_{\varphi_1}^p \varphi_1^p \\ Y_2 q_2 + k_{\varphi_2}^s \varphi_2^s = k_{\varphi_2}^p \varphi_2^p \end{cases} \tag{5-118}$$

由轮胎引起的侧倾角为

$$\begin{cases} \varphi_1^p = \dfrac{1}{k_{\varphi_1}^p} \dfrac{k_{\varphi_1} k_{\varphi_2}}{k_\varphi} \left[\dfrac{Y(h-q^b)}{k_{\varphi_2}} + \dfrac{Y_1 q_1}{k_{\varphi_1}^s} + \dfrac{Y_1 q_1}{k_{\varphi_2}^s} + \dfrac{Y_1 q_1 + Y_2 q_2}{k_{\varphi_2}^p} \right] = \varphi_1^p(Y_1, Y_2) \\ \varphi_2^p = \dfrac{1}{k_{\varphi_2}^p} \dfrac{k_{\varphi_1} k_{\varphi_2}}{k_\varphi} \left[\dfrac{Y(h-q^b)}{k_{\varphi_1}} + \dfrac{Y_2 q_2}{k_{\varphi_1}^s} + \dfrac{Y_2 q_2}{k_{\varphi_2}^s} + \dfrac{Y_1 q_1 + Y_2 q_2}{k_{\varphi_1}^p} \right] = \varphi_2^p(Y_1, Y_2) \end{cases} \tag{5-119}$$

由悬架引起的侧倾角为

$$\begin{cases} \varphi_1^s = \dfrac{1}{k_{\varphi_1}^s} \dfrac{k_{\varphi_1} k_{\varphi_2}}{k_\varphi} \left[\dfrac{Y(h-q^b)}{k_{\varphi_2}} - \dfrac{Y_1 q_1}{k_{\varphi_1}^p} + \dfrac{Y_2 q_2}{k_{\varphi_2}^p} \right] = \varphi_1^s(Y_1, Y_2) \\ \varphi_2^s = \dfrac{1}{k_{\varphi_2}^s} \dfrac{k_{\varphi_1} k_{\varphi_2}}{k_\varphi} \left[\dfrac{Y(h-q^b)}{k_{\varphi_1}} - \dfrac{Y_2 q_2}{k_{\varphi_2}^p} + \dfrac{Y_1 q_1}{k_{\varphi_1}^p} \right] = \varphi_2^s(Y_1, Y_2) \end{cases} \tag{5-120}$$

其中，k_φ 为总侧倾角刚度：

$$k_\varphi = k_{\varphi_1} + k_{\varphi_2} = \dfrac{k_{\varphi_1}^s k_{\varphi_1}^p}{k_{\varphi_1}^s + k_{\varphi_1}^p} + \dfrac{k_{\varphi_2}^s k_{\varphi_2}^p}{k_{\varphi_2}^s + k_{\varphi_2}^p} \tag{5-121}$$

通过以上分析可得，作用在车身任意一点 P 的侧向力 $-Y_j$ 引起的侧倾角 φ 为

$$k_\varphi \varphi = Y(h-q^b) + Y_1 q_1 \dfrac{k_{\varphi_1}}{k_{\varphi_1}^p} + Y_2 q_2 \dfrac{k_{\varphi_2}}{k_{\varphi_2}^p} \tag{5-122}$$

5.4.5　悬架一阶分析总结

侧向载荷转移 ΔZ_i 可以得到

$$\begin{cases} \Delta Z_1 t_1 = \dfrac{k_{\varphi_1} k_{\varphi_2}}{k_\varphi} \left[\dfrac{Y(h-q^b)}{k_{\varphi_2}} + \dfrac{Y_1 q_1}{k_{\varphi_1}^s} + \dfrac{Y_1 q_1}{k_{\varphi_2}^s} + \dfrac{Y_1 q_1 + Y_2 q_2}{k_{\varphi_2}^p} \right] \\ \Delta Z_2 t_2 = \dfrac{k_{\varphi_1} k_{\varphi_2}}{k_\varphi} \left[\dfrac{Y(h-q^b)}{k_{\varphi_1}} + \dfrac{Y_2 q_2}{k_{\varphi_1}^s} + \dfrac{Y_2 q_2}{k_{\varphi_2}^s} + \dfrac{Y_1 q_1 + Y_2 q_2}{k_{\varphi_1}^p} \right] \end{cases} \tag{5-123}$$

整理为

$$\begin{cases} \Delta Z_1 = \dfrac{1}{t_1} \left[\dfrac{k_{\varphi_1}}{k_\varphi} Y(h-q^b) + Y_1 q_1 + \dfrac{k_{\varphi_1} k_{\varphi_2}}{k_\varphi} \left(\dfrac{Y_2 q_2}{k_{\varphi_2}^p} - \dfrac{Y_1 q_1}{k_{\varphi_1}^p} \right) \right] = \dfrac{k_{\varphi_1}^p \varphi_1^p}{t_1} \\ \Delta Z_2 = \dfrac{1}{t_2} \left[\dfrac{k_{\varphi_2}}{k_\varphi} Y(h-q^b) + Y_2 q_2 + \dfrac{k_{\varphi_1} k_{\varphi_2}}{k_\varphi} \left(\dfrac{Y_1 q_1}{k_{\varphi_1}^p} - \dfrac{Y_2 q_2}{k_{\varphi_2}^p} \right) \right] = \dfrac{k_{\varphi_2}^p \varphi_2^p}{t_2} \end{cases} \tag{5-124}$$

在一阶分析中，虽然需要考虑侧倾运动，但是侧向载荷转移 ΔZ_i 和车身侧倾角 φ 无关。

载荷转移 ΔZ_i^Y 是由悬架连杆引起的，也被称为运动学载荷转移部分：

$$\begin{cases} \Delta Z_1^Y = Y_1 q_1 / t_1 \\ \Delta Z_2^Y = Y_2 q_2 / t_2 \end{cases} \tag{5-125}$$

载荷转移 ΔZ_i^L 是由侧倾力矩引起的，也被称为弹性载荷转移部分：

$$\begin{cases} \Delta Z_1^L t_1 = \dfrac{k_{\varphi_1}}{k_\varphi} Y(h - q^b) + \dfrac{k_{\varphi_1} k_{\varphi_2}}{k_\varphi} \left(\dfrac{Y_2 q_2}{k_{\varphi_2}^p} - \dfrac{Y_1 q_1}{k_{\varphi_1}^p} \right) = k_{\varphi_1}^s \varphi_1^s \\ \Delta Z_2^L t_2 = \dfrac{k_{\varphi_2}}{k_\varphi} Y(h - q^b) + \dfrac{k_{\varphi_1} k_{\varphi_2}}{k_\varphi} \left(\dfrac{Y_1 q_1}{k_{\varphi_1}^p} - \dfrac{Y_2 q_2}{k_{\varphi_2}^p} \right) = k_{\varphi_2}^s \varphi_2^s \end{cases} \tag{5-126}$$

$$\begin{cases} \Delta Z_1 = \xi_{11} Y_1 + \xi_{12} Y_2 \\ \Delta Z_2 = \xi_{21} Y_1 + \xi_{22} Y_2 \end{cases} \tag{5-127}$$

在分析中忽略了惯性对侧倾的影响后，侧向力可以简单描述为

$$\begin{cases} Y = m a_y = Y_1 + Y_2 \\ Y_1 = \dfrac{m a_y a_2}{l} + \dfrac{J_z \dot{r} - (\Delta X_1 t_1 + \Delta X_2 t_2)}{l} = \dfrac{m a_y a_2}{l} + \dfrac{N_Y}{l} \\ Y_2 = \dfrac{m a_y a_1}{l} - \dfrac{J_z \dot{r} - (\Delta X_1 t_1 + \Delta X_2 t_2)}{l} = \dfrac{m a_y a_1}{l} - \dfrac{N_Y}{l} \end{cases} \tag{5-128}$$

因此，侧向载荷转移对于侧向加速度是线性的。

5.5 差速器模型

能使左、右(或前、后轴)驱动轮实现不同转速传动的机构称为差速器。差速器结构图如图 5-26 所示。

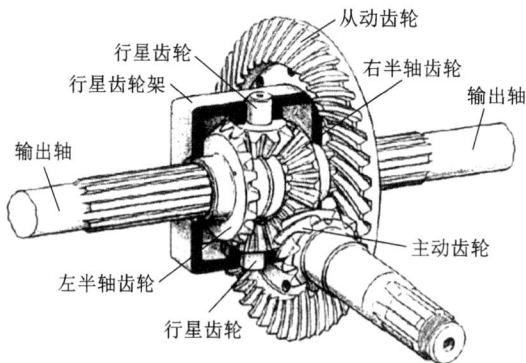

图 5-26 差速器结构图

1) 转速和转矩分配

令 ω_1、ω_h、ω_r 为左半轴、差速器壳、右半轴的绝对转速。差速器作用效果说明如图 5-27 所示。差速器必须满足一条差速原则：左、右半轴与差速器壳体的相对速度相反，即

$$\frac{\omega_1 - \omega_h}{\omega_r - \omega_h} = -1 \qquad (5-129)$$

这是差速器转速关系式，也可以写成如下形式：

$$\omega_1 + \omega_r = 2\omega_h \qquad (5-130)$$

左右半轴对差速器壳的相对角速度可以描述为

$$\Delta\omega = \frac{|\omega_r - \omega_l|}{2} \qquad (5-131)$$

如图 5-28 所示，M_1、M_h、M_r 分别为左半轴、差速器壳、右半轴上分配的转矩，忽略(差速器构件)惯性影响，三者满足关系式如下：

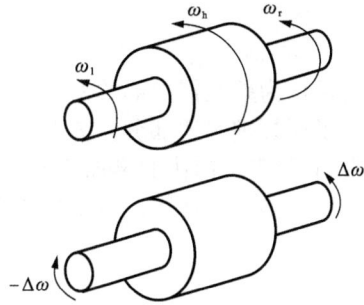

图 5-27　差速器作用效果说明

$$M_1 + M_h + M_r = 0$$
$$-(M_1 + M_r) = M_h \qquad (5-132)$$

作用在差速器壳上的驱动力矩 M_h 必须与来自车轮的阻力矩 M_1、M_r 平衡。差速器的转速调节作用如图 5-29 所示。

注意，差速器上负的力矩 M_1、M_r 分别代表路面作用于车轮的正的纵向驱动力 X_1、X_r：

$$X_1 = F_{x_{21}} = -M_1/h_2, \ X_r = F_{x_{22}} = -M_r/h_2 \qquad (5-133)$$

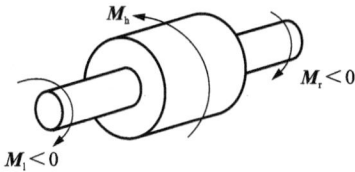

图 5-28　差速器的转矩分配作用

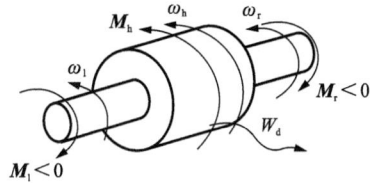

图 5-29　差速器的转速调节作用

2) 内部效率

当汽车左右半轴的转速不同时，差速器壳内的行星齿轮组会产生功率损失 W_d。因此，差速器的功率平衡方程为

$$M_h\omega_h + M_1\omega_1 + M_r\omega_r = W_d \qquad (5-134)$$

通过差速器转速、转矩关系，可以将差速器的功率平衡方程改写为

$$M_1(\omega_1 - \omega_h) + M_r(\omega_r - \omega_h) = W_d$$
$$(M_r - M_1)(\omega_r - \omega_h) = W_d \qquad (5-135)$$
$$(M_r - M_1)\frac{(\omega_r - \omega_1)}{2} = W_d$$

当 $\Delta\omega \neq 0$ 时，一根半轴对差速器壳体内齿轮组的功率输入 $W_i > 0$，另一根半轴得到功率输出 $W_o > 0$，功率输入和功率输出之差为功率损失 $W_d > 0$。

$$W_i - W_o = W_d \qquad (5-136)$$

差速器内部效率 η_h 很低，功率损失 W_d 与功率 $|M_h\omega_h|$ 相比是非常小的。无论是左半轴还是右半轴的功率输入 W_i 和输出 W_o，功率输出与功率输入之比即为差速器内部效率 η_h：

$$\eta_h = \frac{W_o}{W_i} = \frac{W_i - W_d}{W_i} \tag{5-137}$$

通常认为差速器内部效率是已知的，即设计差速器时已经确定了内部效率。

为了更好理解这部分，接下来分析如何确定哪一边为功率输入方，哪一边为功率输出方。令 ω_f 代表转速快的半轴的转速，令 ω_s 代表转速慢的半轴转速。M_f 和 M_s 分别对应于转速快和慢的半轴的转矩。根据功率平衡方程有

$$(M_f - M_s)\left(\frac{\omega_f - \omega_s}{2}\right) = W_d \tag{5-138}$$

即

$$\Delta M \Delta \omega = W_d \tag{5-139}$$

其中，

$$\left(\Delta \omega = \frac{\omega_f - \omega_s}{2}\right) \geqslant 0$$
$$(\Delta M = M_f - M_s) \geqslant 0 \tag{5-140}$$

其中，ΔM 称为转矩差(注意：M_f 和 M_s 均为负)。

因为功率 W_o 和 W_i 都为正，$W_i > W_o$，所以存在两种工况。

①驱动工况。

发动机输入的扭矩 M_h 为正。这意味着 M_f、M_s 相对差速器为负，因功率 W_o 和 W_i 都为正，所以有

$$W_i = -M_s \Delta \omega > 0$$
$$W_o = -M_f \Delta \omega > 0 \tag{5-141}$$

②制动或急速工况。

$$W_i = M_f \Delta \omega > 0$$
$$W_o = M_s \Delta \omega > 0 \tag{5-142}$$

以上两种工况下，$W_i > W_o$。现在可以通过把效率 η_h 加入进来，获得 M_f 和 M_s 的比值。

①驱动工况：

$$\frac{-M_f \Delta \omega}{-M_s \Delta \omega} = \frac{M_f}{M_s} = \eta_h \tag{5-143}$$

②制动或急速工况：

$$\frac{M_s \Delta \omega}{M_f \Delta \omega} = \frac{M_s}{M_f} = \eta_h \tag{5-144}$$

效率也可以表示为(这种方式更为泛化)

$$\eta_h = \frac{|M_h| - \Delta M}{|M_h| + \Delta M} \tag{5-145}$$

3) 锁紧系数

表征差速器性能的另一个非常重要的参数为锁紧系数 ε_h，定义如下：

$$\varepsilon_h = \frac{1 - \eta_h}{1 + \eta_h}$$
$$\eta_h = \frac{1 - \varepsilon_h}{1 + \varepsilon_h} \tag{5-146}$$

锁紧系数 ε_h 和内部效率 η_h 的关系如图 5-30 所示。

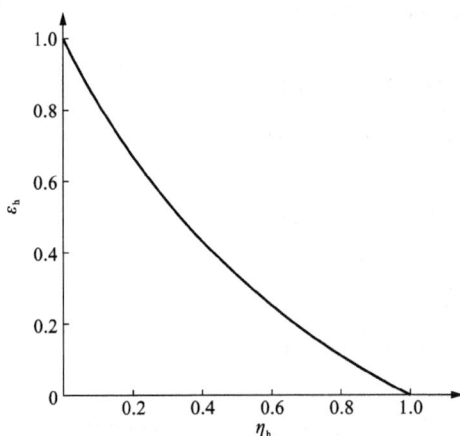

图 5-30　差速器锁紧系数

因差速器内部效率可以表示为

$$\eta_h = \frac{|M_h| - \Delta M}{|M_h| + \Delta M}$$

通过变换该表达式，可以通过锁紧系数 ε_h 来表示转矩差 ΔM：

$$\Delta M = \frac{1 - \eta_h}{1 + \eta_h} |M_h| = \varepsilon_h |M_h| = f(|M_h|) \tag{5-147}$$

ΔM 和 ε_h 的关系，可以清晰地说明为什么 ε_h 被称为锁紧系数。通常来说，开式差速器 ε_h 值很小，有 $\varepsilon_h = 0$。

一个直观的描述差速器行为的方法是通过类似图 5-31 的形式来划分差速器的工作区域。图中黑实线对应于式(5-156)中的 $f(|M_h|)$，即所有 $\Delta\omega \neq 0$ 的范围，这条红色曲线意味着 ΔM 是随 $|M_h|)$ 变化的函数。

位于黑实线下方的灰色阴影区域对应于 $\Delta\omega = 0$(差速器锁止)的情况，满足以下不等式：

$$\Delta M < (\varepsilon_h |M_h|) = f(|M_h|)) \tag{5-148}$$

这表示 ΔM 的大小不足以克服差速器的内部摩

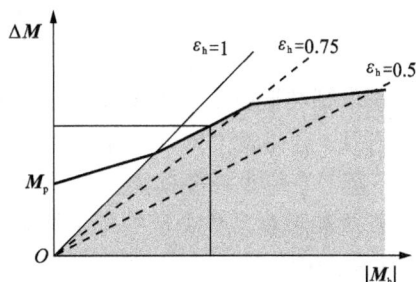

图 5-31　差速器工作状态图

擦阻力矩。此外，位于红线上方的区域，则是差速器无法实现的工作情况。

4)经验法则

通过上面的分析，可以得出一个简单的规律，即转速慢的轮子获得的纵向力更大(这是差速器工作时的基本特性)：

$$\begin{cases} (X_s - X_f)(\omega_f - \omega_s) > 0 \\ X_s > X_f \end{cases} \tag{5-149}$$

当侧向加速度较低时，(车轴的)侧向载荷转移较小，内侧车轮的转速比外侧车轮转速小，驱动力大，即 $M_l = M_r / \eta_h$，如图 5-32(a)所示。当有较大侧向加速度时，侧向载荷转移较大，导致内侧车轮几乎离地,外侧车轮转速相对更慢,获得的纵向力也更大,即 $M_l = M_r \eta_h$,图5-32(c)所示。

当侧向加速度在上述两种情况之间时,内外侧车轮的转速相同,被"锁"住,此时 $\Delta\omega \neq 0$,此时有 $M_r \eta_h < M_l < M_r / \eta_h$(这是一个随侧向加速度变化而改变转矩分配的动态过程,当内侧车轮出现打滑时,将越过速度差等于零的状态,而转变为内侧车轮转速高于外侧车轮转速的状态,同时,驱动力的分配发生转变)。

在制动或怠速情况下,内侧车轮总是比外侧车轮转速低,这乍一看是不满足经验法则的,其实是因为没有考虑纵向力的正负号。此时,左右两侧车轮受到的纵向力是负的(产生了有助于"推头效应"的横摆力矩,在某些程度上不利于车辆过弯的灵巧性),

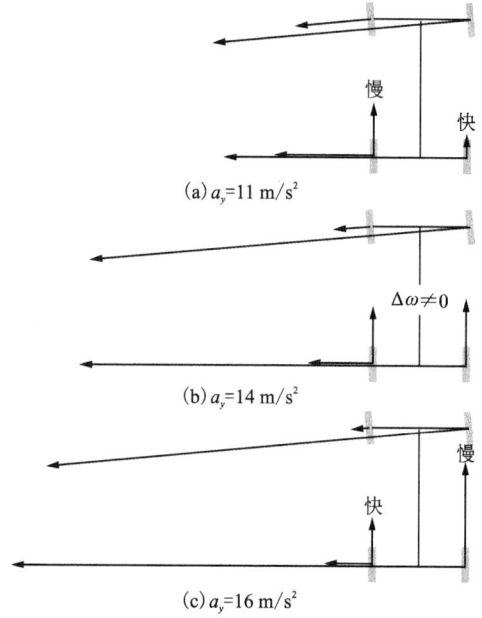

(a) $a_y = 11 \text{ m/s}^2$

$\Delta\omega \neq 0$

(b) $a_y = 14 \text{ m/s}^2$

(c) $a_y = 16 \text{ m/s}^2$

图5-32 车辆转向时的差速器分配示意图

出现这种情况时要考虑纵向地面力的方向发生了改变。如果是开式差速器,在这种情况下内外轮地面力的差异不大,而限滑差速器的差异会比较大,因此,仍满足内侧转速慢、纵向力大。

5)开式差速器

家用车型大多使用开式差速器,其性能特点为:$W_d \approx 0$,$\eta_h \approx 1$,$\varepsilon_h = 0$。对于开式差速器,无论左右侧车轮转速如何,两侧车轮受到的纵向力总是相同的。

$$(M_l = M_r) = -M_h / 2$$
$$X_l = X_r \tag{5-150}$$

在正常铺装道路上,开式差速器表现是非常好的,但在一些路况不好,例如冰雪、泥泞路面上行驶,容易发生单侧车轮打滑,尤其是在左右轮附着条件相差较大、某一侧车轮打滑时,另一侧的车轮也只能提供与打滑侧车轮相等的驱动力(即使附着条件很好,也无法提供由垂直载荷和附着系数决定的地面附着力。车辆将因一侧车轮打滑而无法产生足够的驱动力,即无法脱困)。

6)限滑差速器

限滑差速器有多种形式,对于限滑差速器,特点为:$W_d > 0$,$\eta_h < 1$,$\varepsilon_h \neq 0$。限滑差速器内部效率 η_h 很低($0 < \eta_h \ll 1$)。

限滑差速器通常应用在赛车,通常被分为两类,一类是齿轮式,另一类是离合器式。

典型的齿轮式限滑差速器有托森差速器,其内部齿轮传动效率非常低,且大致为常数,因此差速器内部锁紧系数 ε_h 也为常数。转矩差 ΔM 与驱动转矩 $|M_h|$ 是线性变化的,即内外侧车轮受到的驱动力比值是固定的。

$$\Delta M = \varepsilon_h |M_h| \tag{5-151}$$

对于离合器式(摩擦片式)限滑差速器,存在一预设(初置)转矩 M_p。因此,若想使差速器发挥差速功能,首先要克服此预设转矩 M_p(即在 $\Delta M = 0$ 时有 $\Delta M = M_p$)。

　　齿轮式差速器的转矩差与驱动转矩关系如图 5-33 所示。离合器式差速器的转矩差与驱动转矩关系如图 5-34 所示。

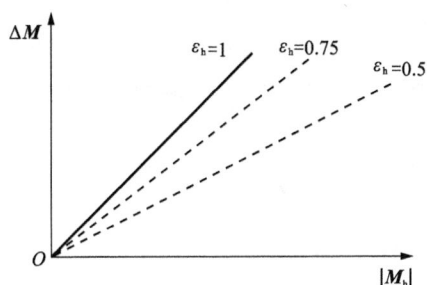

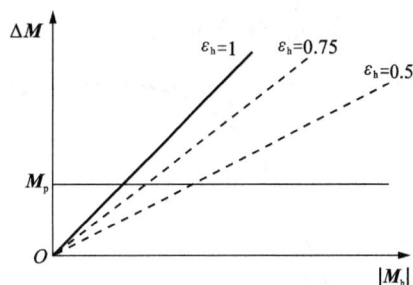

图 5-33　齿轮式差速器的转矩差与驱动转矩关系

图 5-34　离合器式差速器的转矩差与驱动转矩关系

　　7）差速器实验（台架）

　　为了对差速器有更深的了解，需要了解差速器与车轮是如何相互影响的。

　　通常有错误的说法：过弯时，内侧车轮的转速总是比外侧车轮小（内侧车轮得到的驱动力总比外侧车轮大）。实际上，内侧车轮的速度（注意：不是转速，而是车轴处的速度或为车轴的平移速度）总是比外侧车轮小，但是若想获得内外侧车轮的转速，则需要考虑纵向滑移率 $\sigma_{x_{21}}$ 和 $\sigma_{x_{22}}$。

$$\omega_1 = \omega_{21} = \frac{V_{x_{21}}}{(1+\sigma_{x_{21}})r_r}, \quad \omega_r = \omega_{22} = \frac{V_{x_{22}}}{(1+\sigma_{x_{22}})r_r} \tag{5-152}$$

　　其中，r_r 为车轮滚动半径，$V_{x_{2j}}$ 为前进速度。此等式表明，$V_{x_{21}} < V_{x_{22}}$ 不能推出 $\omega_{21} < \omega_{22}$。赛车使用限滑差速器的一个目的是在驱动过程中减轻内外轮转速差过大造成的影响。

　　为了研究差速器和轮胎的相互影响，可以使用如图 5-35 所示的差速器（虚拟）实验平台进行研究。图中驱动轴配备限滑差速器，研究中可以设定如下参数：差速器内部效率 η_h，左右车轮前进速度分别为 V_1、V_r，左右车轮垂直载荷 Z_1、Z_r，左右车轮和地面间的附着系数 μ_l、μ_r，左右车轮侧向滑移率 σ_y，左右车轮纵向滑移率 σ_x。通过以上设定，可以对差速器—轮胎系统进行仿真分析。

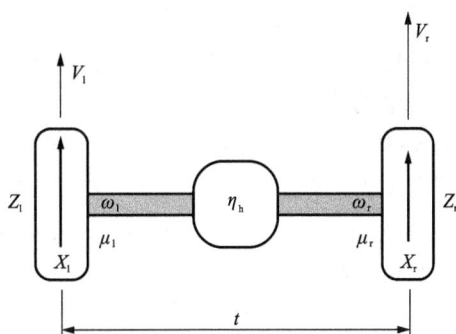

图 5-35　差速器（虚拟）实验平台

　　（1）相同速度和载荷、不同附着系数。

　　首分析一个典型驱动工况，汽车直线行驶 $V_1 = V_r$，垂直载荷 $Z_1 = Z_r$，左侧车轮附着系数低于右侧车轮 $\mu_l < \mu_r$（$\mu_l = 0.4$、$\mu_r = 1$），左、右车轮的侧向滑移率均为零。

　　限滑差速器（$\eta_h = 0.67$）结果如图 5-36 所示。当侧向滑移率较低时，对应较小的纵向力，差速器锁止：左、右侧车轮转速相同（A_r、A_1 点），此时差速器差速作用被抑制，原因是此时纵向力仍不足以克服差速器内部预载摩擦力。

　　在 X_1 和 $\eta_h X_r$ 交点之后，差速器发挥其差速功能：左侧车轮较右侧车轮转速大，纵向力小，此时 $X_1 = \eta_h X_r$（$B_r B_1$ 点）。

　　开式差速器（$\eta_h = 1$）仿真结果如图 5-37 所示。对于开式差速器，总有 $X_1 = X_r$。因为附着系的的不同，左、右侧车轮的纵向滑移率总是不同，因此左、右侧车轮转速不同，但提供的纵向力总是相同的。对比开式差速器和限滑差速器，限滑差速器可以提供的最大总纵向力为1000 N，而开式差速器可以提供的最大总纵向力为 800 N。

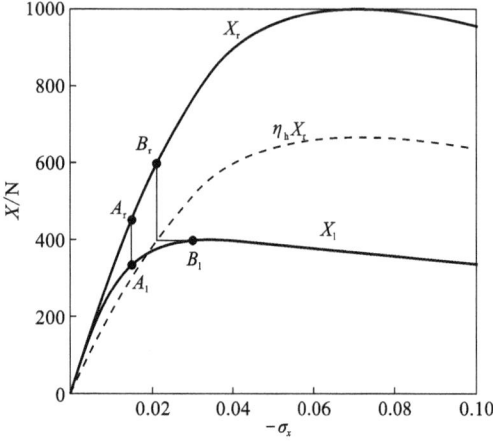

图 5-36　限滑差速器仿真结果

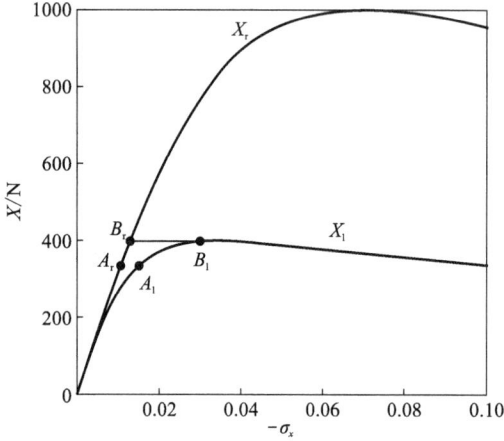

图 5-37　开式差速器仿真结果

（2）相同附着系数、不同速度和载荷。

$V_l < V_r$，$Z_l < Z_r$ 来模拟汽车左转弯情况。左右侧车轮的附着系数相同 $\mu_l = \mu_r = 1$，滚动半径 r_r 相同（$r_r = 0.25$ m）。设置 $V_r = 1.025 V_l$，即 $V_l = 20$ m/s，$V_r = 20.5$ m/s，轮距 $t = 1.1$ m，$Z_l = 350$ N，$Z_r = 1000$ N，$\eta_h = 0.67$。这些量均为常量，同时忽略侧向力的影响。

由于两个车轮具有不同前进速度（$V_l \neq V_r$），因此使用角速度 ω_l 和 ω_r 来描述差速器运动学行为更加合适。由于较慢的车轮总是具有更大的纵向力，我们可以更容易地使用经验法则来理解图中的曲线规律。

图 5-38 和 5-39 展示了随着 ω 的增加，左右车轮纵向力的变化情况。在所有这些图中，都采用实现表示轮胎力 $X_l(\omega_l, \mu, Z_l)$ 和 $X_r(\omega_r, \mu, Z_r)$，以及虚线表示考虑效率的轮胎力 $\eta_h X_l(\omega_l, \mu, Z_l)$ 和 $\eta_h X_r(\omega_r, \mu, Z_r)$。在纯滚动条件下，内侧车轮的角速度为 80 rad/s，而外侧车轮的角速度为 82 rad/s。

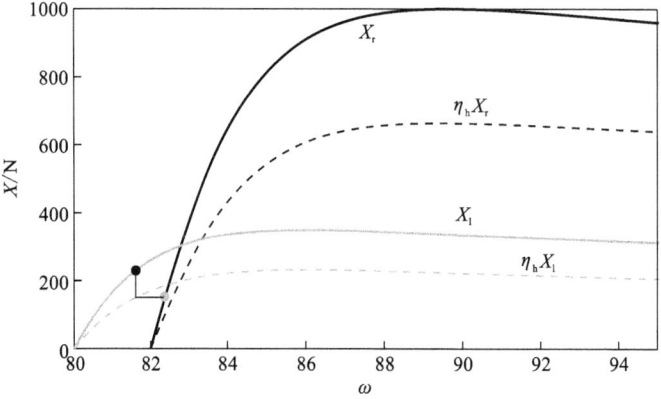

图 5-38　差速器的力矩分配作用（左右车轮不同转速）

在图 5-38 中，差速器处于非锁止状态，左侧车轮较慢（$\omega_1 < \omega_r$），因此根据规则 $\eta_h X_1 = X_r$ 左侧车轮提供更高的力。在图 5-39 中，差速器刚从非锁止状态转化到锁止状态，此时有 $\omega_1 = \omega_r$，且尽管左侧车轮的垂向载荷较低，它仍然提供更高的纵力，即 $X_1 > X_r$。一般来说，对于一个处于锁止状态的差速器，即 $\omega_1 = \omega_r = \omega$，角速度 ω 的可行范围可以通过以下约束条件来确定：下限满足 $\eta_h X_1(\omega, \mu, Z_1) = X_r(\omega, \mu, Z_r)$，上限满足 $X_1(\omega, \mu, Z_1) = \eta_h X_r(\omega, \mu, Z_r)$。

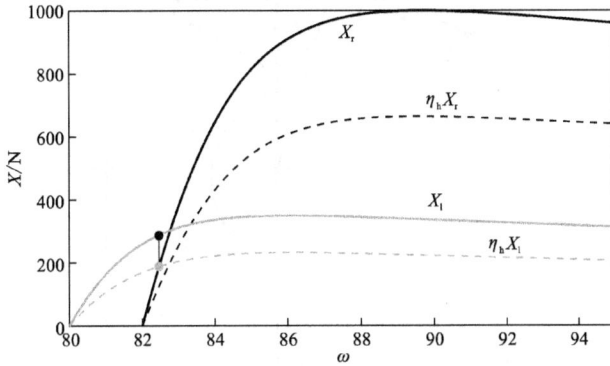

图 5-39　差速器的力矩分配作用（左右车轮相同转速）

5.6　双轨模型

上面章节已经建立起针对汽车操纵稳定性的模型，此节以公路汽车为例，以上面章节为基础建立汽车的双轨模型。

5.6.1　双轨模型一些假设

（1）忽略空气阻力对垂直载荷的影响。

公路汽车通常不会使用空气动力学套件来增加垂直载荷，因此有

$$Z_1^a \approx 0,\ Z_2^a \approx 0 \tag{5-153}$$

（2）汽车沿 x 轴方向速度不变。

如果前进速度 u 是常数，则有 $\dot{u} \approx 0$，$a_x \approx 0$。

因为空气阻力并不是非常大，所以轮胎受到的纵向力是非常小的，这意味着纵向滑移率也是非常小的，可以忽略，因此有

$$F_{x_{ij}} \approx 0$$
$$\sigma_{x_{ij}} \approx 0 \tag{5-154}$$

这意味着所有车轮在纵向方向上几乎为纯滚动状态。

（3）开式差速器。

对于道路汽车，大多配备开式差速器。开式差速器内部几乎没有摩擦力，内部效率 $\eta_h \approx 1$，因此 $M_1 \approx M_r$。即同一根轴的两侧车轮接受来自发动机的力矩总是相同的。因此轮胎在纵向方向受力是相同的（$F_{x_{11}} = F_{x_{12}}$，$F_{x_{21}} = F_{x_{22}}$），并且不产生横摆力矩，可以得出：

$$\Delta X_1 = -\left[F_{y_{12}} \sin(\delta_{12}) - F_{y_{11}} \sin(\delta_{11}) \right]/2$$
$$\Delta X_2 = 0 \tag{5-155}$$

车辆四轮转向模型如图 5-40 所示。

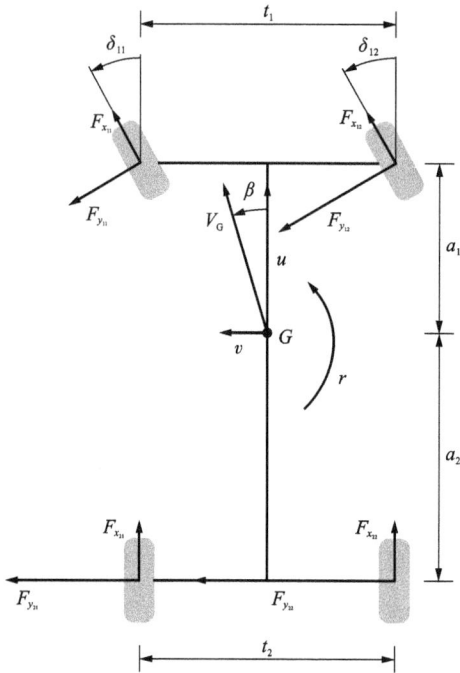

图 5-40　车辆四轮转向模型

5.6.2　双轨模型的建立

转向过程中的轮胎力等效作用如图 5-41 所示。在汽车运动平面(水平面)内,汽车所受力如下:

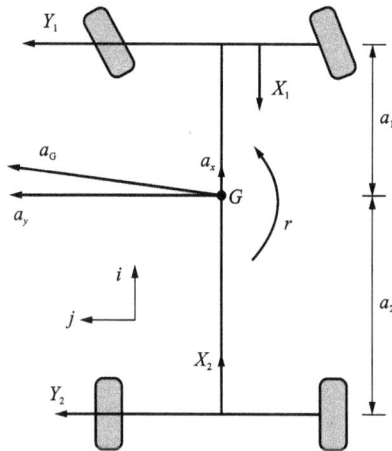

图 5-41　转向过程中的轮胎力等效作用

$$\begin{cases} X_1 = F_{x_{11}}\cos(\delta_{11}) + F_{x_{12}}\cos(\delta_{12}) - \left[F_{y_{11}}\sin(\delta_{11}) + F_{y_{12}}\sin(\delta_{12}) \right] \\ X_2 = F_{x_{21}} + F_{x_{22}} \end{cases} \tag{5-156}$$

$$\begin{cases} Y_1 = F_{y_{11}}\cos(\delta_{11}) + F_{y_{12}}\cos(\delta_{12}) \\ Y_2 = F_{y_{21}} + F_{y_{22}} \end{cases} \tag{5-157}$$

$$\begin{cases} \Delta X_1 \\ \Delta X_2 = 0 \end{cases} \tag{5-158}$$

1）整车平衡方程

因为纵向速度 u 为给定常量，因此汽车只有侧向和横摆两个自由度的变化，可以通过下面的方程表达：

$$ma_y = m(\dot{v}+ur) = Y = Y_1+Y_2 \tag{5-159}$$
$$J_z\dot{r} = N = Y_1a_1 - Y_2a_2 + \Delta X_1t_1 \tag{5-160}$$

$$ma_x = m(\dot{u}-vr) = X = X_1+X_2 - \frac{1}{2}\rho_a S_a C_x u^2 \tag{5-161}$$

上述方程为代数方程，且不知道轮胎纵向力之和 X_1+X_2 的大小。

2）侧向力估算

通过式（5-159）、式（5-160）可以求出前后轴侧向力：

$$Y_1 = \frac{ma_2}{l}a_y + \frac{J_z\dot{r}-\Delta X_1t_1}{l} \approx \frac{ma_2}{l}a_y$$
$$Y_2 = \frac{ma_1}{l}a_y - \frac{J_z\dot{r}-\Delta X_1t_1}{l} \approx \frac{ma_1}{l}a_y \tag{5-162}$$

其中，最后一项，有 $|J_z\dot{r}| \ll |ma_ya_i|$，如果转向角不大于 15°，则一般忽略 ΔX_1t_1。另外，在正常情况下，有 $|\dot{v}| \ll |ur|$，因此可以使用 $\tilde{a}_y = ur = u^2\rho$ 来代替 $a_y = \dot{v}+ur$（此处的 v 应该是 v 的导数）。

因此对于侧向力，可以估算为：

$$Y_1 \approx \frac{ma_2}{l}\tilde{a}_y$$
$$Y_2 \approx \frac{ma_1}{l}\tilde{a}_y \tag{5-163}$$

在悬架部分已经分析，侧向载荷转移 ΔZ_1，ΔZ_2 与侧向力 Y_1，Y_2 是线性相关的。因此可以将侧向载荷转移 ΔZ_1，ΔZ_2 变换为更简化的形式：

$$\Delta Z_1 \approx \frac{k_{\varphi_1}k_{\varphi_2}}{t_1k_\varphi}\left(\frac{h-q}{k_{\varphi_2}}+\frac{a_2q_1}{lk_{\varphi_2}^s}+\frac{a_2q_1}{lk_{\varphi_2}^s}+\frac{a_2q_1+a_1q_2}{lk_{\varphi_2}^p}\right)m\tilde{a}_y = \eta_1 m\tilde{a}_y$$
$$\Delta Z_2 \approx \frac{k_{\varphi_1}k_{\varphi_2}}{t_2k_\varphi}\left(\frac{h-q}{k_{\varphi_1}}+\frac{a_1q_2}{lk_{\varphi_1}^s}+\frac{a_1q_2}{lk_{\varphi_2}^s}+\frac{a_2q_1+a_1q_2}{lk_{\varphi_1}^p}\right)m\tilde{a}_y = \eta_2 m\tilde{a}_y \tag{5-164}$$

或者：

$$\Delta Z_1 \approx \frac{1}{t_1}\left[\frac{k_{\varphi_1}}{k_\varphi}(h-q)+\frac{a_2q_1}{l}+\frac{k_{\varphi_1}k_{\varphi_2}}{k_\varphi l}\left(\frac{a_1q_2}{k_{\varphi_2}^p}-\frac{a_2q_1}{k_{\varphi_1}^p}\right)\right]m\tilde{a}_y = \eta_1 m\tilde{a}_y$$
$$\Delta Z_2 \approx \frac{1}{t_2}\left[\frac{k_{\varphi_2}}{k_\varphi}(h-q)+\frac{a_1q_2}{l}+\frac{k_{\varphi_1}k_{\varphi_2}}{k_\varphi l}\left(\frac{a_2q_1}{k_{\varphi_1}^p}-\frac{a_1q_2}{k_{\varphi_2}^p}\right)\right]m\tilde{a}_y = \eta_2 m\tilde{a}_y \tag{5-165}$$

其中，

$$l=a_1+a_2 \tag{5-166}$$

$$q=\frac{a_2q_1+a_1q_2}{l} \tag{5-167}$$

$$k_\varphi=k_{\varphi_1}+k_{\varphi_2}=\frac{k_{\varphi_1}^s k_{\varphi_1}^p}{k_{\varphi_1}^s+k_{\varphi_1}^p}+\frac{k_{\varphi_2}^s k_{\varphi_2}^p}{k_{\varphi_2}^s+k_{\varphi_2}^p} \tag{5-168}$$

转向时车身侧倾引起的载荷转移如图 5-42 所示。

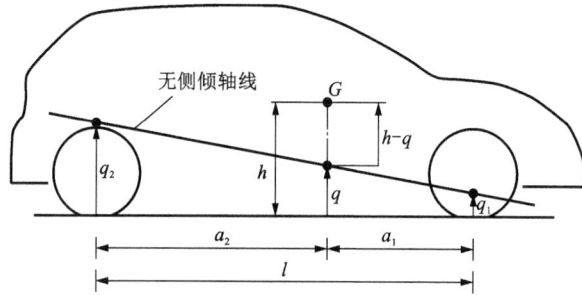

图 5-42　转向时车身侧倾引起的载荷转移

如果假设轮胎为刚性的（$k_{\varphi_i}^p \to \infty$，$k_{\varphi_i}^s = k_{\varphi_i}$），侧向载荷转移的表达式可以进一步化简为

$$\begin{cases} \Delta Z_1 \simeq \dfrac{1}{t_1}\left[\dfrac{k_{\varphi_1}(h-q)}{k_\varphi}+\dfrac{a_2q_1}{l}\right]m\tilde{a}_y=\eta_1 m\tilde{a}_y \\[4mm] \Delta Z_2 \simeq \dfrac{1}{t_2}\left[\dfrac{k_{\varphi_2}(h-q)}{k_\varphi}+\dfrac{a_1q_2}{l}\right]m\tilde{a}_y=\eta_2 m\tilde{a}_y \end{cases} \tag{5-169}$$

还可以得到：

$$\Delta Z_1=\eta_1\frac{l}{a_2}Y_1,\ \Delta Z_2=\eta_2\frac{l}{a_1}Y_2 \tag{5-170}$$

比值 $\Delta Z_1/\Delta Z_2=\eta_1/\eta_2$ 对于汽车的操纵稳定性是非常重要的。

当忽略纵向载荷转移时，每一个轮胎上的垂直载荷可以进一步化简：

$$\begin{cases} Z_{11}=F_{Z_{11}}=\dfrac{Z_1^0}{2}-\Delta Z_1(\tilde{a}_y)=\dfrac{mga_2}{2l}-\eta_1 m\tilde{a}_y \\[4mm] Z_{12}=F_{Z_{12}}=\dfrac{Z_1^0}{2}+\Delta Z_1(\tilde{a}_y)=\dfrac{mga_2}{2l}+\eta_1 m\tilde{a}_y \\[4mm] Z_{21}=F_{Z_{21}}=\dfrac{Z_2^0}{2}-\Delta Z_2(\tilde{a}_y)=\dfrac{mga_1}{2l}-\eta_2 m\tilde{a}_y \\[4mm] Z_{22}=F_{Z_{22}}=\dfrac{Z_2^0}{2}+\Delta Z_2(\tilde{a}_y)=\dfrac{mga_1}{2l}+\eta_2 m\tilde{a}_y \end{cases} \tag{5-171}$$

通过上面的方程，可以看出每个轮胎上的垂直载荷和侧向加速度也是线性相关的。

3）侧倾角

由悬架造成的侧倾角取决于侧向力 Y_1，Y_2，因此可以转化为和侧向加速度相关的方程：

$$\begin{cases} \varphi_1^s = \dfrac{1}{k_{\varphi_1}^s} \dfrac{k_{\varphi_1} k_{\varphi_2}}{k_\varphi} \left[\dfrac{h-q}{k_{\varphi_2}} - \dfrac{a_2 q_1}{l k_{\varphi_1}^p} + \dfrac{a_1 q_2}{l k_{\varphi_2}^p} \right] m \tilde{a}_y = \rho_1^s m \tilde{a}_y \\[3mm] \varphi_2^s = \dfrac{1}{k_{\varphi_2}^s} \dfrac{k_{\varphi_1} k_{\varphi_2}}{k_\varphi} \left[\dfrac{h-q}{k_{\varphi_1}} - \dfrac{a_1 q_2}{l k_{\varphi_2}^p} + \dfrac{a_2 q_1}{l k_{\varphi_1}^p} \right] m \tilde{a}_y = \rho_2^s m \tilde{a}_y \end{cases} \tag{5-172}$$

同样，对于由轮胎造成的车身侧倾角，可以转化为

$$\begin{cases} \varphi_1^p = \dfrac{\Delta Z_1 t_1}{k_{\varphi_1}^p} = \dfrac{\eta_1 t_1}{k_{\varphi_1}^p} m \tilde{a}_y = \rho_1^p m \tilde{a}_y \\[3mm] \varphi_2^p = \dfrac{\Delta Z_2 t_2}{k_{\varphi_2}^p} = \dfrac{\eta_2 t_2}{k_{\varphi_2}^p} m \tilde{a}_y = \rho_2^p m \tilde{a}_y \end{cases} \tag{5-173}$$

如果假定轮胎是刚性的，则有

$$\begin{cases} \rho_1^p = \rho_2^p = 0 \\ \rho_1^s = \rho_2^s = (h-q)/k_\varphi \end{cases} \tag{5-174}$$

4）外倾角变化

令 $\gamma_{i2}^0 = -\gamma_{i1}^0 = \gamma_i^0$ 为静态情况下的外倾角，令 $\Delta\gamma_{i1} = \Delta\gamma_{i2} = \Delta\gamma_i$ 为车身侧倾造成的外倾角变化。转向时的车轮外倾角变化如图 5-43 所示。

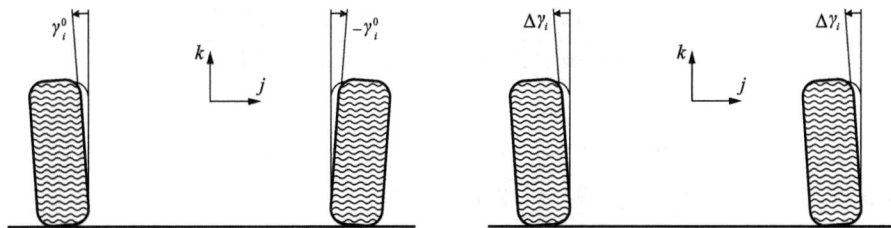

图 5-43　转向时的车轮外倾角变化

那么，一根轴上的左右车轮的外倾角可以表述为

$$\begin{cases} \gamma_{i1} = -\gamma_i^0 + \Delta\gamma_i \\ \gamma_{i2} = \gamma_i^0 + \Delta\gamma_i \end{cases} \tag{5-175}$$

其中，外倾角的变化量 $\Delta\gamma_i$ 取决于侧向加速度，可以表述为

$$\Delta\gamma_i \approx \left[-\left(\dfrac{t_i/2 - c_i}{c_i} \right) \rho_i^s + \rho_i^p \right] m \tilde{a}_y = \chi_i m \tilde{a}_y \tag{5-176}$$

5）转向角

通过上述分析，转向角可以表达为

$$\begin{cases} \delta_{i1} = -\delta_i^0 + \tau_i \delta_v + \varepsilon_i \dfrac{t_i}{2l} (\tau_i \delta_v)^2 + \gamma_i \rho_i^s m \tilde{a}_y = \delta_{i1}(\delta_v, \tilde{a}_y) \\[3mm] \delta_{i2} = \delta_i^0 + \tau_i \delta_v - \varepsilon_i \dfrac{t_i}{2l} (\tau_i \delta_v)^2 + \gamma_i \rho_i^s m \tilde{a}_y = \delta_{i2}(\delta_v, \tilde{a}_y) \end{cases} \tag{5-177}$$

可以看出，转向角为方向盘转角 δ_v 和侧向加速度 $\tilde{a}_y$ 的函数。

其中，δ_i^0 为静态前束角，τ_i 为转向系传动比，ε_i 为动态前束阿克曼系数，Y_i 为侧倾转向系数，$\rho_i^s m \tilde{a}_y$ 为由悬架引起的侧倾角。如果轮胎是刚性的，则有 $\rho_1^s = \rho_2^s = (h-q)/k_\varphi$。大多数汽车为前轮转向，因此 $\tau_2 = 0$。

6）轮胎滑移率

因为在双轨模型中，假设汽车纵向速度 u 恒定，即 $\sigma_{x_{ij}} \approx 0$，根据纵向滑移率等式可以得出：

$$\begin{cases} \omega_{11} r_1 = (u - r t_1/2) \cos(\delta_{11}) + (v + r a_1) \sin(\delta_{11}) \\ \omega_{12} r_1 = (u + r t_1/2) \cos(\delta_{12}) + (v + r a_1) \sin(\delta_{12}) \\ \omega_{21} r_2 = (u - r t_2/2) \cos(\delta_{21}) + (v - r a_2) \sin(\delta_{21}) \\ \omega_{22} r_2 = (u + r t_2/2) \cos(\delta_{22}) + (v - r a_2) \sin(\delta_{22}) \end{cases} \quad (5-178)$$

其中，ω_{ij} 是车轮的角速度，r_i 是车轮的滚动半径。

在上述情况下，侧向滑移率可以写为

$$\begin{cases} \sigma_{y_{11}} = \dfrac{(v + r a_1) \cos(\delta_{11}) - (u - r t_1/2) \sin(\delta_{11})}{(u - r t_1/2) \cos(\delta_{11}) + (v + r a_1) \sin(\delta_{11})} \\[2mm] \sigma_{y_{12}} = \dfrac{(v + r a_1) \cos(\delta_{12}) - (u + r t_1/2) \sin(\delta_{12})}{(u + r t_1/2) \cos(\delta_{12}) + (v + r a_1) \sin(\delta_{12})} \\[2mm] \sigma_{y_{21}} = \dfrac{(v - r a_2) \cos(\delta_{21}) - (u - r t_2/2) \sin(\delta_{21})}{(u - r t_2/2) \cos(\delta_{21}) + (v - r a_2) \sin(\delta_{21})} \\[2mm] \sigma_{y_{22}} = \dfrac{(v - r a_2) \cos(\delta_{22}) - (u + r t_2/2) \sin(\delta_{22})}{(u + r t_2/2) \cos(\delta_{22}) + (v - r a_2) \sin(\delta_{22})} \end{cases} \quad (5-179)$$

其中，$\delta_{ij} = \delta_{ij}(\delta_v, ur)$，对侧向滑移率，可以统一写为

$$\sigma_{y_{ij}} = \sigma_{y_{ij}}(v, r; u, \delta_{ij}(\delta_v, ur)) \quad (5-180)$$

如果使用 $\beta = v/u$，$\rho = r/u$ 代替 v，r，u，则有

$$\begin{cases} \sigma_{y_{11}} = \dfrac{(\beta + \rho a_1) \cos(\delta_{11}) - (1 - \rho t_1/2) \sin(\delta_{11})}{(1 - \rho t_1/2) \cos(\delta_{11}) + (\beta + \rho a_1) \sin(\delta_{11})} \\[2mm] \sigma_{y_{12}} = \dfrac{(\beta + \rho a_1) \cos(\delta_{12}) - (1 + \rho t_1/2) \sin(\delta_{12})}{(1 + \rho t_1/2) \cos(\delta_{12}) + (\beta + \rho a_1) \sin(\delta_{12})} \\[2mm] \sigma_{y_{21}} = \dfrac{(\beta - \rho a_2) \cos(\delta_{21}) - (1 - \rho t_2/2) \sin(\delta_{21})}{(1 - \rho t_2/2) \cos(\delta_{21}) + (\beta - \rho a_2) \sin(\delta_{21})} \\[2mm] \sigma_{y_{22}} = \dfrac{(\beta - \rho a_2) \cos(\delta_{22}) - (1 + \rho t_2/2) \sin(\delta_{22})}{(1 + \rho t_2/2) \cos(\delta_{22}) + (\beta - \rho a_2) \sin(\delta_{22})} \end{cases} \quad (5-181)$$

同样，可统一写为

$$\sigma_{y_{ij}} = \sigma_{y_{ij}}(\beta, \rho; \delta_{ij}(\delta_v, ur)) \quad (5-182)$$

7）滑移率化简

通常情况下有 $u \gg |v|$，$u \gg |r t_i|$，$|\delta_{ij}| \ll 1$，$\omega_{ij} r_i \approx u$，可以将上述求出的滑移率进行化简：

$$\begin{cases} \sigma_{y_{11}} \approx \dfrac{v+ra_1}{u} - \delta_{11} = \beta + \rho a_1 - \delta_{11} \\[2mm] \sigma_{y_{12}} \approx \dfrac{v+ra_1}{u} - \delta_{12} = \beta + \rho a_1 - \delta_{12} \\[2mm] \sigma_{y_{21}} \approx \dfrac{v-ra_2}{u} - \delta_{21} = \beta - \rho a_2 - \delta_{21} \\[2mm] \sigma_{y_{22}} \approx \dfrac{v-ra_2}{u} - \delta_{22} = \beta - \rho a_2 - \delta_{22} \end{cases} \tag{5-183}$$

依据图 5-44，可以进一步简化为

$$\begin{cases} \sigma_{y_{11}} \approx \dfrac{v+ra_1}{u} - \left(\tau_1\delta_v - \delta_1^0 + \varepsilon_1\dfrac{t_1}{2l}(\tau_1\delta_v)^2 + \gamma_1\rho_1^s mur \right) \approx -\alpha_{11} \\[3mm] \sigma_{y_{12}} \approx \dfrac{v+ra_1}{u} - \left(\tau_1\delta_v + \delta_1^0 - \varepsilon_1\dfrac{t_1}{2l}(\tau_1\delta_v)^2 + \gamma_1\rho_1^s mur \right) \approx -\alpha_{12} \\[3mm] \sigma_{y_{21}} \approx \dfrac{v-ra_2}{u} - \left(\tau_2\delta_v - \delta_2^0 + \varepsilon_2\dfrac{t_2}{2l}(\tau_2\delta_v)^2 + \gamma_2\rho_2^s mur \right) \approx -\alpha_{21} \\[3mm] \sigma_{y_{22}} \approx \dfrac{v-ra_2}{u} - \left(\tau_2\delta_v + \delta_2^0 - \varepsilon_2\dfrac{t_2}{2l}(\tau_2\delta_v)^2 + \gamma_2\rho_2^s mur \right) \approx -\alpha_{22} \end{cases} \tag{5-184}$$

其中，α_{ij} 为轮胎侧偏角。

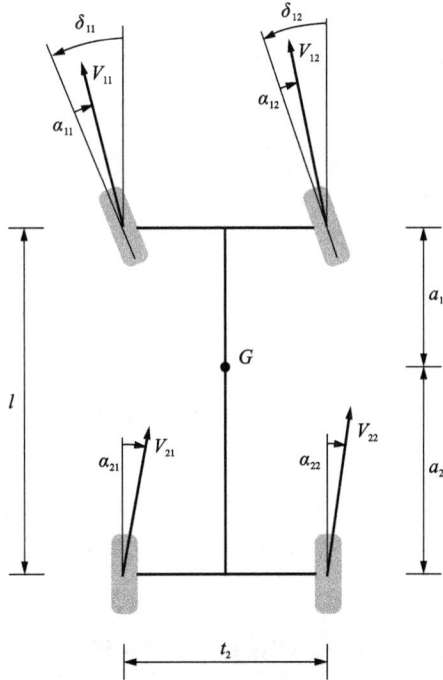

图 5-44　车轮滑移运动

可以进一步统一写为

$$\sigma_{y_{ij}} = \sigma_{y_{ij}}(v, r; u, \delta_{ij}(\delta_v, ur)) \approx -\alpha_{ij} \tag{5-185}$$

8) 轮胎所受侧向力

轮胎所受侧向力由非常多的因素影响，其中垂直载荷 Z_{ij}、侧向滑移率 $\sigma_{y_{ij}}$（在此模型中，纵向滑移率 $\sigma_{x_{ij}}$ 被忽略）、外倾角 γ_{ij} 的影响是非常大的，旋转滑移率 φ_{ij} 由外倾角 γ_{ij} 直接影响。因此，每个轮胎所受侧向力可以表述为

$$F_{y_{ij}} = F_{y_{ij}}(Z_{ij}, \gamma_{ij}, \sigma_{y_{ij}}) \tag{5-186}$$

毫无疑问，路面情况、温度等因素也影响着轮胎所受侧向力。

每一根轴上的侧向力可以通过左右轮胎所受侧向力表述：

$$Y_1 = F_{y_{11}}\cos(\delta_{11}) + F_{y_{12}}\cos(\delta_{12}) \tag{5-187}$$

$$Y_2 = F_{y_{21}} + F_{y_{22}} \tag{5-188}$$

$$\Delta X_1 = \frac{\left[F_{y_{11}}\sin(\delta_{11}) - F_{y_{12}}\sin(\delta_{12}) \right]}{2} \tag{5-189}$$

通常来说，左右侧车轮的垂直载荷、外倾角、侧向滑移率不同。因此，左右车轮的侧向力差别是非常大的。

联合上面两组式子，可以得出

$$
\begin{aligned}
Y_1 &= F_{y_{11}}(Z_{11}(ur), \gamma_{11}(ur), \sigma_{y_{11}})\cos(\delta_{11}(\delta_v, ur)) + F_{y_{12}}(Z_{12}(ur), \gamma_{12}(ur), \sigma_{y_{12}}) \\
&\quad \cos(\delta_{12}(\delta_v, ur)) \\
&= F_{y_1}(\sigma_{y_{11}}, \sigma_{y_{12}}, \delta_v, ur)
\end{aligned} \tag{5-190}
$$

$$
\begin{aligned}
Y_2 &= F_{y_{21}}(Z_{21}(ur), \gamma_{21}(ur), \sigma_{y_{21}}) + F_{y_{22}}(Z_{22}(ur), \gamma_{22}(ur), \sigma_{y_{22}}) \\
&= F_{y_2}(\sigma_{y_{21}}, \sigma_{y_{22}}, ur)
\end{aligned} \tag{5-191}
$$

$$
\begin{aligned}
\Delta X_1 &= F_{y_{11}}(Z_{11}(ur), \gamma_{11}(ur), \sigma_{y_{11}})\sin(\delta_{11}(\delta_v, ur)) - F_{y_{12}}(Z_{12}(ur), \gamma_{12}(ur), \sigma_{y_{12}}) \\
&\quad \sin(\delta_{12}(\delta_v, ur)) \\
&= \Delta X_1(\sigma_{y_{11}}, \sigma_{y_{12}}, \delta_v, ur)
\end{aligned} \tag{5-192}
$$

5.6.3 双轨模型总结

1) 双轨模型控制方程

通过上述双轨模型的建立过程，双轨模型的控制方程可以分为三部分。

(1) 两个平衡方程：

$$
\begin{aligned}
m(\dot{v} + ur) &= Y_1 + Y_2 = Y \\
J_z\dot{r} &= Y_1 a_1 - Y_2 a_2 + \Delta X_1 t_1 = N
\end{aligned} \tag{5-193}
$$

(2) 三个本构方程：

$$
\begin{aligned}
Y_1 &= F_{y_1}(\sigma_{y_{11}}, \sigma_{y_{12}}, \delta_v, ur) \\
Y_2 &= F_{y_2}(\sigma_{y_{21}}, \sigma_{y_{22}}, ur) \\
\Delta X_1 &= \Delta X_1(\sigma_{y_{11}}, \sigma_{y_{12}}, \delta_v, ur)
\end{aligned} \tag{5-194}
$$

(3) 四个同余方程(滑移率)：

$$\sigma_{y_{11}} = \sigma_{y_{11}}(v, r; u, \delta_{11}(\delta_v, ur))$$
$$\sigma_{y_{12}} = \sigma_{y_{12}}(v, r; u, \delta_{12}(\delta_v, ur))$$
$$\sigma_{y_{21}} = \sigma_{y_{21}}(v, r; u, \delta_{21}(\delta_v, ur))$$
$$\sigma_{y_{22}} = \sigma_{y_{22}}(v, r; u, \delta_{22}(\delta_v, ur))$$

(5-195)

2）双轨模型动态方程

通过把本构方程和同余方程结合到平衡方程中，可以得到

$$m(\dot{v}+ur) = Y(v, r; u, \delta_v)$$
$$J_z\dot{r} = N(v, r; u, \delta_v)$$

(5-196)

这是一个动态系统对应的两个状态变量，状态变量不仅可以使用 v, r，也可以使用 β, ρ。在这组动态方程中，汽车纵向速度 u 和方向盘转角 δ_v 由驾驶员控制。

此双轨模型可以用于仿真和研究汽车在稳态或瞬态下的操纵稳定性。

3）使用状态变量直观的结果

在此使用状态变量 β, ρ 替换 v, r，两者的关系如下：

$$\beta = \frac{v}{u} = -\frac{S}{R}$$
$$\rho = \frac{r}{u} = \frac{1}{R}$$

(5-197)

因此汽车双轨模型的三组方程可分别修改如下。

（1）平衡方程：

$$m(\dot{\beta}u+\beta\dot{u}+u^2\rho) = Y = Y_1 + Y_2$$
$$J_z(\dot{\rho}u+\rho\dot{u}) = N = Y_1a_1 - Y_2a_2 + \Delta X_1 t_1$$

(5-198)

（2）本构方程（$\tilde{a}_y = ur = u^2\rho$）：

$$Y_1 = F_{y_1}(\sigma_{y_{11}}, \sigma_{y_{12}}, \delta_v, u^2\rho)$$
$$Y_2 = F_{y_2}(\sigma_{y_{21}}, \sigma_{y_{22}}, u^2\rho)$$
$$\Delta X_1 = \Delta X_1(\sigma_{y_{11}}, \sigma_{y_{12}}, \delta_v, u^2\rho)$$

(5-199)

（3）同余方程（$\tilde{a}_y = ur = u^2\rho$）：

$$\sigma_{y_{11}} = \sigma_{y_{11}}(\beta, \rho; \delta_{11}(\delta_v, u^2\rho))$$
$$\sigma_{y_{12}} = \sigma_{y_{12}}(\beta, \rho; \delta_{12}(\delta_v, u^2\rho))$$
$$\sigma_{y_{21}} = \sigma_{y_{21}}(\beta, \rho; \delta_{21}(\delta_v, u^2\rho))$$
$$\sigma_{y_{22}} = \sigma_{y_{22}}(\beta, \rho; \delta_{22}(\delta_v, u^2\rho))$$

(5-200)

在使用 β, ρ 状态变量的情况下，一组动态方程可以写为

$$m(\dot{\beta}u+\beta\dot{u}+u^2\rho) = Y(\beta, \rho; \delta_v, u^2\rho)$$
$$J_z(\dot{\rho}u+\rho\dot{u}) = N(\beta, \rho; \delta_v, u^2\rho)$$

(5-201)

其中，$|\dot{u}| \approx 0$。如果没有侧倾转向，则 Y 和 N 对横向加速度 $u^2\rho$ 的依赖关系以及纵向速度 u 的依赖关系将消失。这是在双轨模型中使用 β 和 ρ 作为状态变量的主要优点。

5.7 单轨模型

本节的目标是全面分析单轨模型，并展示其局限性。许多关于汽车动力学的课程或书籍中采用了单轨模型(图 5-45)，但没有详细解释为什么尽管其基本布局与实际车辆并不相同，仍能在某些情况下为车辆操控提供有用的分析依据。车辆工程师应该清楚地了解简化模型所采取的步骤，并了解在哪些情况下单轨模型可能会丢失一部分关键特性，从而确定其适用范围。

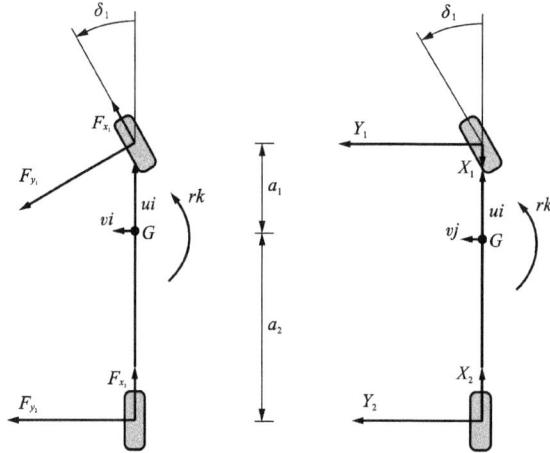

图 5-45 单轨转向模型

5.7.1 从双轨模型过渡到单轨模型

从双轨模型过渡到单轨模型，除了在双轨模型中做出的假设外，还需要假设阿克曼系数等于零，并且对应小转向角：

$$\varepsilon_1 = \varepsilon_2 = 0 \tag{5-202}$$

可以设 δ_1，δ_2 分别为前后轴转向角：

$$\delta_1 = \tau_1 \delta_v = (1+\kappa)\delta$$
$$\delta_2 = \chi\tau_1\delta_v = \kappa\delta \tag{5-203}$$

其中，$\delta = \delta_1 - \delta_2 = (1-\chi)\tau_1\delta_v = \tau\delta_v$ 称为净转向角。在此单轨模型中，δ 和 δ_v ——对应。通常 $\kappa = 0$，即汽车只有前轴转向。

在此单轨模型假设($\varepsilon_1 = \varepsilon_2 = 0$)，可以对双轨模型中的侧向滑移率进一步简化为

$$\sigma_{y_{11}} \approx \left(\frac{v+ra_1}{u} - \delta_v\tau_1\right) + \delta_1^0 - Y_1\rho_1^s m\tilde{a}_y$$

$$\sigma_{y_{12}} \approx \left(\frac{v+ra_1}{u} - \delta_v\tau_1\right) - \delta_1^0 - Y_1\rho_1^s m\tilde{a}_y$$

$$\sigma_{y_{21}} \approx \left(\frac{v-ra_2}{u} - \delta_v\tau_2\right) + \delta_2^0 - Y_2\rho_2^s m\tilde{a}_y \tag{5-204}$$

$$\sigma_{y_{22}} \approx \left(\frac{v-ra_2}{u} - \delta_v\tau_2\right) - \delta_2^0 - Y_2\rho_2^s m\tilde{a}_y$$

在这个模型中仍然考虑车轮前束和侧倾转向的影响。

接下来定义表观侧偏角（apparent slip angle）α_1，α_2：

$$\alpha_1 = \delta_v \tau_1 - \frac{v + r a_1}{u} = \alpha_1(v, r; u, \delta_v) = \alpha_1(\beta, \rho; \delta_v)$$

$$\alpha_2 = \delta_v \tau_2 - \frac{v - r a_2}{u} = \alpha_2(v, r; u, \delta_v) = \alpha_2(\beta, \rho; \delta_v)$$

(5-205)

通过式（5-204）和式（5-205），可以得出前轴侧向滑移率 $\sigma_{y_{1i}}$ 是 α_1，$\tilde{a}_y$ 的函数，同样，后轴侧向滑移率 $\sigma_{y_{2i}}$ 是 α_2，$\tilde{a}_y$ 的函数：

$$\sigma_{y_{11}} \approx -\alpha_1 + \delta_1^0 - Y_1 \rho_1^s m \tilde{a}_y = \sigma_{y_{11}}(\alpha_1, \tilde{a}_y)$$

$$\sigma_{y_{12}} \approx -\alpha_1 - \delta_1^0 - Y_1 \rho_1^s m \tilde{a}_y = \sigma_{y_{12}}(\alpha_1, \tilde{a}_y)$$

$$\sigma_{y_{21}} \approx -\alpha_2 + \delta_2^0 - Y_2 \rho_2^s m \tilde{a}_y = \sigma_{y_{21}}(\alpha_2, \tilde{a}_y)$$

$$\sigma_{y_{22}} \approx -\alpha_2 - \delta_2^0 - Y_2 \rho_2^s m \tilde{a}_y = \sigma_{y_{22}}(\alpha_2, \tilde{a}_y)$$

(5-206)

这组方程是单轨模型的重要部分，也是下面章节的基础。

在这里需要强调表观侧偏角（apparent slip angle）α_1，α_2 和实际侧偏角的 α_{ij} 的区别，α_1，α_2 只在单轨模型中存在。一根轴上两侧车轮的侧偏角相等，但是侧向滑移率并不一定相等，单轨模型左右侧向滑移率一定是侧向加速度 $\tilde{a}_y$ 的函数。

通常来说忽略车轮前束和侧倾转向的影响，因此有

$$\sigma_{y_{11}} \approx \sigma_{y_{12}} \approx -\alpha_1$$

$$\sigma_{y_{21}} \approx \sigma_{y_{22}} \approx -\alpha_2$$

(5-207)

5.7.2　侧向力计算

双轨模型转化为单轨模型后，三个本构方程中前两个方程变为

$$Y_1 = F_{y_{11}}(Z_{11}(\tilde{a}_y), \gamma_{11}(\tilde{a}_y), \sigma_{y_{11}}(\alpha_1, \tilde{a}_y)) + F_{y_{12}}(Z_{12}(\tilde{a}_y), \gamma_{12}(\tilde{a}_y), \sigma_{y_{12}}(\alpha_1, \tilde{a}_y))$$

$$= F_{y_{11}}(\alpha_1, \tilde{a}_y) + F_{y_{12}}(\alpha_1, \tilde{a}_y)$$

$$= F_{y_1}(\alpha_1, \tilde{a}_y)$$

(5-208)

$$Y_2 = F_{y_{21}}(Z_{21}(\tilde{a}_y), \gamma_{21}(\tilde{a}_y), \sigma_{y_{21}}(\alpha_2, \tilde{a}_y)) + F_{y_{22}}(Z_{22}(\tilde{a}_y), \gamma_{22}(\tilde{a}_y), \sigma_{y_{22}}(\alpha_2, \tilde{a}_y))$$

$$= F_{y_{21}}(\alpha_2, \tilde{a}_y) + F_{y_{22}}(\alpha_2, \tilde{a}_y)$$

$$= F_{y_2}(\alpha_2, \tilde{a}_y)$$

(5-209)

因为转向角假设很小，所以第三个方程等于零：

$$\Delta X_1 = 0$$

(5-210)

在双轨模型中推导中，已经得出侧向力和侧向加速度的关系（开式差速器）：

$$Y_1 \approx \frac{m a_2}{l} \tilde{a}_y$$

$$Y_2 \approx \frac{m a_1}{l} \tilde{a}_y$$

(5-211)

所以可以得出

$$F_{y_1}(\alpha_1, \widetilde{a}_y) = \frac{ma_2}{l}\widetilde{a}_y$$

$$(5-212)$$

$$F_{y_2}(\alpha_2, \widetilde{a}_y) = \frac{ma_1}{l}\widetilde{a}_y$$

这组方程可以推导出侧向加速度和表观侧偏角的关系：

$$\widetilde{a}_y = g_1(\alpha_1)$$
$$\widetilde{a}_y = g_2(\alpha_2)$$

$$(5-213)$$

通过此方程组可以得出 α_1 和 α_2 的关系（注意：只适用于单轨模型）：

$$g_1(\alpha_1) = \widetilde{a}_y = g_2(\alpha_2)$$

$$(5-214)$$

最后可以得出

$$Y_1(\alpha_1) = F_{y_1}(\alpha_1, g_1(\alpha_1))$$
$$Y_2(\alpha_2) = F_{y_2}(\alpha_2, g_2(\alpha_2))$$

$$(5-215)$$

此方程组中，侧向力是表观侧偏角 α_i 的函数，且自变量只有表观侧偏角 α_i，但不应该忽略轴特性，许多因素都会影响轴特性，例如外倾角、侧倾转向角、前束等。

5.7.3 轴特性

所谓轴特性，是指下述形式的代数方程（前后轴）提供的总侧向力是表观侧偏角的函数，并且此处已经考虑了横向载荷转移的影响。

$$Y_i = F_{y_i} = Y_i(\alpha_i)$$

$$(5-216)$$

1）基础轴特性

本节的目标是提供一种直观且符合物理认知的方法来构建单轨模型中的轴特性。"基础"意味着只考虑了横向载荷转移 ΔZ_i 的影响。因为横向载荷转移是不可避免的，且它对轴特性的影响最为显著。

（1）第一步：

以对称垂直载荷测试轮胎，并以 $Z_i^0/2$ 为参照，以对称载荷表示成对测试，例如 $F_z = Z_i^0/2 \pm \Delta Z_i$。单轨模型的垂向载荷影响如图 5-46 所示。

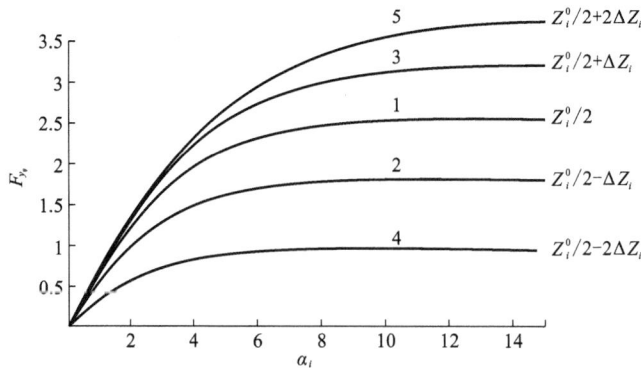

图 5-46 单轨模型的垂向载荷影响

（2）第二步：

将每次成对测试的结果叠加得到轴曲线。

（3）第三步：

绘制一条直线，表示侧向载荷转移和侧向力的关系。

（4）第四步：

在第二步得到的每一根曲线上选择一个符合实际情况的点并连接。实际上，每一根曲线在测试时有给定的侧向载荷转移$\pm\Delta Z_i$，但是一个载荷转移ΔZ_i对应一个侧向力F_{yi}，并对应一个侧偏角α_i。

改变η_i的值可以得到不同的轴特性，但要注意，改变η_i不影响轴曲线，但是影响曲线上面符合实际情况的点的位置。

单轨模型的轴特性如图5-47所示。侧倾刚度对单轨模型的轴特性的影响如图5-48所示。

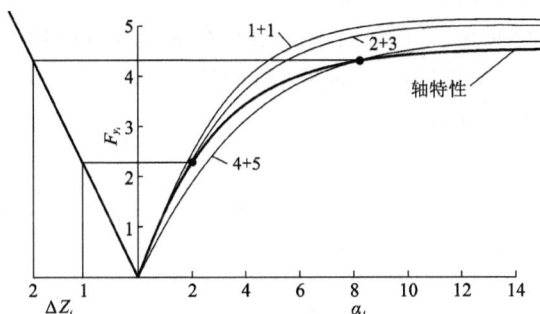

图 5-47　单轨模型的轴特性

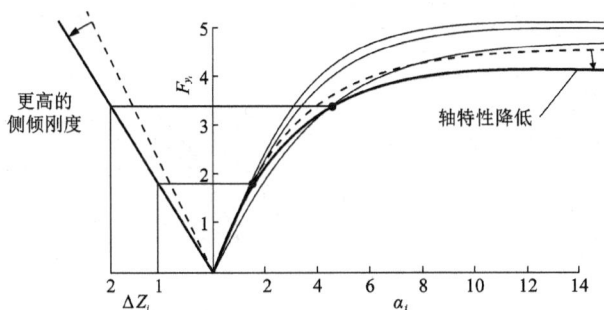

图 5-48　侧倾刚度对单轨模型的轴特性的影响

$$\left(\Delta Z_1=\eta_1\frac{l}{a_2}Y_1,\ \Delta Z_2=\eta_2\frac{l}{a_1}Y_2\right)\tag{5-217}$$

2）轴特性深入探讨

通过对单轨模型的分析，可以得出以下几点：

（1）下列变量对侧向加速度都有一一对应的关系：

侧向载荷转移ΔZ_i；

外倾角γ_{ij}；

侧倾转向角$Y_i\varphi_i^s$。

（2）左右轮胎的侧向力都是侧向加速度$\tilde{a}_y$和相同表观滑移角α_i的已知函数，见式（5-208）和式（5-209）。

（3）每个轴的侧向力 $F_{yi}(\alpha_i,\tilde{a}_y)$ 是左侧和右侧轮胎横向力的总和，见式（5-208）和式（5-209）。

（4）每个轴的侧向力 Y_i 完全由侧向加速度 $\tilde{a}_y$ 决定，见式（5-211）。

$$Y_1 \approx \frac{ma_2}{l}\tilde{a}_y$$

$$Y_2 \approx \frac{ma_1}{l}\tilde{a}_y$$

因此，对于给定的侧向加速度 $\tilde{a}_y$，可以得出相应的载荷转移、外倾角、侧倾转向角，相应地可以测量左右轮胎上的侧向力 $F_{yi1}(\alpha_i,\tilde{a}_y)$，$F_{yi2}(\alpha_i,\tilde{a}_y)$ 和侧偏角 α_i 的关系，均以侧向加速度 $\tilde{a}_y$ 作为自变量。

为了更好理解改变汽车轴特性的参数如何影响汽车的操纵性，需要对这些参数进行单独讨论，包括：侧倾刚度、外倾角、前束角、侧倾转向角和侧倾外倾角。

下面所有分析都是以汽车左转弯为例进行分析的，α 的单位为 deg，侧向力的单位为 kN，图中每一种虚线对应相同的侧向加速度。

3）侧倾刚度

图 5-49 即为两种情况的轴特性图，上面两图为 $F_{yi1}(\alpha_i,\tilde{a}_y)$，$F_{yi2}(\alpha_i,\tilde{a}_y)$ 曲线，下面两

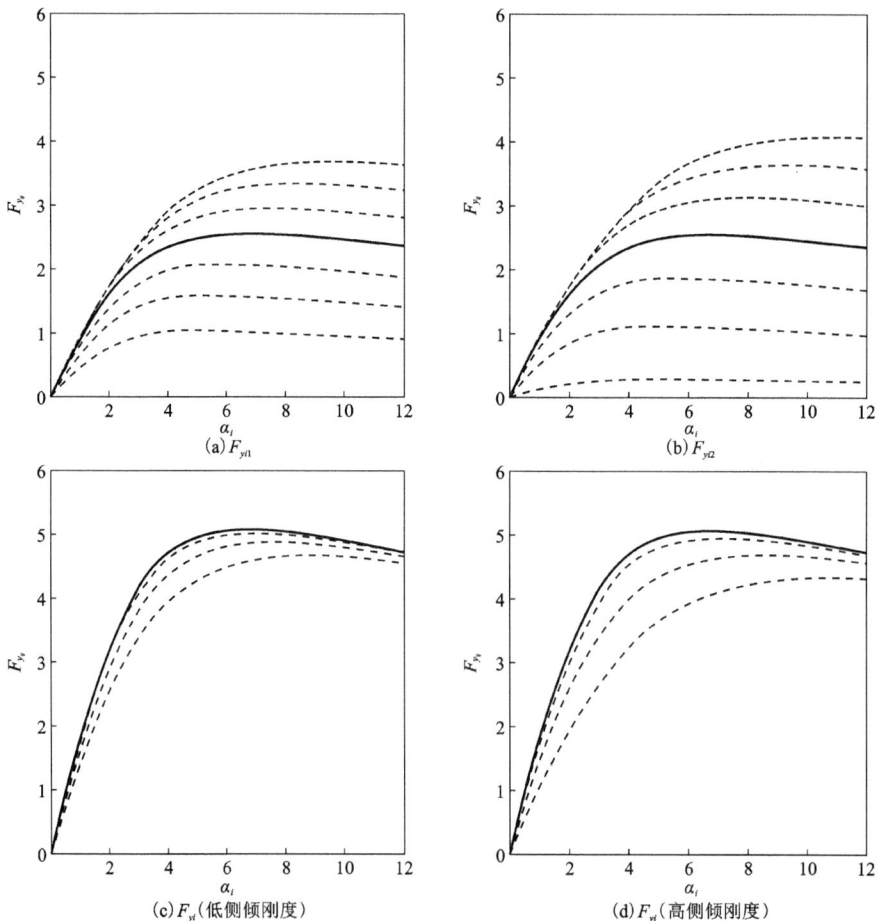

图 5-49　侧倾刚度对轴特性的影响

图分别为低、高侧倾刚度对应的侧向力之和 $F_{y_i}(\alpha_i,\ \tilde{a}_y)$。实线对应 $\tilde{a}_y=0$，其他虚线对应 $\tilde{a}_y>0$。图 5-49 中共有两种情况，右侧对应的侧倾刚度大于左侧。两种情况对应不同的 η_i，因此相同侧向加速度对应不同的载荷转移(右侧情况对应的载荷转移较大，可能是侧倾刚度更大造成的)。

一旦获得函数 F_{y_i}(图 5-49 中下面的两图)，对于获得轴特性就剩下最后一步了，每一条曲线上 $F_{y_i}(\alpha_i,\ \tilde{a}_y)$ 实际只有一个符合实际情况的点，因为侧向加速度和侧向力是一一对应的。

4)静态外倾角

静态外倾角的定义在图 5-43 中给出。负和正的静态外倾角的效果分别在图 5-50 的左侧和右侧显示。如果车轮的顶部比底部更向外(即远离轴)，则称为正静态外倾。如果车轮的底部比顶部更向外，则称为负外倾。同时可以看到，即使汽车直线行驶(实线)，每个车轮上也存在侧向力。

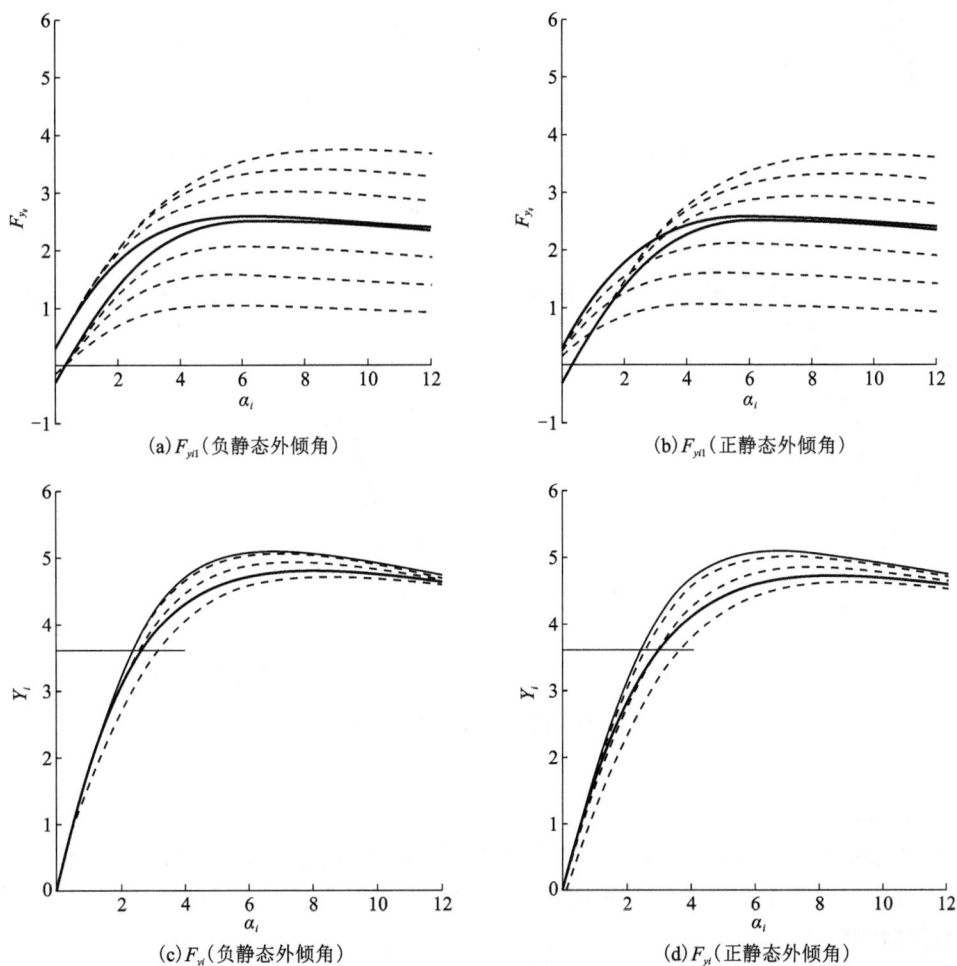

图 5-50　静态外倾角对轴特性的影响

5）前束角

图 5-51 表示正前束角（左图）和负前束角（右图）的影响，可以看出，在汽车直线行驶时，仍有侧向力。可以发现，正的前束角和正的外倾角，或者负的前束角和负的外倾角组合可以减小侧向力。

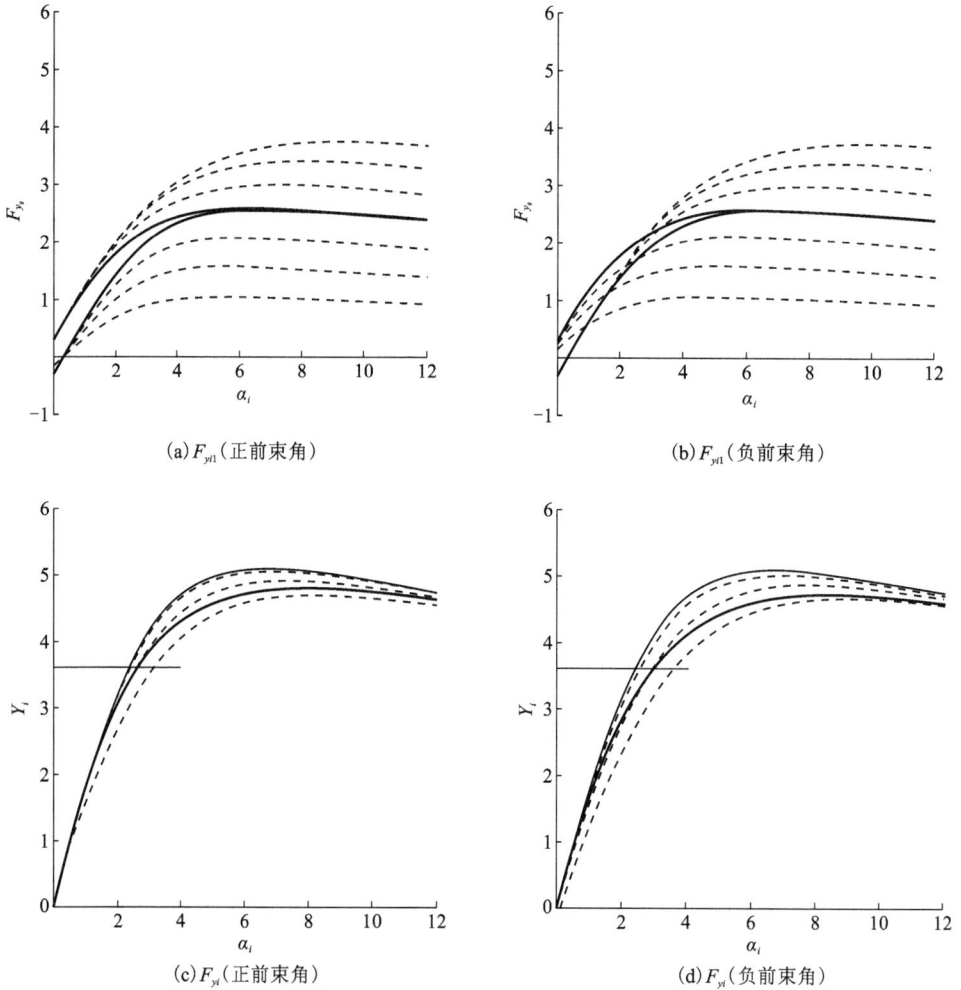

(a) $F_{y\text{t}1}$（正前束角）

(b) $F_{y\text{t}1}$（负前束角）

(c) $F_{y\text{t}}$（正前束角）

(d) $F_{y\text{t}}$（负前束角）

图 5-51　前束角对轴特性的影响

6）侧倾转向角

目前，之前讨论的变量相对汽车轴线是对称的，因此在侧向加速度较小时，左右车轮产生的影响可以相互抵消。但是侧倾转向角的影响是不对称的，因此，即使侧向加速度很小，也影响着轴特性。

图 5-52 表示正负侧向转向角的影响，左侧为正，右侧为负。

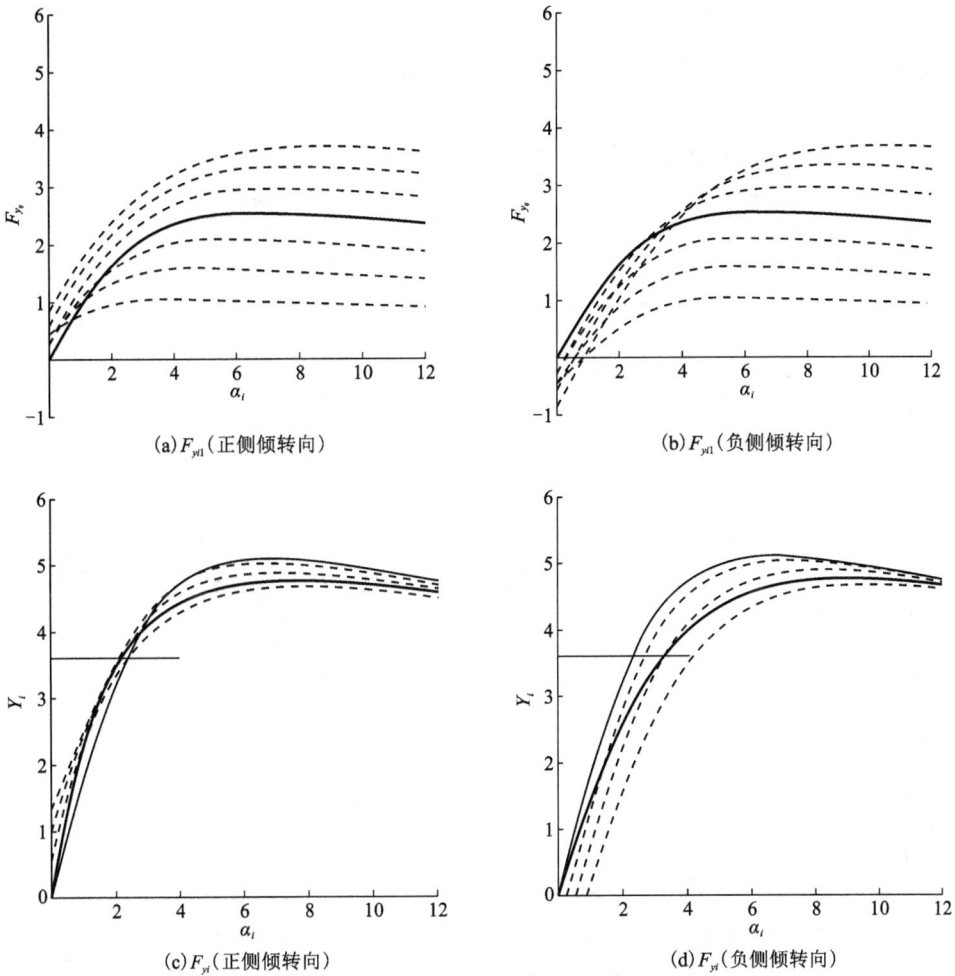

图 5-52　侧倾转向角对轴特性的影响

7）侧倾外倾角

图 5-53 表示正（左侧）、负（右侧）外倾角的影响，与侧倾转向角的影响类似，此影响也是不对称的。

8）轴特性总结

现实中，各种影响共同存在。图 5-54 中，中间的曲线即为在考虑侧倾刚度那一小节中得出的轴特性，最上方那条曲线是考虑之前讨论所有参数影响下左手边的情况，即负的外倾角，正的前束，正的侧倾转向角，最下方那条曲线是考虑之前讨论所有参数影响下右手边的情况，即正的外倾角，负的前束，负的侧倾转向角。这些曲线在曲线起点开始处的斜率与之后最大值不同，故这两个方面对汽车的操纵性有非常大的影响。

实际上，轴特性是最能体现汽车动力学特性。注意到，在非常简化的情况下，轴特性仍包含许多有关车辆特征的信息。

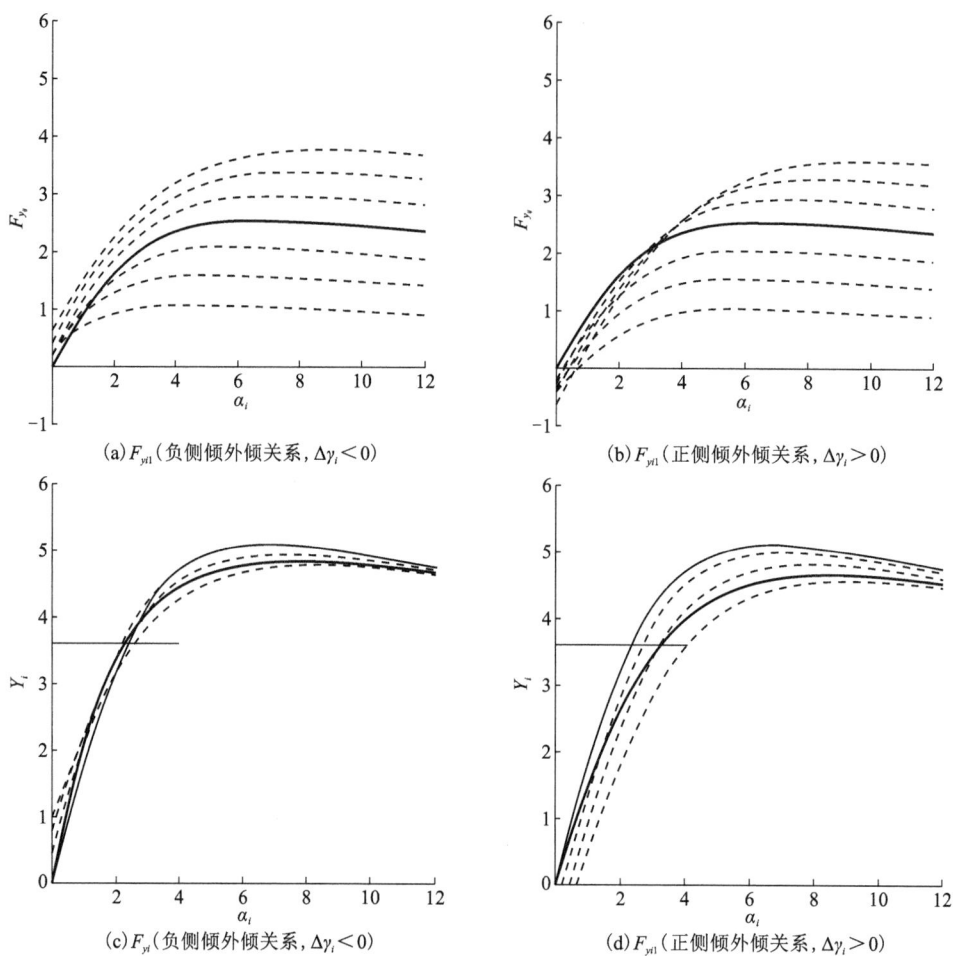

(a) F_{yt1}(负侧倾外倾关系，$\Delta\gamma_i < 0$)

(b) F_{yt1}(正侧倾外倾关系，$\Delta\gamma_i > 0$)

(c) F_{yt1}(负侧倾外倾关系，$\Delta\gamma_i < 0$)

(d) F_{yt1}(正侧倾外倾关系，$\Delta\gamma_i > 0$)

图 5-53　侧倾外倾角对轴特性的影响

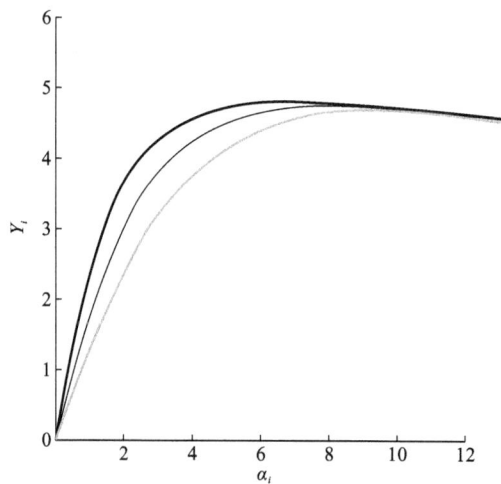

图 5-54　侧倾刚度对轴特性的影响

5.7.4　单轨模型控制方程

通过以上对单轨模型的分析,可以得出单轨模型的三组控制方程:

(1)两个平衡方程(侧向和横摆):

$$m(\dot{v}+ur)=Y=Y_1+Y_2$$
$$J_z\dot{r}=N=Y_1a_1-Y_2a_2$$

(5-218)

(2)两个同余方程(表观侧偏角 α_i):

$$\alpha_1=\delta_v\tau_1-\frac{v+ra_1}{u}$$

$$\alpha_2=\delta_v\tau_2-\frac{v-ra_2}{u}$$

(5-219)

(3)两个本构方程(轴特性):

$$Y_1=Y_1(\alpha_1)$$
$$Y_2=Y_2(\alpha_2)$$

(5-220)

单轨模型和双轨模型的控制方程比较如下:

(1)在单轨模型中,没有 ΔX_1t_1 一项。

(2)单轨模型同余方程只有两个,而双轨模型同余方程有四个。

(3)本构方程更简单。

一个典型的单轨模型如图 5-55 所示,其中 $\delta_1=\delta_v\tau_1$,$\delta_2=\delta_v\tau_2$。虽然讨论的案例为单轨模型,但汽车模型中仍有四个车轮,正如在轴特性一节所讨论的,也需要考虑侧向载荷转移、外倾角变化等因素,因此单轨模型并不是真正的理想的左右侧车轮状态完全相同的单轨模型。

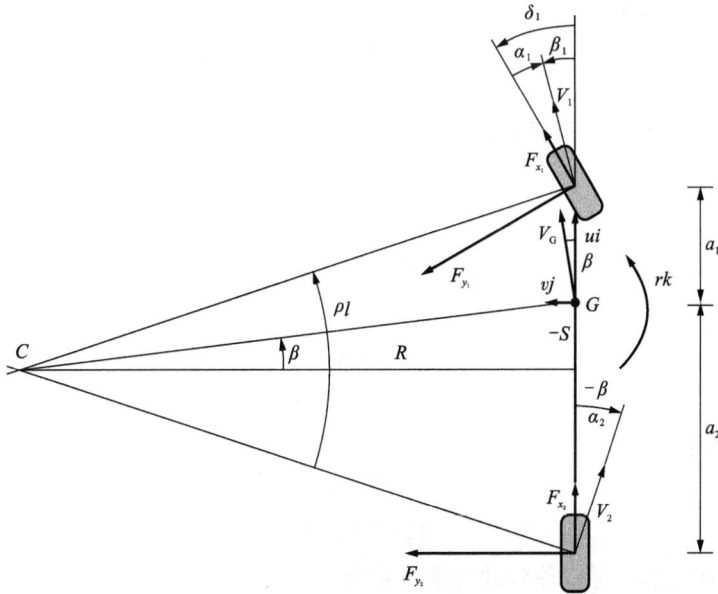

图 5-55　单轨模型

单轨模型的主要特点是同一轴上的两个车轮具有相同的表观侧偏角 α_i,因此可以用一个等效车轮来替代它们。然而，这并不意味着同一轴上的两个车轮的真实侧偏角是相同的。同样，它们的外倾角、转向角、垂向载荷也是不同的。因此，单轨模型保留了双轨模型的大部分关键特征。

因此，对于单轨模型而言，不必假设车辆为一个质点，或是质心位于路面水平面内，也不需要假设左右车轮的侧向力相等。这几种假设在任何汽车模型中都是不符合实际的。

5.7.5　单轨模型动力学方程

通过上面讨论的控制方程，可知只有平衡方程为微分方程形式，另外两组方程均为代数方程。将这两组方程代入平衡方程中，可以得到

$$m(\dot{v}+ur) = Y_1\left(\delta_v\tau_1-\frac{v+ra_1}{u}\right)+Y_2\left(\delta_v\tau_2-\frac{v-ra_2}{u}\right)$$

$$J_z\dot{r} = a_1 Y_1\left(\delta_v\tau_1-\frac{v+ra_1}{u}\right)-a_2 Y_2\left(\delta_v\tau_2-\frac{v-ra_2}{u}\right)$$

$$(5-221)$$

并可以简化为

$$m(\dot{v}+ur) = Y(v,\ r;\ u,\ \delta_v)$$

$$J_z\dot{r} = N(v,\ r;\ u,\ \delta_v)$$

$$(5-222)$$

显然，单轨模型具有两个状态变量。当然，除了使用这一组状态变量外，也可以使用其他状态变量。

5.7.6　使用状态变量β, ρ

上面使用v, r作为状态变量来描述汽车操纵性，这里使用$\beta(t)$和$\rho(t)$来代替v, r作为状态变量，它们的关系如下：

$$\beta(t) = v/u$$

$$\rho(t) = r/u$$

$$(5-223)$$

则单轨模型三组控制方程变为：

（1）平衡方程：

$$m(\dot{\beta}u+\beta\dot{u}+u^2\rho) = Y = Y_1+Y_2$$

$$J_z(\dot{\rho}u+\rho\dot{u}) = N = Y_1 a_1 - Y_2 a_2$$

$$(5-224)$$

（2）同余方程：

$$\alpha_1 = \delta_v\tau_1-\beta-\rho a_1$$

$$\alpha_2 = \delta_v\tau_2-\beta+\rho a_2$$

$$(5-225)$$

（3）本构方程：

$$Y_1 = Y_1(\alpha_1)$$

$$Y_2 = Y_2(\alpha_2)$$

$$(5-226)$$

结合以上三组方程，可以得到动力学方程为

$$m(\dot{\beta}u+\beta\dot{u}+u^2\rho) = Y(\beta,\ \rho;\ \delta_v)$$

$$J_z(\dot{\rho}u+\rho\dot{u}) = N(\beta,\ \rho;\ \delta_v)$$

$$(5-227)$$

其中，$\dot{u}\approx 0$。

值得指出的是，与双轨模型不同，轴上侧向力 Y_1 和 Y_2，以及总横向力 Y 和横摆力矩 N，即使考虑了侧倾转向，也不显式依赖于前进速度 u。此外，式（5-227）中 Y 和 N 的表达式甚至比式（5-222）中的更简单。

5.7.7　使用状态变量 β_1，β_2

另一组可用状态变量为 β_1，β_2，即为前后轴中点处的侧偏角。

$$\beta_1 = \beta + \rho a_1 = \delta_1 - \alpha_1 = (1+\kappa)\tau\delta_v - \alpha_1$$
$$\beta_2 = \beta - \rho a_2 = \delta_2 - \alpha_2 = \kappa\tau\delta_v - \alpha_2 \tag{5-228}$$

β_1，β_2 和 β，ρ 的关系为

$$\rho = \frac{\beta_1 - \beta_2}{l}$$
$$\beta = \frac{\beta_1 a_2 + \beta_2 a_1}{l} \tag{5-229}$$

因此单轨模型相应的三组方程可以修改为：

（1）平衡方程：

$$\dot{\beta}_1 u + \beta_1 \dot{u} + (\beta_1 - \beta_2)\frac{u^2}{l} = \frac{Y}{m} + \frac{N}{J_z}a_1$$
$$\dot{\beta}_2 u + \beta_2 \dot{u} + (\beta_1 - \beta_2)\frac{u^2}{l} = \frac{Y}{m} - \frac{N}{J_z}a_2 \tag{5-230}$$

（2）同余方程：

$$\dot{\beta}_1 u + \beta_1 \dot{u} + (\beta_1 - \beta_2)\frac{u^2}{l} = \frac{Y}{m} + \frac{N}{J_z}a_1$$
$$\dot{\beta}_2 u + \beta_2 \dot{u} + (\beta_1 - \beta_2)\frac{u^2}{l} = \frac{Y}{m} - \frac{N}{J_z}a_2 \tag{5-231}$$

（3）本构方程：

$$Y_1 = Y_1(\alpha_1)$$
$$Y_2 = Y_2(\alpha_2) \tag{5-232}$$

动态系统方程变为

$$\dot{\beta}_1 u + \beta_1 \dot{u} + (\beta_1 - \beta_2)\frac{u^2}{l} = \frac{J_z + ma_1^2}{mJ_z}Y_1(\delta_v\tau_1 - \beta_1) + \frac{J_z - ma_1 a_2}{mJ_z}Y_2(\delta_v\tau_2 - \beta_2)$$
$$\dot{\beta}_2 u + \beta_2 \dot{u} + (\beta_1 - \beta_2)\frac{u^2}{l} = \frac{J_z + ma_2^2}{mJ_z}Y_2(\delta_v\tau_2 - \beta_2) + \frac{J_z - ma_1 a_2}{mJ_z}Y_1(\delta_v\tau_1 - \beta_1) \tag{5-233}$$

可以看到，在动态系统方程组中，等号右边和速度 u 无关。

这组方程式突出了一个非常有趣的点，两个方程中都出现的 $(J_z - ma_1 a_2)$ 项在公路车中通常很小，甚至可以有意将其设置为零。因此，两个方程之间的耦合相当弱。

5.7.8 反同余方程

在讨论使用状态变量 v, r 的小节中，在两个同余方程中均出现了 v, r 两个量，可以通过这组方程组推导出两个量：$\rho = r/u$ 和 $\beta = v/u$。

$$\rho = \frac{r}{u} = \frac{\delta_1 - \delta_2}{l} - \frac{\alpha_1 - \alpha_2}{l}$$

$$\beta = \frac{v}{u} = \frac{\delta_1 a_2 + \delta_2 a_1}{l} - \frac{\alpha_1 a_2 + \alpha_2 a_1}{l} \tag{5-234}$$

其中，$\delta_1 = \delta_v \tau_1$，$\delta_2 = \delta_v \tau_2$。

可以将上面的方程组中第一个方程化为如下形式：

$$\alpha_1 - \alpha_2 = (\delta_1 - \delta_2) - \frac{l}{R} = \delta - \frac{l}{R} \tag{5-235}$$

其中，$R = u/r$。若 $\alpha_1 = \alpha_2 = 0$，则有 $\delta = l/R$，这个角通常称为阿克曼角。

如果将 $\beta_1 - \beta_2 = l/R$ 代入式（5-235），则式（5-235）可以化为

$$\alpha_1 - \alpha_2 = (\delta_1 - \delta_2) - (\beta_1 - \beta_2) \tag{5-236}$$

5.7.9 稳态侧向加速度

在双轨模型的章节中，已经得出用 $(\delta_v, \tilde{a}_y)$ 来描述汽车的稳态情况比用 (δ_v, u) 更好。在单轨模型中，稳态下一些量仅是 $\tilde{a}_y$ 的函数。

来看单轨模型稳态下的平衡方程，其中包括轴特性：

$$m\tilde{a}_y = Y_1(\alpha_1) + Y_2(\alpha_2)$$

$$0 = Y_1(\alpha_1)a_1 - Y_2(\alpha_2)a_2 \tag{5-237}$$

可以得到

$$\frac{Y_1(\alpha_1)l}{ma_2} = \tilde{a}_y, \quad \frac{Y_2(\alpha_2)l}{ma_1} = \tilde{a}_y \tag{5-238}$$

可以化为

$$\frac{Y_1(\alpha_1)l}{mga_2} = \frac{Y_1(\alpha_1)}{Z_1^0} = \frac{\tilde{a}_y}{g}, \quad \frac{Y_2(\alpha_2)l}{mga_1} = \frac{Y_2(\alpha_2)}{Z_2^0} = \frac{\tilde{a}_y}{g} \tag{5-239}$$

其中，Z_1^0, Z_2^0 是静态下每一根轴的垂直载荷。

因此，如果只考虑轴特性单调部分，则侧向加速度 $\tilde{a}_y$ 和表观滑移角 α_i 有一一对应的关系：

$$\alpha_1 = \alpha_1(\tilde{a}_y), \quad \alpha_2 = \alpha_2(\tilde{a}_y) \tag{5-240}$$

除了得出 $\alpha_1 = \alpha_1(\tilde{a}_y)$，$\alpha_2 = \alpha_2(\tilde{a}_y)$ 外，还可以得到

$$\frac{Y_1(\alpha_1)}{Z_1^0} = \frac{Y_2(\alpha_2)}{Z_2^0} = \frac{\tilde{a}_y}{g} \tag{5-241}$$

即在稳态下，侧向力总是和静态垂直载荷成正比，因此可以对轴特性进行单位化：

$$\hat{Y}_1(\alpha_1) = \frac{Y_1(\alpha_1)}{Z_1^0}, \quad \hat{Y}_2(\alpha_2) = \frac{Y_2(\alpha_2)}{Z_2^0} \tag{5-242}$$

这在汽车单轨模型的动力学中是非常重要的，单位化的轴特性是无量纲的。它们的最大值等于横向可用的抓地力。

从式（5-241）可以看到，不管车辆具有小的 u 和大的 δ_v，或是大的 u 和小的 δ_v，两个表观侧偏角只能"感知"侧向加速度。换句话说，车辆的轨迹形状并不重要，只有 $\tilde{a}_y$ 对侧向力和表观侧偏角有影响。

值得注意的是，式（5-242）并不是所有车辆的通用特性，而是一个幸运的巧合，它只适用于两轴、开放差速器、无气动翼和平行转向的车辆。

5.7.10　轴特性的斜率

通过轴特性小节的分析，可以得知轴特性的斜率对汽车的操纵性影响是非常大的，可定义：

$$\Phi_1 = \frac{dY_1}{d\alpha_1}, \ \Phi_2 = \frac{dY_2}{d\alpha_2} \tag{5-243}$$

因为有 $\alpha_1 = \alpha_1(\tilde{a}_y)$，$\alpha_2 = \alpha_2(\tilde{a}_y)$，所以在单轨模型中，可以得到轴特性的斜率仅是侧向加速度的函数：

$$\Phi_1 = \Phi_1(\alpha_1) = \Phi_1(\alpha_1(\tilde{a}_y)) = \Phi_1(\tilde{a}_y)$$
$$\Phi_2 = \Phi_2(\alpha_2) = \Phi_2(\alpha_2(\tilde{a}_y)) = \Phi_2(\tilde{a}_y) \tag{5-244}$$

通过上一小节分析，还可以得到

$$\frac{d\tilde{a}_y}{d\alpha_1} = \frac{l\Phi_1}{ma_2} \quad \frac{d\tilde{a}_y}{d\alpha_2} = \frac{l\Phi_2}{ma_1} \tag{5-245}$$

即

$$\frac{d\alpha_1}{d\tilde{a}_y} = \frac{ma_2}{l\Phi_1} \quad \frac{d\alpha_2}{d\tilde{a}_y} = \frac{ma_1}{l\Phi_2} \tag{5-246}$$

5.8　稳态分析

固定方向盘转向角 δ_v，固定前进速度 u，汽车上所有点都在做匀速圆周运动，此时汽车处于稳态情况。稳态下，$\dot{\delta}_v = 0$，$\dot{u} = 0$，可以得到 $\dot{v} = 0$，$\dot{r} = 0$，因此侧向加速度在稳态下忽略 $\dot{v}$ 项变为

$$\tilde{a}_y = ur = u^2\rho = \frac{u^2}{R} \tag{5-247}$$

在给定的 δ_v 和 u 下，若要找到平衡点 (v_p, r_p)，则需要求解代数方程组

$$mur = Y(v, r; u, \delta_v)$$
$$0 = N(v, r; u, \delta_v) \tag{5-248}$$

可以写为

$$0 = Y(v, r; u, \delta_v) - mur = f_v(v, r; u, \delta_v)$$
$$0 = N(v, r; u, \delta_v) = f_r(v, r; u, \delta_v) \tag{5-249}$$

为求解 (v_p, r_p)，有

$$f_v(v_p, r_p; u, \delta_v) = 0, f_r(v_p, r_p; u, \delta_v) = 0 \qquad (5\text{-}250)$$

因为轴特性是非线性的，所以给定的 u, δ_v, v_p, r_p 并不会提前知道，如果有多个解，其中也只有一个解是稳态的。

式(5-249)中 $f_v(v_p, r_p; u, \delta_v) = 0, f_r(v_p, r_p; u, \delta_v) = 0$ 定义了两组对应关系：

$$v_p = \hat{v}_p(\delta_v, u), \quad r_p = \hat{r}_p(\delta_v, u) \qquad (5\text{-}251)$$

即稳态情况 (v_p, r_p) 是 (δ_v, u) 的函数。为了更形象地表示和分析，可以使用 $\beta = v/u$，$\rho = r/u$ 来代替 v 和 r：

$$\beta_p = \hat{\beta}_p(\delta_v, u), \quad \rho_p = \hat{\rho}_p(\delta_v, u) \qquad (5\text{-}252)$$

稳态情况下，即 $(\delta_v, u) \Rightarrow (\beta_p, \rho_p)$。

因为 $\tilde{a}_y = u r_p(\delta_v, u)$，所以可以推出 $u = u(\delta_v, \tilde{a}_y)$，通常用 $(\delta_v, \tilde{a}_y)$ 来代替 (δ_v, u) 作自变量来描述稳态情况，因此对应关系变为

$$v_p = v_p(\delta_v, \tilde{a}_y), \quad r_p = r_p(\delta_v, \tilde{a}_y)$$
$$\beta_p = \beta_p(\delta_v, \tilde{a}_y), \quad \rho_p = \rho_p(\delta_v, \tilde{a}_y) \qquad (5\text{-}253)$$

5.8.1 稳态解

考虑车辆行为，如稳态测试 ISO4138 所述，车辆行为的稳定性可以被描述为一些偏离路径的干扰后车辆返回到稳定状态的能力。在状态 $v(t)$ 和 $r(t)$ 的动态行为之后，稳态解可以被认为是车辆状态的最终限制。换句话说，稳态解对应于全动力系统的特殊点。在稳态条件下，那么式(5-218)可以简化为

$$m \cdot u \cdot r = F_{y1} + F_{y2} = F_y$$
$$a \cdot F_{y1} = b \cdot F_{y2} \qquad (5\text{-}254)$$

根据式(5-239)给出的轴上载荷，联合式(5-254)，得

$$\frac{F_{y1}(\alpha_1)}{F_{z1}} = \frac{F_{y2}(\alpha_2)}{F_{z2}} \qquad (5\text{-}255)$$

因此，标准化中的轴特性或侧向摩擦系数 $f_i(\alpha_i)$ 一致，代入式(5-254)可得

$$f_{y1}(\alpha_1) = f_{y2}(\alpha_2) = \frac{u \cdot r}{g} = \frac{u^2}{g \cdot R} = \frac{F_y}{m \cdot g} (= a_y) \qquad (5\text{-}256)$$

对于车辆转弯半径 R，侧向加速度取决于意义上的相对路径曲率 L/R（L 为轴距）。

$$\frac{F_y}{m \cdot g} = \left(\frac{u^2}{g \cdot L}\right) \cdot \frac{L}{R} \qquad (5\text{-}257)$$

就这个相同的相对路径曲率而言，侧偏角 δ 和状态变量 (v, r) 之间的关系为

$$\delta = \frac{L}{R} + (\alpha_1 - \alpha_2) \qquad (5\text{-}258)$$

与运动学模型相比，考虑侧偏特性带来的影响是，转向角需要根据 $\alpha_1 - \alpha_2$ 进行修正。由于车轴侧向力的非线性，式(5-258)可能存在不止一组解，我们用图 5-56 来说明这种情况。图中虚线表示的是，当 α_1 在实线上移动时，满足关系式(5-258)和 $f_{y1} = f_{y2}$ 的 α_2 所对应的 (α_2, f_{y2}) 曲线。从图中可以看出，在满足 $f_{y1} = f_{y2}$ 的前提下，式(5-258)存在三组解，其中一组位于曲线斜率大于零的位置（即侧向力峰值之前），而另外两组则位于侧向力峰值之后。

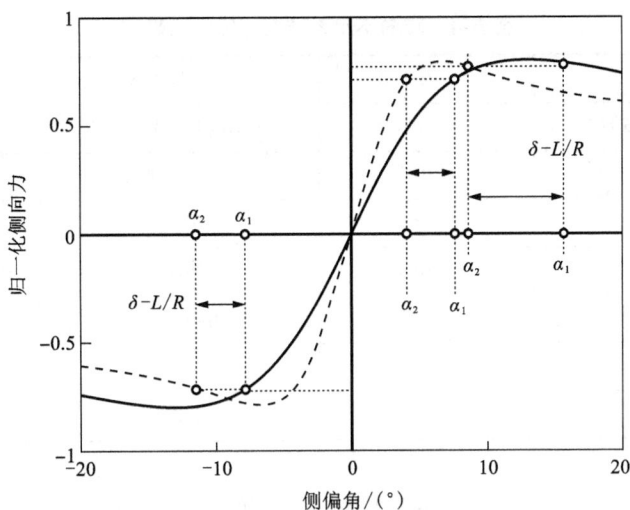

图 5-56　不同的稳态解

5.8.2　转向过度及转向不足

从式（5-255）可以看出

$$\frac{u^2}{g \cdot R} = \frac{C_{\alpha 1} \cdot \alpha_1}{F_{z1}} = \frac{C_{\alpha 2} \cdot \alpha_2}{F_{z2}} \tag{5-259}$$

也就是

$$\left[\frac{F_{z1}}{C_{\alpha 1}} - \frac{F_{z2}}{C_{\alpha 2}} \right] \cdot \frac{u^2}{g \cdot R} = \eta \cdot \frac{u^2}{g \cdot R} = \eta \cdot a_y(g) = \alpha_1 - \alpha_2 = \delta - \frac{L}{R} \tag{5-260}$$

其中 η 被称为转向不足系数。式（5-260）清晰地解释了车辆转向性能对轴特性的依赖性，具体解释如下：在极低车速 u 时，车辆沿曲线路径行驶所需的转向角等于相对曲率 L/R（阿克曼角）。在路径曲率恒定（半径为 R 的圆）的条件下提高车速时，所需转向角的变化取决于转向不足系数 η，进而取决于轴特性（轮胎特性）。当 $\eta > 0$ 时，转向角 δ 必须随着车速的提高而增大；当 $\eta < 0$ 时，则刚好相反，必须减小转向角 δ。在后一种情况下，若不调整 δ，那么车辆将进入更小半径的路径。由于速度增加意味着车辆处于更大的横向加速度和更极端的行驶工况，对于 $\eta < 0$ 的车辆，如果不调整方向盘的转角，那么车辆行驶轨迹的半径进一步减小从而加剧横向加速度，形成自增强效应。后文将证明，当超过特定速度时，这种情况会导致车辆的操控失稳。

从式（5-260）中可以看出，转向不足系数可以表示为前后轴相关项 $F_{z1}/C_{\alpha 1}$ 和 $F_{z2}/C_{\alpha 2}$ 之差。从前文轴特性的分析可知，这两项内容不仅取决于轮胎的侧偏特性（侧偏刚度），还会受到回正力矩、弹性变形、外倾效应等其他因素的综合影响。表 5-4 以一辆皮卡车和一辆轿车为例，给出了这些因素对转向不足系数的影响关系。

从表中可以看出，当仅考虑轮胎的特性时，皮卡车将具有负的转向不足系数，然而其他各类效应的综合叠加影响使得 η 转变为正值。轿车的转向不足系数也呈现出类似的规律：虽然悬架系统对单个轴系的影响显著，但弹性变形、悬架运动学和定位参数的综合效应更为突出。

表 5-4 转向不足系数对操纵性的影响

皮卡 3	η	客车 5	η
轮胎响应及载荷转移	-0.028	轮胎响应及载荷转移	0.000
回正特性	0.010	质心改变	0.010
侧倾刚度	0.054	侧倾转向	0.028
侧倾外倾	0.058	外倾转向	0.023
侧向稳定性	0.075	侧向稳定性	0.023
转向顺从性	0.093	回正力矩	0.040
		对刚体的扭矩	0.044

根据式(5-260)，我们给出转向不足与转向过度的定义如下：

（1）定义 1。

如果必须增加转向角来增大车辆前进速度以符合相同曲线，则车辆转向不足。如果情况正好相反，则车辆转向过度，即为了增大车辆前进速度以符合相同曲线，必须减小转向角。如果不需要调整转角，称车辆为中性转向。

（2）定义 2。

如果在稳态条件下前轴的滑移角超过后轴的滑移角，则车辆处于转向不足状态，$\alpha_1 - \alpha_2 > 0$；如果情况正好相反，$\alpha_1 - \alpha_2 < 0$，则车辆转向过度。

（3）定义 3。

如果转向不足梯度 $\eta > 0$，即前轴侧偏刚度超过了后轴侧偏刚度，则车辆转向不足。注意：

$$\eta \cdot Y_r > 0; \quad \eta \cdot N_\beta > 0$$

如果 $\eta < 0$，将车辆定义为转向过度。

请注意，转向不足属性与方向盘梯度直接相关，这与稳态行为有关。这意味着可以引入下面的转向不足定义。如果方向盘梯度 $\partial \delta / \partial a_y (a_y \neq 0)$ 是正值，则车辆转向不足。如果这个梯度是负的，那么车辆是转向过度。

（4）定义 4。

当转向盘梯度 $\partial \delta / \partial a_y (a_y = 0)$ 为正时，称为转向不足；为负时称为转向过度。

图 5-57 描述了恒定转弯半径 R 的稳态车辆的车轮转向角和侧向加速度（操纵曲线）之间的关系。左侧部分曲线对应于线性轮胎行为。很明显，随着速度和侧向加速度的增大，这种侧向加速度不可能一直增大。总有一刻轮胎会达到极限并且车辆的前轴或后轴会开始侧滑。这意味着，曲线的线性关系将不得不向上或向下突变。将其与图 5-56 比较，其中轴特性被假定为以一定的滑移

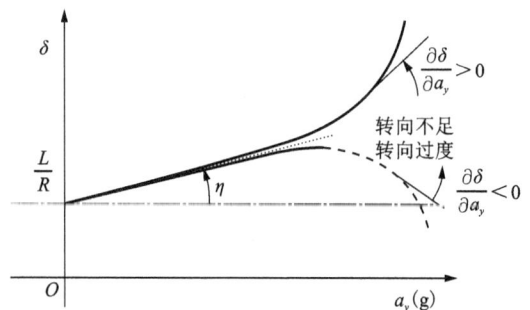

图 5-57 稳态转向特性

角相交。这意味着在前后轴上具有相同滑移角的稳态情况，因此 $\delta=\dfrac{L}{R}$。这只有在图 5-57 中的曲线向下弯曲的情况下才有可能，即意味着在侧向加速的区域内车辆有表现为过度的情况（根据定义 4）。注意后桥在该交点处饱和，即车辆后轴率先侧滑。如果车轴特征不相交，则出现上弯曲线的情况，其中车辆保持不足直到它在前轴侧滑。

假设新的线性轴特性并更仔细地分析车辆的稳态转向行为。运动转向的条件可以在稳态条件下由方程式推导出来。结合式(5-254)分析如下。

轨迹曲率增益为

$$\left(\frac{1/R}{\delta}\right)=\frac{L\cdot C_{\alpha1}\cdot C_{\alpha2}}{L^2\cdot C_{\alpha1}\cdot C_{\alpha2}+m\cdot u^2\cdot N_\beta} \tag{5-261a}$$

车身侧倾角增益为

$$\left(\frac{\beta}{\delta}\right)=\frac{b\cdot L\cdot C_{\alpha1}\cdot C_{\alpha2}-a\cdot C_{\alpha1}\cdot m\cdot u^2}{L^2\cdot C_{\alpha1}\cdot C_{\alpha2}+m\cdot u^2\cdot N_\beta} \tag{5-261b}$$

横摆角速度增益为

$$\left(\frac{r}{\delta}\right)=\frac{u\cdot L\cdot C_{\alpha1}\cdot C_{\alpha2}}{L^2\cdot C_{\alpha1}\cdot C_{\alpha2}+m\cdot u^2\cdot N_\beta} \tag{5-261c}$$

侧向加速度增益为

$$\left(\frac{a_y}{\delta}\right)=\frac{u^2\cdot L\cdot C_{\alpha1}\cdot C_{\alpha2}}{L^2\cdot C_{\alpha1}\cdot C_{\alpha2}+m\cdot u^2\cdot N_\beta} \tag{5-261d}$$

如果 $u\to0$，可以核实式(5-261a)和式(5-261b)与阿克曼转角的一致性。

定义稳定性系数 K_s 为

$$K_s=\frac{m\cdot N_\beta}{L^2\cdot C_{\alpha1}\cdot C_{\alpha2}}=\frac{1}{g\cdot L}\cdot\eta \tag{5-262}$$

现在，横摆角速度增益和车身侧倾增益可以写成

$$\left(\frac{r}{\delta}\right)=\frac{u}{L\cdot(1+K_s\cdot u^2)} \tag{5-263a}$$

$$\left(\frac{\beta}{\delta}\right)=\frac{b-B\cdot u^2}{L\cdot(1+K_s\cdot u^2)} \text{ where } B=\frac{a\cdot m}{L\cdot C_{\alpha2}} \tag{5-263b}$$

据此，可以得出两个重要的结论：

(1)如果汽车转向不足，横摆角速度和车身侧倾角增益是有界的。存在横摆角速度增益具有最大的速度 u，这个速度被称为特征车速 u_{ch}。

(2)如果车辆是转向过度，这些增益将在一定速度下变得无界，这时的车速被称为临界车度 u_{cr}。

以下表达式适用于特性和临界车速：

$$u_{ch}^2=\frac{1}{K_s}=\frac{g\cdot L}{\eta},\ \eta>0$$
$$u_{cr}^2=-\frac{1}{K_s}=-\frac{g\cdot L}{\eta},\ \eta<0 \tag{5-264}$$

参照表 5-5 中的数据，建立汽车动力学模型，并按照式(5-264)的关系评估对车辆模型的转向特性进行分析，假设车辆分别具有 $\eta=0.042$ 的转向不足和 $\eta=-0.02$ 的转向过度，那么可得结果为

表 5-5　汽车动力学模型参数

参数	数值	参数	数值
前轴距	1.51 m	质量	1600 kg
后轴距	1.25 m	侧倾转动惯量	880 kg·m²
前轴宽度	1.50 m	俯仰转动惯量	3110 kg·m²
后轴宽度	1.51 m	横摆转动惯量	3280 kg·m²
重心高度	0.57 m	转向比	15
前悬架刚度	1900 N/m	后悬架阻尼	75000 N/m
前悬架阻尼	4100 N/m	后悬架刚度	50000 N/m
前轴等效侧偏刚度	55000 N/°	后轴等效侧偏刚度	98000 N/°

$$U_{ch}=89.3 \text{ km/h}$$
$$U_{cr}=132.5 \text{ km/h} \qquad (5\text{-}265)$$

计算结果见图 5-58：转向过度的增益绝对值递增，中性转向呈线性关系，转向不足在 $u=u_{ch}$ 处出现最大增益。

将式(5-255)扩展至非线性情况时，需建立 δ 与 a_y 的全非线性关系曲线(见图 5-58)。首先对式(5-256)进行逆运算：

$$g_i(a_y)=inv\{f_{yi}(\alpha_i)\}(a_y) i=1,2 \qquad (2\text{-}266)$$

其中，$inv\{f\}$ 表示函数 f 的逆。函数 g_i 在横向加速度 a_y 域内呈现多值性，各分支可单独处理。

由式(5-258)可得：

$$\delta-\frac{L}{R}=\alpha_1-\alpha_2=g_1(a_y)-g_2(a_y)\equiv h(a_y) \qquad (2\text{-}267)$$

该式为式(5-260)的非线性扩展，其中线性项 $\eta \cdot a_y(g)$ 被替换为非线性的 $h(a_y)$。

图 5-58 中的 $\delta-L/R$ 与 a_y/g 关系曲线可通过将 (a_y,δ) 平面上的 g_1 和 g_2 两条曲线垂直相减，或者将 (α_i,f_{yi}) 平面上的，f_{y1} 和 f_{y2} 两条曲线水平相减得到。由于 g_i 的多值性，两条曲线相减的结果并不是唯一的，需选择适当的分支组合。

分支存在的条件是 a_y/g 同时低于两条归一化轴特性曲线的峰值。以图 5-56 所示轴特性为例(见图 5-59 的左图)，虚线对应式(5-267)的 $h(a_y)=\alpha_1-\alpha_2$。由于 f_1 与 f_2 存在交点，$h(a_y)$ 在 $\alpha_1-\alpha_2=0$ 处与 $\delta-L/R=0$ 相交(见图 5-59 右图)。该右图即为图 5-56 轴特性对应的稳态转向性能曲线，左图虚线即为操纵特性曲线。根据定义 1，在操纵特性曲线峰值前车辆呈转向不足，峰值后转为转向过度。值得注意的是，在转向过度范围内仍可能保持 $\alpha_1>\alpha_2$，说明定义 2 在非线性情况下不再适用。

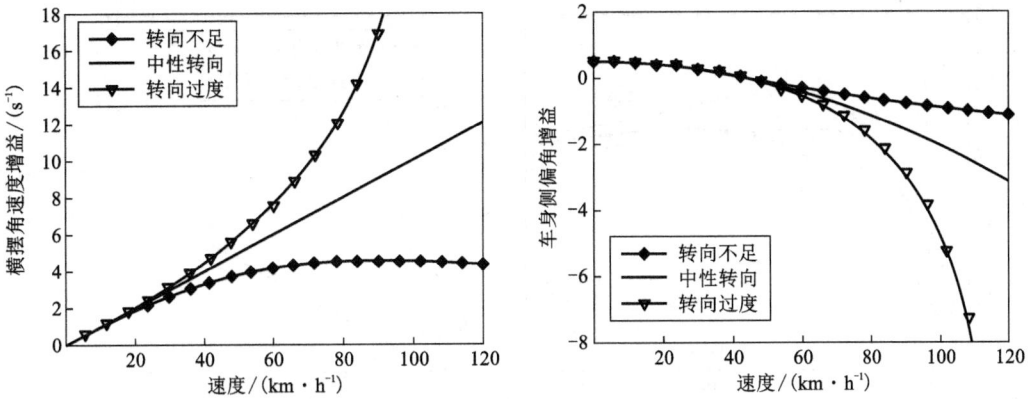

图 5-58　车辆横摆角速度和车身侧偏角增益

对于无交点的轴系特性(见图 5-60 左图),非线性操纵特性曲线持续上升(见图 5-60 右图),表明车辆在整个 a_y 范围内保持转向不足。此时 a_y/g 与 $\alpha_1-\alpha_2$ 的关系由 f_{y1} 的峰值决定。

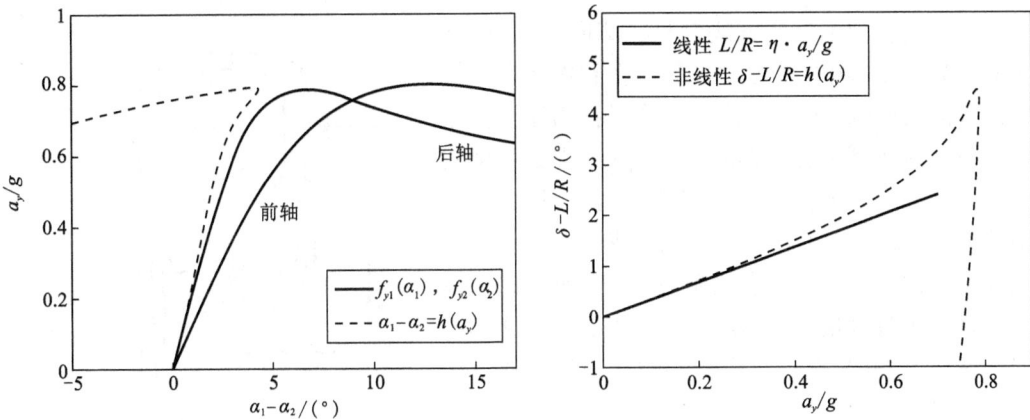

图 5-59　操纵曲线(示例 1)

这些图清楚地表明,车辆转向特性直接取决于其轴特性以及轮胎特性。转向不足区域对应于其中的情况为

$$\frac{\partial f_{y1}(\alpha_1)}{\partial \alpha_1} < \frac{\partial f_{y2}(\alpha_2)}{\partial \alpha_2} \tag{5-268}$$

如果将 η 替换为如下表达式,定义 3 仍然成立:

$$\eta_{\text{nonlinear}} = \frac{1}{\partial f_{y1}(\alpha_1)/(\partial \alpha_1)} - \frac{1}{\partial f_{y2}(\alpha_2)/(\partial \alpha_2)} = \frac{\partial h(a_y)}{\partial a_y} \tag{5-269}$$

其中,a_y 用 g 表示。定义 4 可以从式(5-269)扩展到非线性的情况。

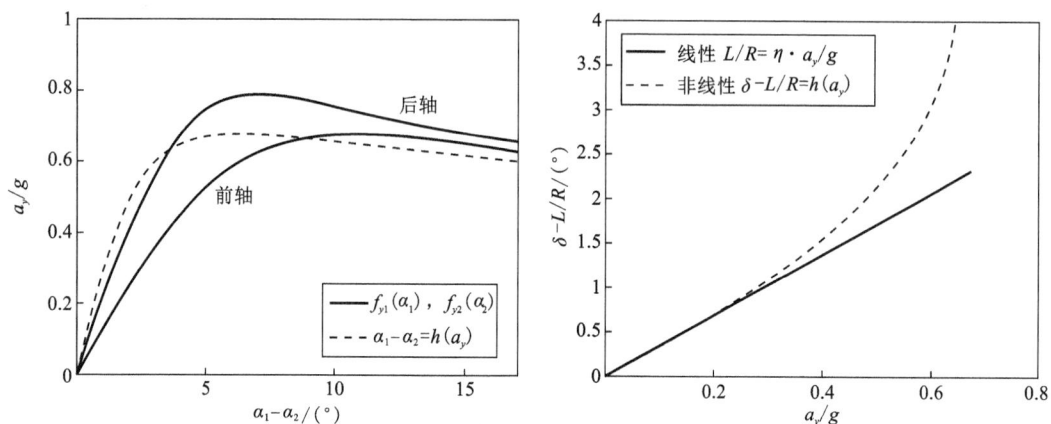

图 5-60 操纵曲线(示例 2)

5.8.3 中性转向点

　　另一分析转向不足的方法是只在侧向力下(转向盘无转角)考虑车辆的动力学方程。受到作用在车辆重心前部的力影响,车辆会产生一个横摆力矩。如果这个力作用在车辆重心后部的一个点上,那么车辆将会产生一个和之前方向相反的横摆力矩。可以想象,在对称的 (x,z) 平面中存在一个点,使得在该点作用任何侧向力都不会产生稳态横臂力矩,即车辆将仅有侧向位移与车身侧偏角度 (β)。定义 P_{NS} 为中性转向点(图 5-61),并相对于车辆重心距离 x 位置的点表示为 x_{NS}。静态余量 M_s 被定义为

$$M_s = \frac{x_{NS}}{L} \tag{5-270}$$

其中, L 为轴距。

　　侧向力 F_y 必须等于前后两轴侧向力的总和。因为横摆角度为零,每个轴有相同的侧偏角 β,所以有

$$F_y = F_{y1}(\beta) + F_{y2}(\beta) \tag{5-271}$$

对于线性轴而言:

$$F_y = Y_\beta \cdot \beta = -(C\alpha_1 + C\alpha_2)\beta \tag{5-272}$$

x_{NS} 的计算通过车辆重心位置的力矩平衡:

$$x_{NS} = \frac{a \cdot F_{y1}(\beta) - b \cdot F_{y2}(\beta)}{F_{y1}(\beta) + F_{y2}(\beta)} \tag{5-273}$$

对于线性轴而言:

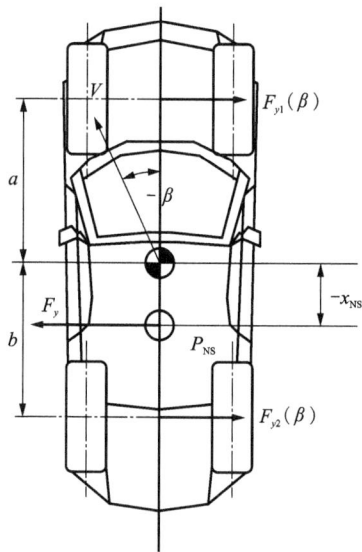

图 5-61　车辆在侧向力 F_y 下
作用于中性转向点

$$x_{NS} = \frac{a \cdot C_{\alpha 1} - b \cdot C_{\alpha 2}}{C_{\alpha 1} + C_{\alpha 2}} = \frac{N_\beta}{Y_\beta} \tag{5-274}$$

如果中性转向点在重心之后，线性特性轴将会如何？比如：$x_{NS}<0$。当车辆没有这个力时，作用在车辆上的力将会导致侧偏运动。因此，前轴的侧偏角将增大（以 $a \cdot r/V$ 表示），并且后桥的侧偏角将会减少。因此，$\alpha_1 - \alpha_2$ 将会增加，这意味着车辆转向不足。

如果中性转向点位于重心之前，则情况正好相反。当车辆受到作用于重心的力（例如，侧风）时，侧滑会使车辆远离该力。然而，由此产生的横摆运动将使车辆有朝该力靠近的趋势，即抵抗外力作用。

在这种情况下，$\alpha_1 - \alpha_2$ 将减小，这意味着车辆表现为过度转向。比较式（5-274）和式（5-260），得出 x_{NS} 与 $-\eta$ 具有相同的符号。这两种情况（转向不足和转向过度）如图 5-62 所示，并在表 5-6 中进行了总结。

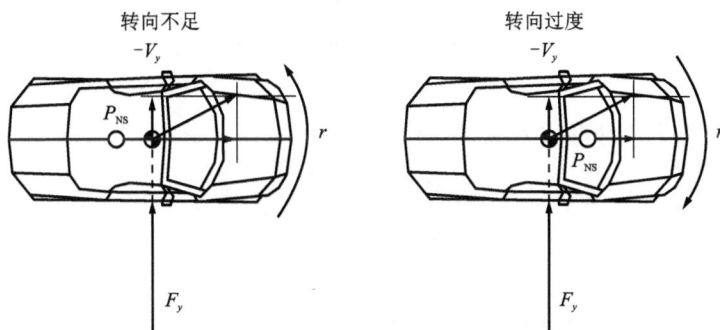

图 5-62　车辆无转向时对外力的反应

表 5-6　转向特性和中性转向点

表现	η	$\alpha_1 - \alpha_2$	x_{NS}	M_S
转向不足	>0	>0	<0	<0
转向过度	<0	<0	>0	>0

5.9　非稳态分析

5.9.1　横摆稳定性

这一部分将讨论动力学方程式（5-218）的解。在 5.7 节已经探究了稳态下式（5-218）的解，并且观察到转向不足和转向过度在汽车稳态表现方面的关系。

现在来探究一下这些稳态解的稳定性，并使稳态的结果线性化。将前轴和后轴的轴特性曲线在稳态滑移角 α_1，α_2 处的曲线斜率表示为 A_1 和 A_2（图 5-63），值得一提的是，如果轴特性是线性的，它们的曲线斜率和侧偏刚度 $C_{\alpha 1}$，$C_{\alpha 2}$ 就是一样的。通过在稳态解附近线性化，可以将系统的状态变量由 v 和 r 转化为 d_v 和 d_s，$d_v = v - v_s$ 和 $d_r = r - r_s$，下标 s 表示稳态工况。

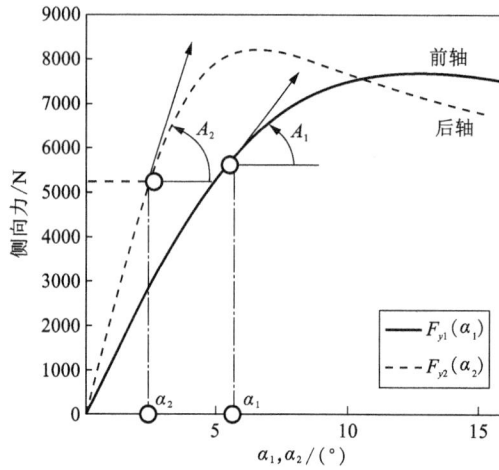

图 5-63 侧向轮胎力稳态解

令 d_v 和 d_s 有以下这种形式的解（见附录 2）：

$$d_v = K_v \cdot e^{\lambda \cdot t}$$
$$d_r = K_r \cdot e^{\lambda \cdot t}$$

(5-275)

从而得出等式

$$\begin{pmatrix} m \cdot \lambda + \dfrac{A_1 + A_2}{u} & m \cdot u + \dfrac{a \cdot A_1 - b \cdot A_2}{u} \\ \dfrac{a \cdot A_1 - b \cdot A_2}{u} & J_z \cdot \lambda + \dfrac{a^2 \cdot A_1 + b^2 \cdot A_2}{u} \end{pmatrix} \cdot \begin{pmatrix} K_v \\ K_r \end{pmatrix} = \begin{pmatrix} 0 \\ 0 \end{pmatrix}$$

(5-276)

由系数矩阵的行列式运算即可推出系统的特性方程

$$m \cdot J_z \cdot u^2 \cdot \lambda^2 + u \cdot \lambda \cdot (J_z \cdot (A_1 + A_2) + m \cdot a^2 \cdot A_1 + m \cdot b^2 \cdot A_2) + A_1 \cdot A_2 \cdot J \cdot L^2 - m \cdot (a \cdot A_1 - b \cdot A_2) = 0$$

(5-277)

汽车在稳态点附近的局部稳定性是由式(5-277)的特征值决定的，在附录 2 探究了这种稳定性和局部表现的类型（震荡的，单调的）。假定轴特性是线性的，其中 A_1 和 A_2 分别替换成 $C_{\alpha 1}$，$C_{\alpha 2}$。如果令 $J_z = m \cdot a \cdot b$，这些等式以及所有从式(5-277)推导出的等式都会更加简单。在这种情况下，式(5-277)变成

$$a \cdot b \cdot m^2 \cdot u^2 \cdot \lambda^2 + m \cdot u \cdot \lambda \cdot L \cdot (a \cdot C_{\alpha 1} + b \cdot C_{\alpha 2}) + C_{\alpha 1} \cdot C_{\alpha 2} \cdot L^2 - m \cdot u^2 \cdot (a \cdot C_{\alpha 1} - b \cdot C_{\alpha 2}) = 0$$

(5-278)

对于任意的正实数 J_z，式(5-277)所对应的系统稳定性是不变的。根据式(5-262)的定义，可以得到转向不足系数为：

$$\eta = \frac{m \cdot g}{L \cdot C_{\alpha 1} \cdot C_{\alpha 2}} \cdot (b \cdot C_{\alpha 2} - a \cdot C_{\alpha 1})$$

(5-279)

将结果代入式(5-277)可得

$$\lambda^2 + \frac{L \cdot (a \cdot C_{\alpha 1} + b \cdot C_{\alpha 2})}{m \cdot u \cdot a \cdot b} \cdot \lambda + \frac{C_{\alpha 1} \cdot C_{\alpha 2} \cdot L \cdot \eta}{m^2 \cdot a \cdot b \cdot g} \cdot \left(1 + \frac{g \cdot L}{\eta \cdot u^2}\right) = 0$$

(5-280)

该方程通常有三个解 λ_{12}，根据 ζ 的取值范围，可以分三种情况，写为：

$\lambda_{12} = -\zeta \cdot w_0 \pm w_0 \cdot \sqrt{\zeta^2 - 1}$，如果 $\zeta > 1$（过阻尼的）。

$\lambda_{12} = -w_0$，如果 $\zeta = 1$（临界阻尼）。

$\lambda_{12} = -\zeta \cdot w_0 \pm i \cdot w_0 \cdot \sqrt{1 - \zeta^2}$，如果 $\zeta < 1$（欠阻尼的）。

其中

$$w_0^2 = \frac{C_{\alpha 1} \cdot C_{\alpha 2} \cdot L \cdot \eta}{m^2 \cdot a \cdot b \cdot g} \cdot \left(1 + \frac{g \cdot L}{\eta \cdot u^2} \right) \tag{5-281}$$

$$\zeta = \frac{L \cdot (a \cdot C_{\alpha 1} + b \cdot C_{\alpha 2})}{2 \cdot m \cdot u \cdot a \cdot b \cdot w_0} \tag{5-282}$$

对于正的 ζ 和 ω_0^2，那么特征值将具有负的实部（或是负实数），这意味着系统是渐近稳定的。当系统的全部特征值均均为负实数时，系统是过阻尼的，在这种情况下，任何偏离系统稳定点的状态都将表现为非振荡的衰减，这种情况对应于附录 2 中描述的双侧节点。而系统的特征值具有非零虚部时，系统是欠阻尼的，意味着偏离系统稳定点的状态将呈现振荡衰减的趋势，这对应于附录 2 中描述的焦点或螺旋点。

在之前的内容中已经介绍过，如果 $\eta > 0$，车辆是转向不足的；如果 $\eta < 0$，车辆是转向过度的。根据转向不足系数随车速的变化规律，结合式（5-281）可知

如果 $\eta > 0$，则有 $\omega_0^2 > 0$ 对所有的速度 u 都成立；

如果 $\eta < 0$，则有 $\omega_0^2 > 0$ 当且仅当 $u < u_{cr}$ 时成立。

其中，u_{cr} 由表达式（5-264）给出。此外，联立式（5-281）和（5-282）还可以证明

如果 $\eta > 0$，则 $\dfrac{\mathrm{d}\zeta}{\mathrm{d}u} < 0$ 对所有速度 $u > 0$ 都成立；

如果 $\eta < 0$，则 $\dfrac{\mathrm{d}\zeta}{\mathrm{d}u} > 0$ 当且仅当 $0 < u < u_{cr}$ 时成立。

从式（5-281）可知，对于具有转向不足特性的车辆，当速度 u 较大时，ω_0 会趋近于一个有限的正值，这意味着 ζ 将变得非常小，即 $0 < \zeta \ll 1$；而对于较小的速度 u，当 $a \cdot C_{\alpha 1} \neq b \cdot C_{\alpha 2}$ 时，ζ 的值将趋近于

$$\zeta \rightarrow \frac{a \cdot C_{\alpha 1} + b \cdot C_{\alpha 2}}{2 \cdot \sqrt{a \cdot b \cdot C_{\alpha 1} \cdot C_{\alpha 2}}} > 1$$

因此，转向不足的车辆在达到一定速度之前会对呈现出过阻尼响应，而在超过该速度后则会表现出欠阻尼响应。对于转向过度的车辆，只有在速度小于临界速度 u_{cr} 时才是稳定的。根据式（5-281）可知，如果 $u > u_{cr}$ 且 $\eta < 0$，则有 $\omega_0^2 < 0$。此时根据式（5-280）可以计算出车辆系统的特征值为一正一负的两个实数。根据附录 2 可知，这中情况对应于相平面中的一个（不稳定）鞍点。

根据转向不足车辆（$\eta > 0$）、转向过度车辆（$\eta < 0$）和中性转向车辆（$\eta = 0$）三种情况，将 ω_0 和 ζ 与速度 u 的关系绘制在图 5-64 和图 5-65 中。观察转向过度车辆在临界速度 u_{cr} 附近的 ω_0 变化规律可知，当 $u > u_{cr}$ 时，车辆系统将不存在特征频率，且对于任意的速度 u，车辆系统始终为过阻尼的，即 $\zeta > 1$。而转向不足车辆在速度较低时表现为过阻尼的，随着速度上升逐渐转变为欠阻尼的（参见图 5-65）。

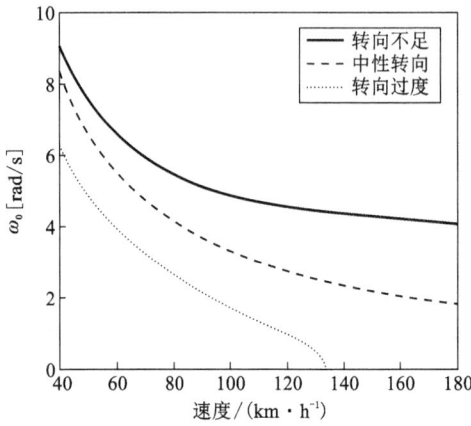

图 5-64 不同转向特性车辆的转向速度随车速变化

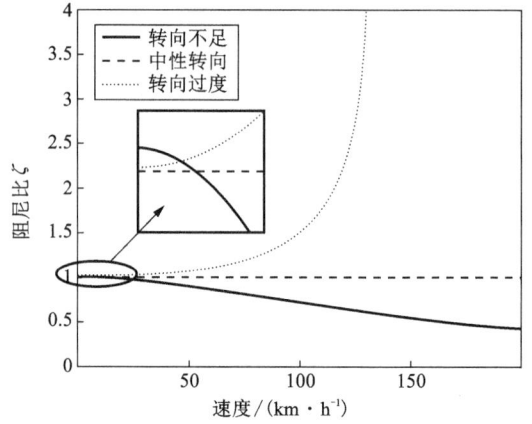

图 5-65 阻尼比 ζ 与速度 v 的曲线

接下来考虑方向盘输入为阶跃或斜坡转向的情况。假设转向角的阶跃变化，前轴侧偏角 α_1 也将经历阶跃变化，从而导致前轴侧向力和侧向加速度的瞬时变化（见附录1）。然后，横摆速率开始变化，导致后轴侧向力、侧向加速度随之增加。最终，车辆在横摆速率可能在超调后逐渐达到稳定。这种超调表明在稳态横摆速率附近具有欠阻尼振荡特性，对应于相平面中的一个焦点或螺旋点（见附录2）。当达到最大横摆速率时，后轴的侧向滑移仍在增加。因此，侧向加速度（以及车辆的侧向速度）响应将滞后于横摆

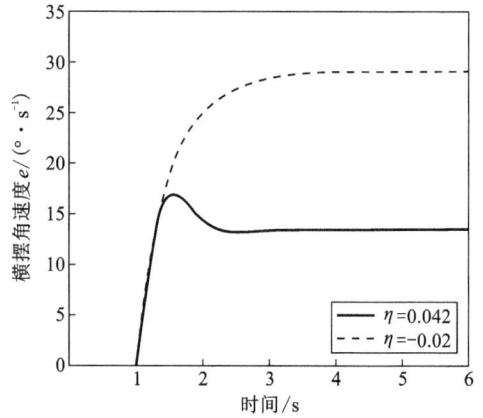

图 5-66 斜坡脉冲转向下的横摆角速度变化

速率。当采用阶跃（或斜坡）转向输入时，车辆将首先横摆然后漂移。我们使用了附录1中的状态空间模型，针对两种不同的转向不足系数值，绘制了斜坡转向的横摆速率响应（速度为120 km/h，最大转向角为3°），如图5-66所示。对于 $\eta>0$ 的情况，图中显示出明显的超调过程，而对于 $\eta<0$ 的情况则没有。此外，从图中还可以观察到转向过度车辆的横摆速率稳态值（即横摆速率增益）远大于转向不足车辆，这一对比在图5-58中也有展示。在相同斜坡转向输入下的车身侧偏角响应如图5-67所示。

当车辆直线行驶时，若受到突然的侧向力作用（例如路面横向坡度突变或侧向风干扰），这种力被称为侧向阶跃输入。对于中性转向的车辆，中性转向点位于车辆质心的后方；而对于转向过度的车辆，中性转向点位于质心前方（见表5-6）。因此，当在质心处施加突然的侧向力扰动 F_e 时，中性转向车辆的稳态响应将仅有侧向漂移，即恒定的车身侧偏角而无横摆运动。对于转向不足车辆，侧向力 F_e 作用于中性转向点前方，因而车辆将产生横摆速率的稳态响应，使其远离侧向力的来源。类似地，转向过度车辆（或侧向力作用于中性转向点后方时）将朝侧向力的来源方向移动。不同转向特性车辆对阶跃输入的轨迹响应如图5-68所示。考

168

虑行驶在横向坡道上的车辆，由于道路倾斜，车辆一直受到一个施加在中性转向点的侧向力。这种情况下，转向不足的车辆将远离该力作用方向运动，即沿坡道向下行驶，而转向过度的车辆则会沿坡道向上行驶。这是一种有效判定车辆转向不足特性的方法。

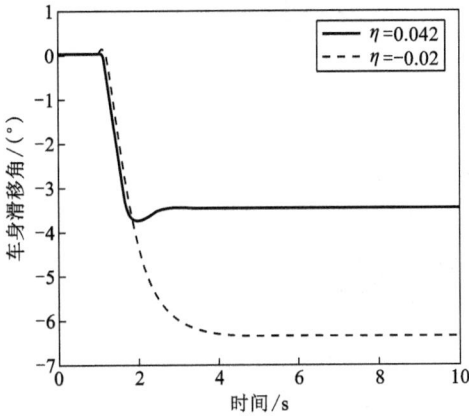

图 5-67　斜坡脉冲转向下的车身滑移角变化

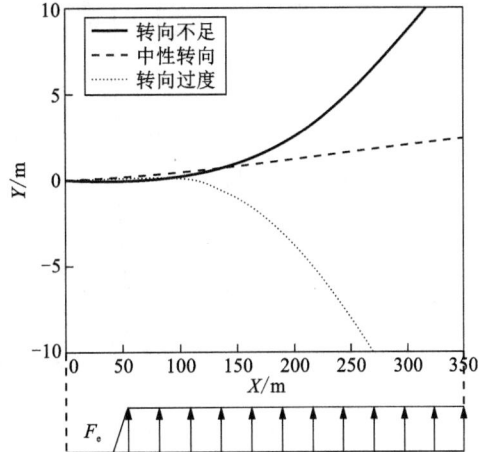

图 5-68　侧向力作用在重心时的斜坡脉冲角输入的汽车反馈

引入归一化侧偏刚度 $c_{\alpha i}$ 来进一步分析车辆的稳定性，其定义为：

$$c_{\alpha i}=\frac{\partial f_{yi}(\alpha_i=0)}{\partial \alpha_i}=\frac{C_{\alpha i}}{F_{zi}},\ i=1,\ 2$$

通过在 $(c_{\alpha 2},\ c_{\alpha 1})$ 平面上标示出不同稳定性所对应的区域，可以得到车辆的稳定性图。在图中，以下几方面的车辆特性转变过程(或者说其对应的关键参数阈值)是需要重点分析的：

ⅰ. 转向不足到转向过度的转变。

根据转向不足的定义和式(5-260)，转变条件为：

$$c_{\alpha 2}-c_{\alpha 1}=0$$

ⅱ. 稳定转向过度到不稳定转向过度的转变。

这一转变对应于 η 的负向增大导致 ω_0 消失的情况。利用式(5-281)和 η 的定义式(5-260)，得到：

$$-\eta=\frac{1}{c_{\alpha 2}}-\frac{1}{c_{\alpha 1}}=\frac{g\cdot L}{u^2} \tag{5-283}$$

根据上式可以在稳定性图中得到一条通过原点、角度为 45° 的曲线，并且以下位置有一条垂直与坐标系横轴的渐近线。

$$c_{\alpha 2}=\frac{u^2}{g\cdot L} \tag{5-284}$$

ⅲ. 低速转向不足车辆在其稳态解附近从振荡行为到非振荡行为的转变。

这一转变对应于 $\zeta=1$ 且 η 为正的情况。利用式(5-281)、(5-282)和式(5-260)，得到：

$$c_{\alpha 2}-c_{\alpha 1}=\frac{4\cdot u^2}{g\cdot L} \tag{5-285}$$

在不同速度 u_1 和 $u_2 > u_1$ 条件下的，以上三种稳定特性转变的边界曲线在 $(c_{\alpha 2}, c_{\alpha 1})$ 平面上绘制如图 5-69 所示。

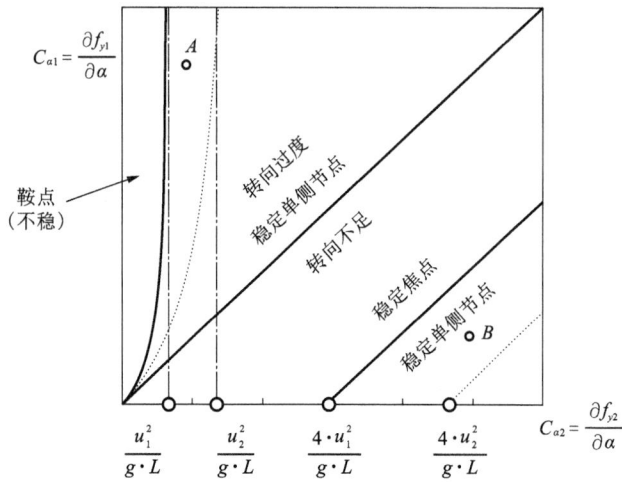

图 5-69　线性单轨汽车模型的稳定性

对于速度 u_1，车辆在实双曲线右侧区域内都是稳定的。左侧则是转向过度且不稳定，稳态解在相平面中为鞍点。稳定区域分为三个区域：一个为转向过度但稳定的区域，一个为转向不足且在相平面稳态点附近具有振荡行为的区域，另一个为稳定转向不足且在局部无振荡行为的区域。

考虑图中点 A，在速度 u_1 下对应与车辆稳定的情况；在速度 u_2 下则对应于部稳定的情况，渐近线右移并超过了该点的位置。对于任一位于直线 $c_{\alpha 1} = c_{\alpha 2}$ 上方的点，总存在一个足够大的速度 u，使得渐近线 $c_{\alpha 2} = u^2/(g \cdot L)$ 移动到该点的右侧，从而导致转向过度车辆的失稳。

接下来考虑点 B，在速度 u_1 下，对应该点的车辆对阶跃或斜坡转向输入的响应是单调收敛的；随着速度增加到 u_2，响应曲线变为有超调的（如图 5-67 所示）。换句话说，假设轴特性的侧偏刚度是线性的，那么在速度不太低的情况下，车辆会在阶跃转向工况中出现超调的响应特性。

最后，我们通过根轨迹图展示了线性单轨车辆模型特征值变化规律，即特征方程（5-278）的解。根轨迹图的重要性在于可以读取特定参数（如车辆速度）对阻尼固有频率（虚部）和阻尼比（特征值与虚轴之间的角度）的影响。通过改变车辆速度并绘制转向不足和转向过度情况下的一系列特征值，可以观察到随速度增加，阻尼固有频率增加而阻尼比减小。转向过度车辆在超过某一临界速度后会变得不稳定，具体表现特征值为进入右半复平面。在图 5-71 中，给出了前轴侧偏刚度和惯性（质量、横摆转动惯量）增加时的特征值变化情况。较大的惯性会降低特征频率，而较大的前轴侧偏刚度也会导致较低的特征频率，但在低速时，车辆将具有更大的阻尼比。

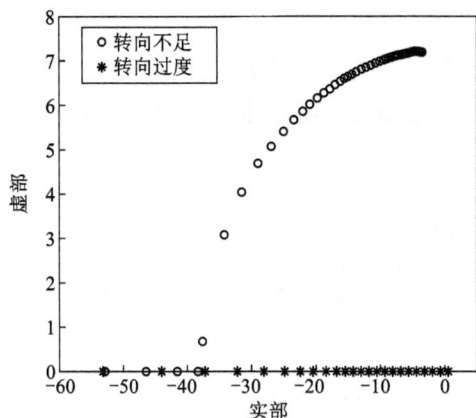

图 5-70　根轨迹图(转向不足和转向过度)

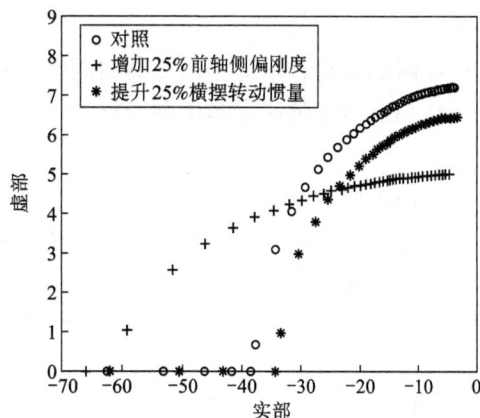

图 5-71　根轨迹图(转向不足且参数不同的汽车)

5.9.2　频域响应

本节研究车辆在以下振荡转向输入下的线性响应特性:

$$\delta(t) = A_\delta \cdot e^{i \cdot \Omega \cdot t} \tag{5-286}$$

假设车辆的轴特性均为线性的,运动方程由式(5-221)给出。将式(5-286)代入方程,可以解得横摆速率与车身侧偏角的响应分别为:

$$r(t) = A_r \cdot e^{i \cdot \varphi_r} \cdot e^{i \cdot \Omega \cdot t} \tag{5-287}$$

$$\beta(t) = A_\beta \cdot e^{i \cdot \varphi_\beta} \cdot e^{i \cdot \Omega \cdot t} \tag{5-288}$$

根据附录 3 中的伯德图(Bode diagrams)绘制方法,可以得到频率传递函数 $G(i \cdot \Omega)$ 的图形表示定义为:

$$x = G(i \cdot \Omega) \cdot u \tag{5-289}$$

输入 u(转向角,幅值 A_δ)与状态 x(横摆率或车身侧偏角)的关系则通过式(5-286)~式(5-288)推导出:

$$G_r(i \cdot \Omega) = \frac{A_r}{A_\delta} \cdot e^{i \cdot \varphi_r} \tag{5-290}$$

$$G_\beta(i \cdot \Omega) = \frac{A_\beta}{A_\delta} \cdot e^{i \cdot \varphi_\beta} \tag{5-291}$$

结合式(5-221),得到频率传递函数表达式:

$$G_r(i \cdot \Omega) = \frac{C_{\alpha 1}}{m \cdot J_z \cdot V} \cdot \frac{L \cdot C_{\alpha 2} + i \cdot a \cdot m \cdot V \cdot \Omega}{\omega_0^2 + 2 \cdot i \cdot \zeta \cdot \omega_0 \cdot \Omega - \Omega^2} \tag{5-292}$$

$$G_\beta(i \cdot \Omega) = \frac{C_{\alpha 1}}{m \cdot J_z \cdot V^2} \cdot \frac{b \cdot L \cdot C_{\alpha 2} - a \cdot m \cdot V^2 + i \cdot J_z \cdot V \cdot \Omega}{\omega_0^2 + 2 \cdot i \cdot \zeta \cdot \omega_0 \cdot \Omega - \Omega^2} \tag{5-293}$$

式中,ω_0 和 ζ 由式(5-281)和式(5-282)定义,并采用了简化假设 $J_z \approx m \cdot a \cdot b$。

利用伯德图绘制了不同车速下转向不足车辆的频率响应,如图 5-72(横摆率)和图 5-73(车身侧偏角)所示。从图中可以观测到:

- 横摆速率阻尼随车速增加而降低，车身侧偏角阻尼(漂移特性)亦呈现相同趋势(与图5-65一致)。
- 阻尼固有频率随车速升高向高频区移动(与图5-72规律一致)。
- 稳态增益随速度非单调变化，150 km/h 的速度已超出车辆特征速度范围(参见图5-58)。
- 高速低频段(低于横摆共振频率)出现轻微的相位超前现象。
- 速度 30 km/h 时车身侧偏角的幅值响应接近零(见图5-58)。
- 速度提升至 40 km/h 附近时，车身侧偏角稳态值的符号发生反转(见图5-58)，导致其相位在高速区出现 180°转变(如图5-73所示)。

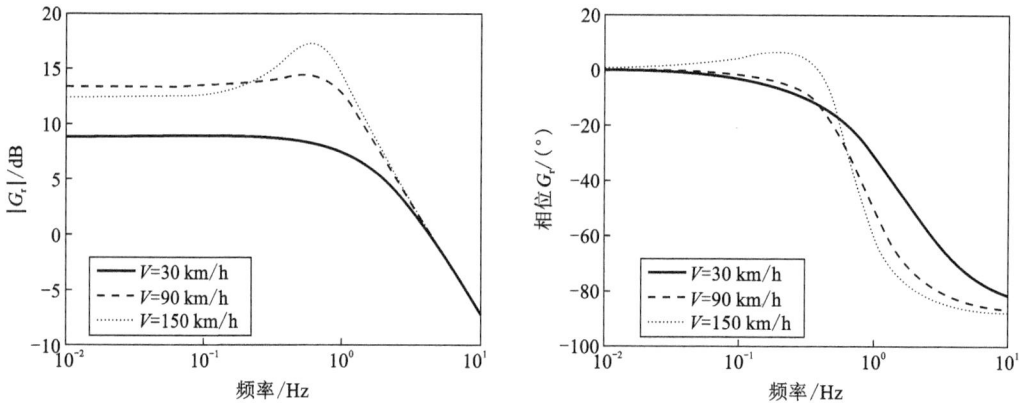

图 5-72　横摆角速度频率转化伯德图

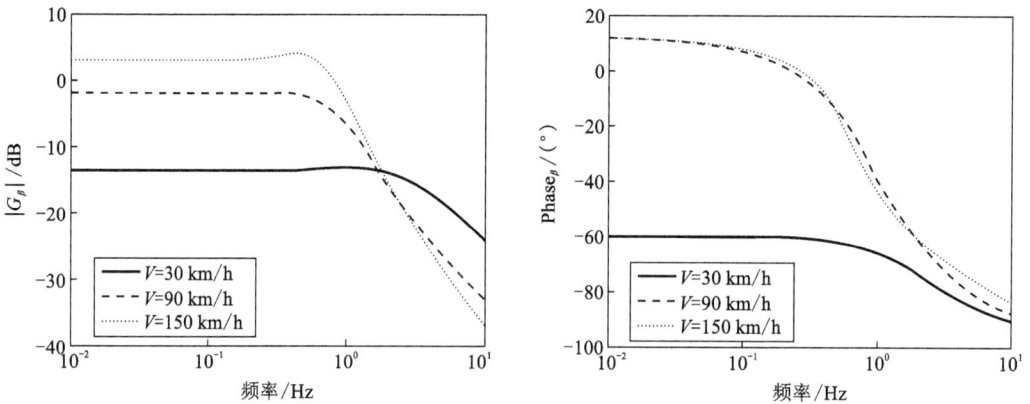

图 5-73　车身滑移角频率转化伯德图

5.9.3　操纵图

当车辆转向角 δ 保持不变时，车辆会达到一个稳态转向状态，它会以特定曲率半径 R 沿圆形路径行驶，并以一定速度 V 维持该运动。以上这些参数之间并不是相互独立的，前文稳态分析中指出，车辆的稳态转向方程组可能存在多个稳态解(我们以下角标 s 表示)，而这些解决定了车辆的全局稳定性特性。由此引出以下问题：

- 对于非线性车辆（即轴特性非线性），若已知三个参数（速度、曲率半径和/或转向角）中的两个，第三个参数如何依赖于这两个参数？其依赖关系与轴特性有何关联？
- 轴特性以及速度、曲率半径和转向角这三个相互依赖参数的选择如何影响稳态解的数量？

这些问题可通过操纵图（handling diagram）进行分析解答，该图最早由 Pacejka 提出并深入讨论。如图 5-60 所示，左侧图表同时展示了归一化轴特性及其水平差分后得到的曲线（称为操纵曲线）。这些操纵曲线描述了稳态条件下侧偏角差 $\alpha_1-\alpha_2$ 与横向加速度 a_y/g 之间的关系，直观呈现了车辆的操纵性能。当车辆缓慢加速至保持稳态行为时，该曲线可显示车辆在不同速度下的转向不足或转向过度程度。值得注意的是，此曲线仅取决于轴特性，而与转向角或曲率半径无关。

考虑车辆既可能左转也右转的实际情况（即 a_y 的正负值），并利用以下关系式

$$\alpha_1-\alpha_2=\delta-\frac{L}{R} \tag{5-294}$$

可以将图 5-60 中的虚线操纵曲线转化为图 5-74 所示的操纵曲线。稳态解必须位于该操纵曲线的交点上，图中同时标出了线性近似条件下的转向不足梯度 η（按式（5-260）定义）。

由于表达式（5-267）中的函数 $h(a_y)$ 具有多值性，应包含更多分支，这些额外分支对应于 f_{y1} 或 f_{y2} 的斜率为负时的情况。为了简化讨论，本节将重点讨论通过原点且可延伸至较大横向加速度的分支。

将操纵曲线与侧向加速度关于曲率的表达式相结合，可以得到在稳态条件下的关系式：

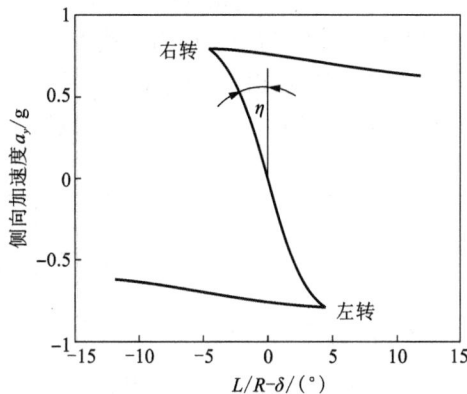

图 5-74　工况 1 的操纵曲线

$$\frac{a_y}{g}=\frac{V^2}{R\cdot g}=\frac{V^2}{L\cdot g}\cdot\frac{L}{R} \tag{5-295}$$

式中，V 为车速，L 为轴距，R 为弯道半径。换言之，归一化侧向加速度是关于无量纲曲率 L/R 的线性函数，且该线性关系的斜率随 V^2 的增大而增大，且有横摆角速度 $r=V/R$，如图 5-75 所示。图 5-74 中的非线性操纵曲线，展示的是 a_y/g 与 $L/R-\delta=\alpha_1-\alpha_2$ 的关系；图 5-75 中的线性关系曲线（称为速度曲线），展示的是 a_y/g 与 L/R 的关系。通过将图 5-75 的线性曲线沿横轴向左平移距离 δ（转向角），可使两图横坐标重合，最终合并为图 5-76（此处选取车速 $V=70$ km/h）。此组合曲线称为操纵图。

由于稳态解对应于以上两条曲线的交点位置，图 5-76 中通过平移 $\delta=4°$ 后的直线与操纵曲线交于三个点，分别记作 1、2、3。其中，解 1 为稳定解，解 2 和解 3 为不稳定解，后面将进一步分析。

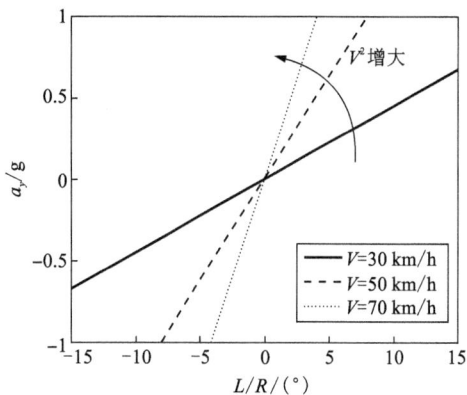

图 5-75　侧向加速度和无量纲参数曲率 L/R 的关系

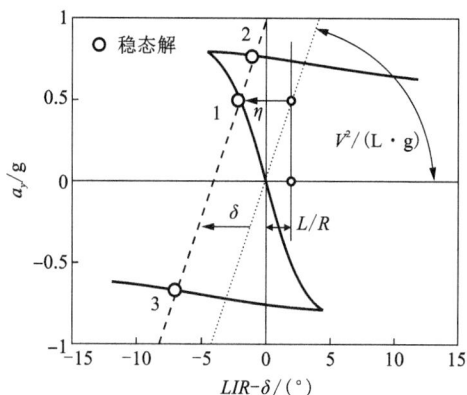

图 5-76　操纵图

操纵图通过单一图像整合了 R、V、δ 三个参数的影响关系:车速 V 决定了速度曲线的斜率(见式(5-295));转向角 δ 体现为速度曲线沿横轴的平移量,他决定了交点的位置;曲率 L/R 由原始速度曲线与稳态横向加速度共同决定。

接下来考虑如何在已知 R、V、δ 中两个参数的条件下,求解第三个参数,如图 5-77 所示。根据已知参数的不同,可以分别通过以下流程确定第三个参数:

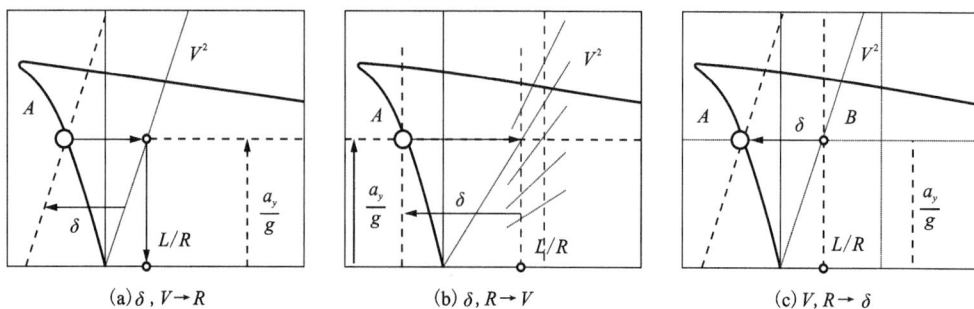

图 5-77　从操纵图像中获取稳态参数

- 已知 δ 和 V

根据车速 V 确定速度曲线斜率;将曲线左移 δ 后与操纵曲线交于点 A;由点 A 的纵坐标计算横向加速度 a_y/g,进而确定 L/R。

- 已知 δ 和 L/R

绘制垂直于横轴的直线 L/R,并将其左移 δ 后与操纵曲线交于点 A;由点 A 的纵坐标计算 a_y/g,通过原点与点(L/R,a_y/g)的连线斜率确定 V^2,进而求得车速 V。

- 已知 V 和 L/R

速度曲线与垂线 L/R 交于点 B,得到对应 a_y/g;点 B 与操纵曲线上稳态点 A 的水平距离即为转向角 δ。

操纵图可用于分析稳态解的出现规律及其对侧向加速度 a_y、转向角 δ、车速 V 和弯道半

径 R 的影响。以下结论可通过操纵图直接验证：

ⅰ. 固定车速 V，增大转向角 δ：横向加速度 a_y/g 增大（曲率增大），但超过临界值后稳定解消失（后轴侧向力饱和导致失稳）。

ⅱ. 固定轨迹半径 R，增大转向角 δ：车速 V 提升，但超过临界 δ 后失稳。

ⅲ. 固定曲率 L/R，增大车速 V：结果与情形 ⅱ 类似。

ⅳ. 固定转向角 δ，增大车速 V：横向加速度 a_y/g 和弯道半径 R 均增大（曲率减小），高速时可能因 δ 过大导致失稳。

根据轴特性的不同，操纵曲线形态及稳态解数量会发生变化。本节进一步分析三种典型的轴特性情况（均设定前轮转向角 $\delta=4°$）。

情况 1：如图 5-78 所示，前轴侧偏刚度较小且前后轴侧偏特性曲线不存在交点，车辆在线性范围内表现为转向不足，选取车速 $V=70$ km/h。这种情况与图 5-77 的区别在于操纵曲线未穿过 a_y-轴，仅显示单一稳态解，且存在最大 a_1-a_2 值。当转向角超过该值时，前轴发生滑移，横向加速度下降。

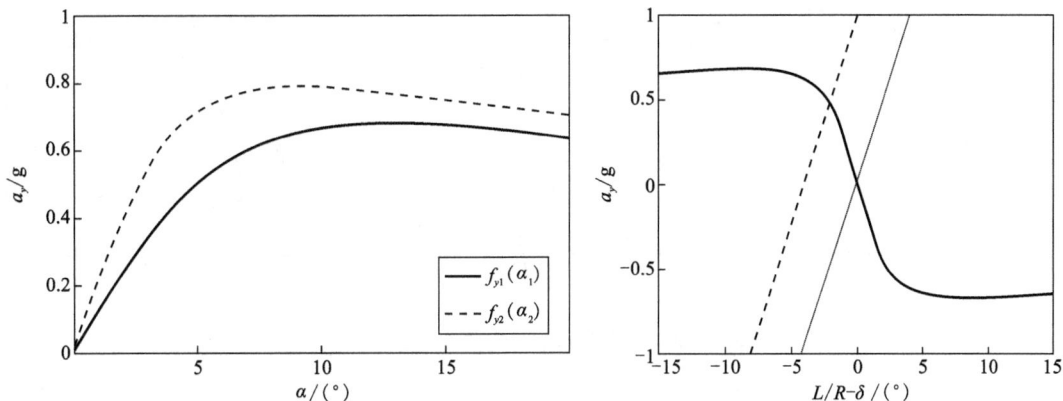

图 5-78　情况 1 的轴特性曲线和操纵曲线

情况 2：如图 5-79 所示，前轴侧偏刚度较大且前后轴侧偏特性曲线不存在交点，车辆在线性范围内表现为转向过度，选取车速 $V=40$ km/h 和 90 km/h。这种情况下的速度曲线斜率在低速时较大（对应 90 km/h），操纵曲线线性段斜率为正（转向不足梯度为负）。与情况 1 类似但呈镜像对称，低速时可能出现多解。

情况 3：如图 5-80 所示，前轴侧偏刚度在小侧偏时较大且前后轴侧偏特性曲线存在交点，车辆在小侧偏时呈转向过度特性大侧偏时呈转向不足特性，选取车速 $V=40$ km/h 和 90 km/h。这种情况下的操纵曲线形状相似于图 5-75，但镜像对称。低速时可能出现多解，高速时中间稳态解的稳定性转移至外侧解。

为进一步分析情况 3 的稳定性，我们绘制出车辆的相平面图，如图 5-81 所示，三幅图分别对应车速 40、60、80 km/h 的情况，转向角均为 $\delta=1°$。从图中可以观察到：低速时仅存在单稳定临界点（双侧节点）；中速时节点演变为稳定焦点；高速时出现鞍点与双稳定焦点，最高速度对应的弯道半径随速度增加而增大。

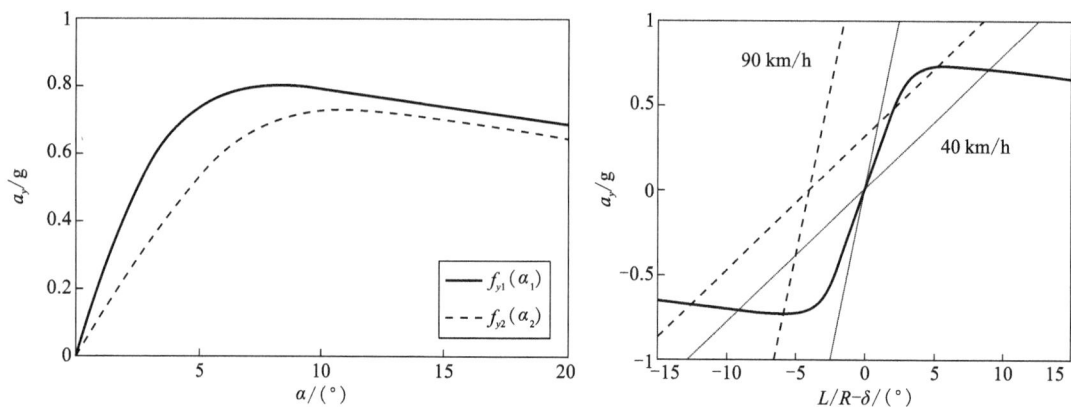

图 5-79　情况 2 的轴特性曲线和操纵曲线

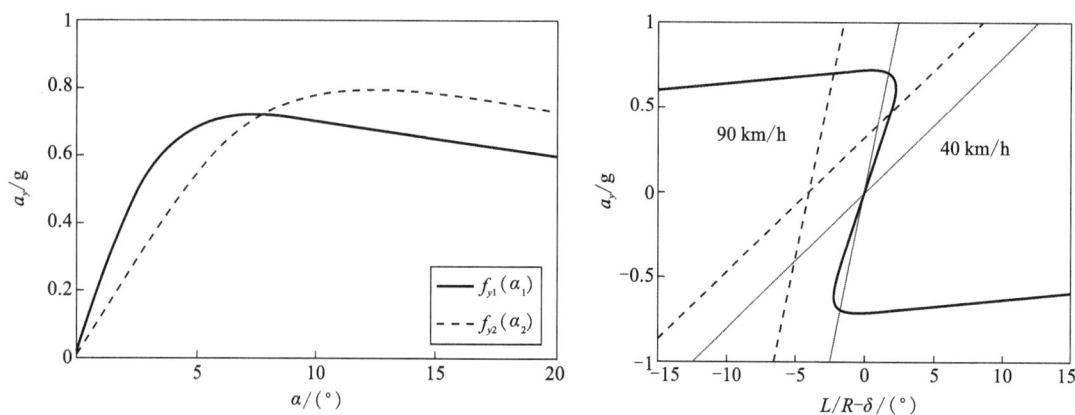

图 5-80　情况 3 的轴特性曲线和操纵曲线

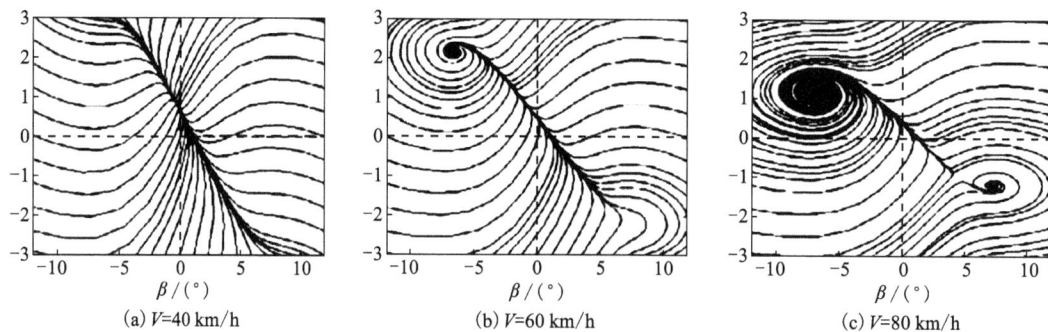

(a) V=40 km/h　　　(b) V=60 km/h　　　(c) V=80 km/h

图 5-81　情况 3 的相平面表达 (转向角 $\delta = 1°$)

5.9.4　MMM 图

在前述章节中，已介绍了用于可视化分析车辆稳态工况、局部与全局稳定性及参数关系的图形评估方法。这些方法适用于非线性轴特性，但其中没有显式体现轴特性的饱和限制（饱和极限取决于车辆与轮胎参数）。为弥补这一缺陷，本节基于相平面表征，引入 Milliken 与 Milliken 定义的两个变量：

横向力系数:

$$C_F = \frac{F_y}{m \cdot g} \qquad (5\text{-}296a)$$

横摆力矩系数:

$$C_M = \frac{M_z}{m \cdot g \cdot L} \qquad (5\text{-}296b)$$

其中, F_y 为车辆侧向力, M_z 为车辆横摆力矩。以图 5-82 左侧所示的轴特性情况为例, 可以绘制出图 5-82 右侧所示的相平面(β-$\dot{\psi}$)曲线(车速 70 km/h, 转向角 2°)。在此基础上, 将(β-$\dot{\psi}$)相平面图形利用式(5-296)转化为(C_F, C_M)相平面, 如图 5-83 所示。从图中可以观察到, 轴特性的饱和限制使相平面呈现出边界闭合包络的特点。在稳态条件下, 车辆无横摆加速度($M_z=0$), 稳态解总是位于 C_F 轴上。稳态解距离原点的距离表示了车辆的附着力情况, 可以看到稳态位置的附着力(轮胎侧向力)利用率大约为 40%。车辆总共具有三个稳态解(见图 5-80 和图 5-77), 另外两个均位于相平面边缘, 它们代表附着力趋于饱和的极端工况。曲线的轨迹表明仅只有当 F_y 与转向角同向式, 才可能存在稳态解。

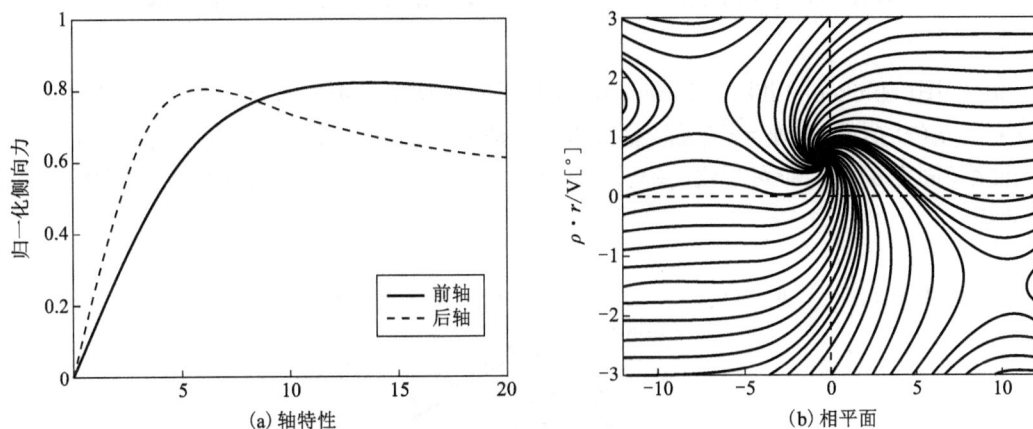

图 5-82　有交点的轴特性曲线及其相平面图

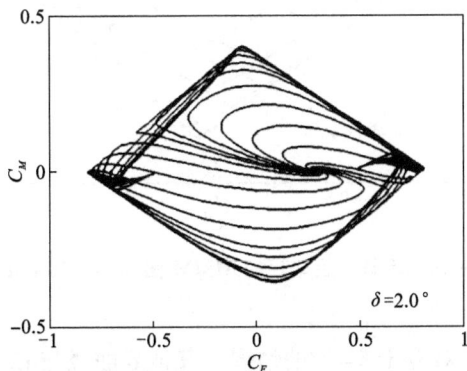

图 5-83　转向不足车辆($V=70$ km/h, $\delta=2°$)
C_F 和 C_M 关系的相平面表达

C_M 轴上的点表示车辆仅有横摆力矩而无侧向力的情况，显然这种情况是不稳定的。图 5-84 中分别给出了转向角为 5° 和 10° 时的 (C_F, C_M) 相平面曲线。从图中可以看到，随着转向角幅度的增大，稳定解沿 C_F 轴向右侧移动移动，且左侧半区的范围缩小，并且当 $\delta = 10°$ 时，车辆已无稳定解存在。

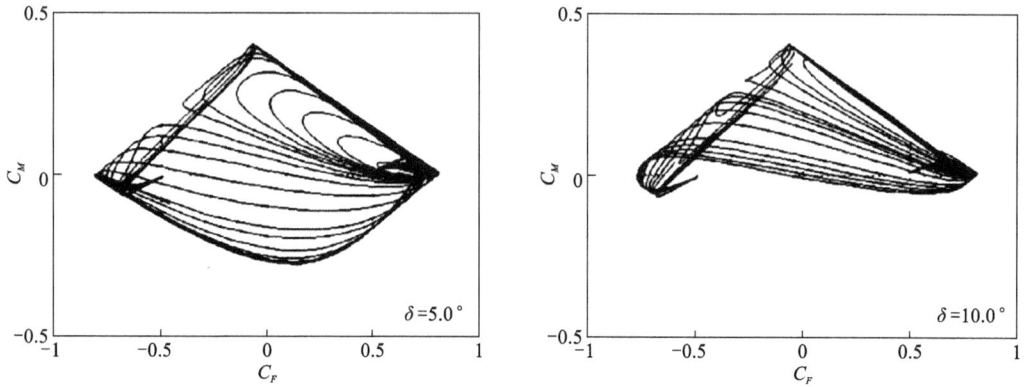

图 5-84　对于转向不足车辆($\delta = 5°$, $10°$, $V = 70$ km/h)的(C_F, C_M)相平面表达

MMM 图(Milliken-Milliken Moment Method)是一种特殊的相平面分析工具，它通过等效关系 $\dot{\psi} \cdot V = a_y$(横摆率×车速=横向加速度)将横摆速度转化为 C_F 的函数，从而将相平面降维为单一曲线(固定 δ)或二维可视化(变化 δ)曲线。图 5-85 展示了具有转向不足特性的车辆的 MMM 图。

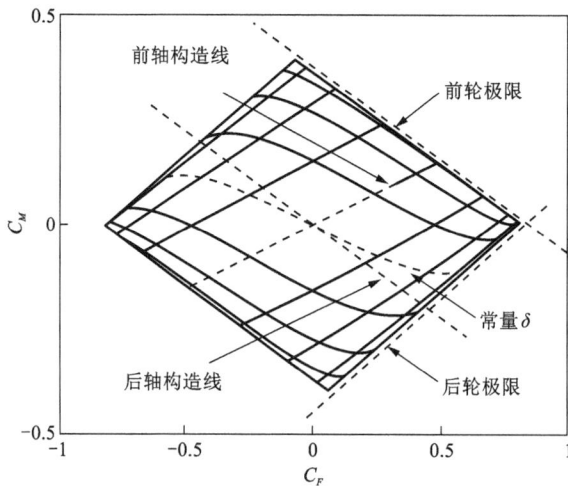

图 5-85　转向不足车辆的 MMM 图像($V = 70$ km/h)

图中穿过原点的 δ 曲线对应于 $\delta = 0°$ 的情况。其他 δ 曲线与 C_F 轴的交点则表示与 δ 对应的稳态解。曲线的包络边界表示前后轮胎的附着力饱和极限。考虑 $\beta = b/R$ 且 $\delta \neq 0°$ 的特殊情况，此时仅有前轴对 C_F 和 C_M 有贡献，即前轴主导：

$$C_M = \frac{a}{L} \cdot \frac{F_{y1}}{m \cdot g} = \frac{a}{L} C_F \qquad (5\text{-}297a)$$

对应的曲线被称为前构造线。相应的，当后轴主导时：

$$C_M = -\frac{b}{L} \cdot \frac{F_{y1}}{m \cdot g} = -\frac{b}{L} C_F \qquad (5\text{-}297b)$$

对于线性轴特性模型，同样可以推导出 C_F 与 C_M 的线性关系：

$$\begin{aligned} F_y &= Y_\beta \cdot \beta + Y_r \cdot r + C_{\alpha 1} \cdot \delta \\ M_z &= N_\beta \cdot \beta + N_r \cdot r + a \cdot C_{\alpha 1} \cdot \delta \end{aligned} \qquad (5\text{-}298)$$

在上式中，可以通过消去车身侧偏角 β，得到 C_F 和 C_M 之间的以下关系：

$$C_M = \frac{a \cdot C_{\alpha 1} - b \cdot C_{\alpha 2}}{L \cdot (C_{\alpha 1} + C_{\alpha 2})} \cdot C_F + \frac{C_{\alpha 1} \cdot C_{\alpha 2}}{m \cdot g \cdot (C_{\alpha 1} + C_{\alpha 2})} \cdot \left(\delta - \frac{r \cdot L}{V}\right) \qquad (5\text{-}299)$$

利用侧向加速度 $(g \cdot C_F)$ 表示横摆速率与速度的乘积，并引入

$$C_0 = \frac{C_{\alpha 1} \cdot C_{\alpha 2}}{(C_{\alpha 1} + C_{\alpha 2}) \cdot m \cdot g} \qquad (5\text{-}300)$$

可以得到

$$C_M = \left(M_s - C_0 \cdot \frac{g \cdot L}{V^2}\right) \cdot C_F + C_0 \cdot \delta \qquad (5\text{-}301)$$

其中，M_s 是式(5-270)中定义的静态裕度。对于固定的转向角和线性轮胎，C_F 和 C_M 之间的关系对应于 MMM 图中的直线，其斜率为

$$SI = \left(M_s - C_0 \cdot \frac{g \cdot L}{V^2}\right) = -\frac{C_{\alpha 1} \cdot C_{\alpha 2}}{m \cdot g \cdot (C_{\alpha 1} + C_{\alpha 2})} \cdot \left(\eta + \frac{g \cdot L}{V^2}\right) \qquad (5\text{-}302)$$

这个斜率被称为稳定性指数，它与无阻尼横摆固有频率 ω_0 直接相关：

$$SI = -\frac{m \cdot a \cdot b}{(C_{\alpha 1} + C_{\alpha 2})} \cdot \omega_0^2 \qquad (5\text{-}303)$$

对于转向不足车辆，$SI<0$。对于稳定的转向过度车辆，稳定性指数也是负的，$SI<0$，而对于不稳定的转向过度车辆，$SI>0$。对于转向不足车辆，在 0 到 ∞ 之间变化速度，SI 在 $-\infty$ 和 $M_s<0$ 之间变化。

从前面的讨论来看，如果一个或两个车轴的附着饱和极限较低，MMM 图的包络范围将会缩小，如图 5-86 所示，在前轮摩擦力降低的情况下，前构造线的宽度减小了。

关于操纵和稳定性图的讨论表明，低速条件下的稳态解，可能会随着速度的增加而变得不稳定。图 5-87 显示了速度为 40 和 120 km/h 时的 (C_F, C_M) 相平面曲线。

在图 5-87 的左侧可以观察到双侧节点特性，随着速度增加，稳态点向右移动，轨迹的斜率(固定 $\delta=1°$)从负变号为正。这与前文中针对稳定和不稳定转向过度特性的讨论结果是一致的，相应的 MMM 图如图 5-88 所示。

从图中还可以观察到车辆的稳定性指数 SI 有相同的变化趋势，在 120 km/h 的速度情况下，稳态解趋于不稳定。固定 δ 曲线与 C_F 轴的交点确定了稳态解的位置。在 $V=40$ km/h 的图中，每条固定 δ 曲线之间的差值为 3°，这意味着最大转向角小于 6°。

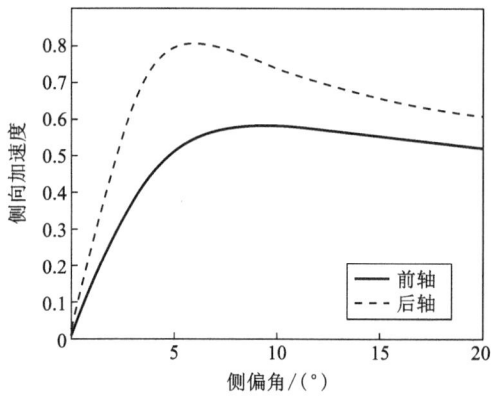

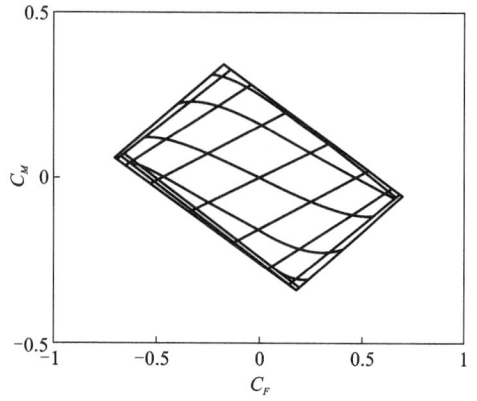

图 5-86　前轴摩擦力减小的转向不足车辆的 MMM 图像

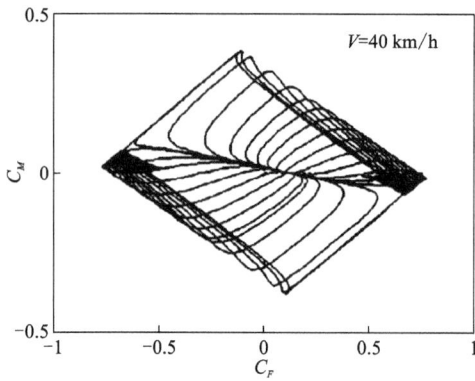

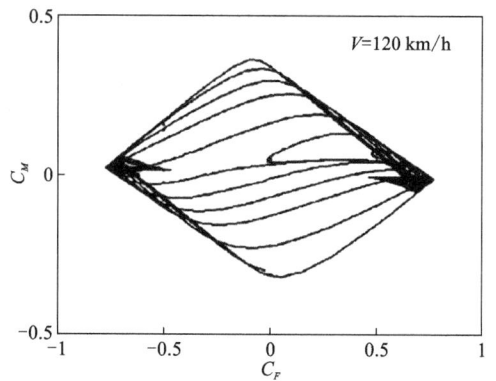

图 5-87　转向过度汽车的 (C_F, C_M) 相平面表达 $(\delta=1°,\ V=40\ \mathrm{km/h},\ 120\ \mathrm{km/h})$

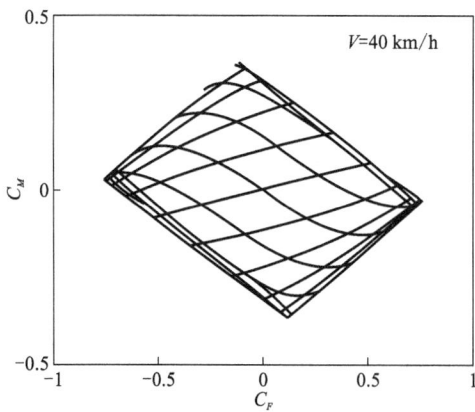

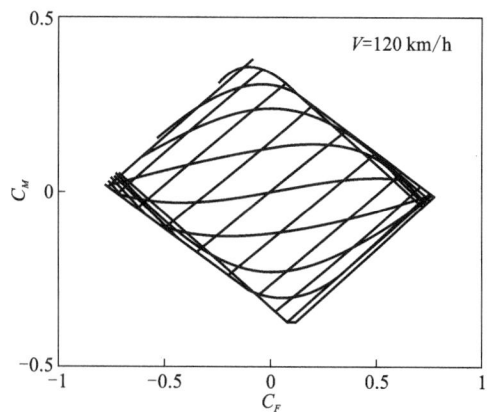

图 5-88　转向过度汽车的 MMM 图像 $(\delta=1°,\ V=40\ \mathrm{km/h},\ 120\ \mathrm{km/h})$

5.9.5　g-g 图

当车辆处于转弯状态时，载荷从内侧车轮转移到外侧车轮。当车辆制动时，载荷从后轮转移到前轮。车轮载荷 F_{zij}（下标 i 表示前后，下标 j 表示左右）会同时受到横向和纵向加速度的影响。轮地接触界面的剪切力极限（潜力）由 $\mu \cdot F_{zij}$ 决定，其中道路摩擦系数为 μ。为了使得车辆达到最佳性能，需要尽可能的让四个车轮的潜力平均分配，这意味着轮胎潜力的分配对于车辆的操纵性极为重要。

轮胎力的总和提供了作用在车辆上的总体侧向和纵向力，即总转向力（$m \cdot a_y$）和总驱动力（$m \cdot a_x$）。将纵向和侧向加速度以 g 为单位表述的车辆性能图被称为 g-g 图。

显然，车辆的加速、减速和转弯能力取决于每个车轮的摩擦椭圆，每个轮胎的摩擦椭圆并不是完全对称的，通常受到车辆驱动能力的制约，轮胎的最大驱动力是小于最大制动力的。此外，悬架的弹性特性也会改变局部轮胎的朝向从而因此改变局部的轮胎力。大多数车辆的特性设计是趋于转向不足的，这意味着在极限转向条件下，前轴通常会先达到饱和极限。

在本节中，我们将通过计算机仿真分析一辆正在进行变道驾驶的汽车。仿真中采用双轨模型描述车辆的运动状态，各个车轮的载荷根据车辆的加速度实时计算。车辆为后轮驱动，初始速度为 90 km/h，并且仿真中的驾驶员将试图始终保持这一速度。同时，驾驶员会在侧向加速度超过 $0.7g$ 时采取制动措施以减小速度，从而降低侧向加速度。

这种加速和减速取决于实际速度 V_{act} 与预期速度 V_{int} 的偏差，每个车轮的最大驱动和制动力矩分别为 M_{drive} 和 M_{brake}。当实际速度 V_{act} 超过预期速度 V_{int} 时，驾驶员将使用以下策略施加制动扭矩 T_{brake}：

$$T_{brake} = \theta_F \cdot M_{brake} \cdot (1 - e^{-|V_{act} - V_{int}| \cdot K_{brake}/M_{brake}}) \tag{5-304}$$

其中，θ_F 是分配给前轴的制动扭矩比例（后轴分配剩余的 $1-\theta_F$），K_{brake} 是小速度偏差下制动扭矩增益因子。如果预期速度 V_{int} 超过实际速度 V_{act}，则制动扭矩设为零。驱动扭矩的控制也采用类似的策略。制动扭矩在前轴和后轴之间的分配方式为前轴承担 70%。

在忽略载荷转移并考虑组合滑移特性的情况下，由半轴载荷加载的非线性归一化轮胎力如图 5-89 所示。变道操作会导致四个车轮载荷的变化过程如图 5-90 所示。首先，车轮载荷等于轴上载荷的一半。当变道操作开始时，载荷转移到右侧车轮（即外侧车轮）。随后，在车辆进入第二车道的过程中，左侧车轮成为外侧车轮，故车轮载荷转移到坐侧。在车里返回第一车道的过程中，也可以观察到类似的载荷变化情况。

为进一步分析，选择如图 5-90 所示的四个时间点。对于每个时间点，根据车轮载

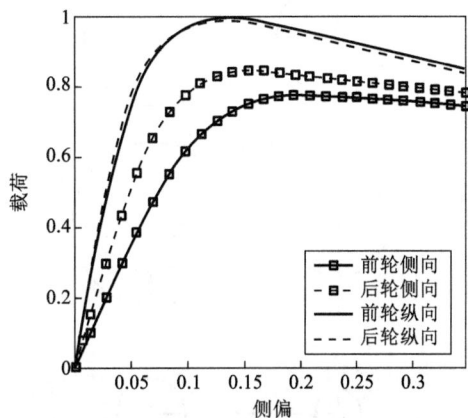

图 5-89　在航线改变时的轮胎特性分析

荷（$\mu = 0.9$）可以确定各个车轮的实时动态摩擦潜力半径 R_{ij}，由下式给出：

$$R_{ij} = \frac{\mu \cdot F_{zij}}{1/2 F_{zi}}$$

(5-305)

其中，F_{zi} 为轴载荷。静态摩擦潜力的参考值 $R_{ij} = \mu$ 用虚线圆表示。轮胎力(除以半轴载荷)以实线显示。

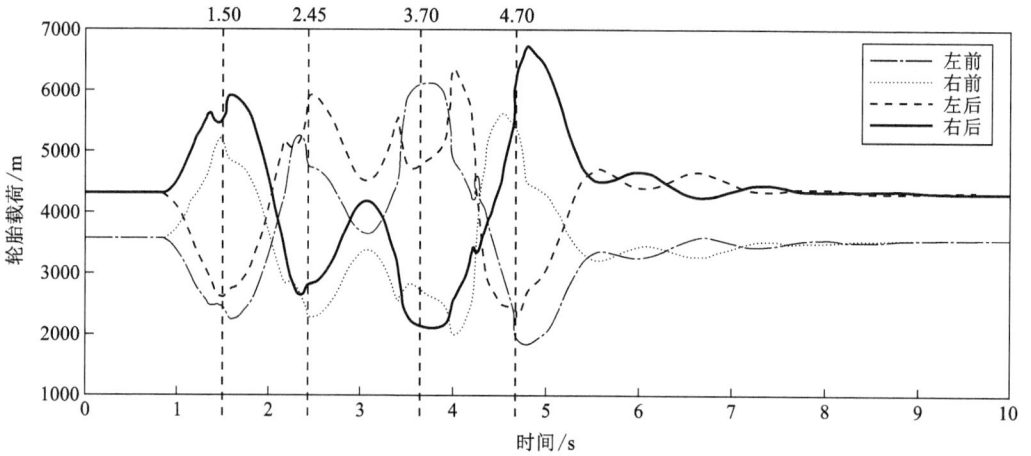

图 5-90　在航线改变演习时轮荷与时间的关系图

根据图 5-91 所示，车辆在第一次变道时，驾驶员采取减速措施以保持侧向加速度在合

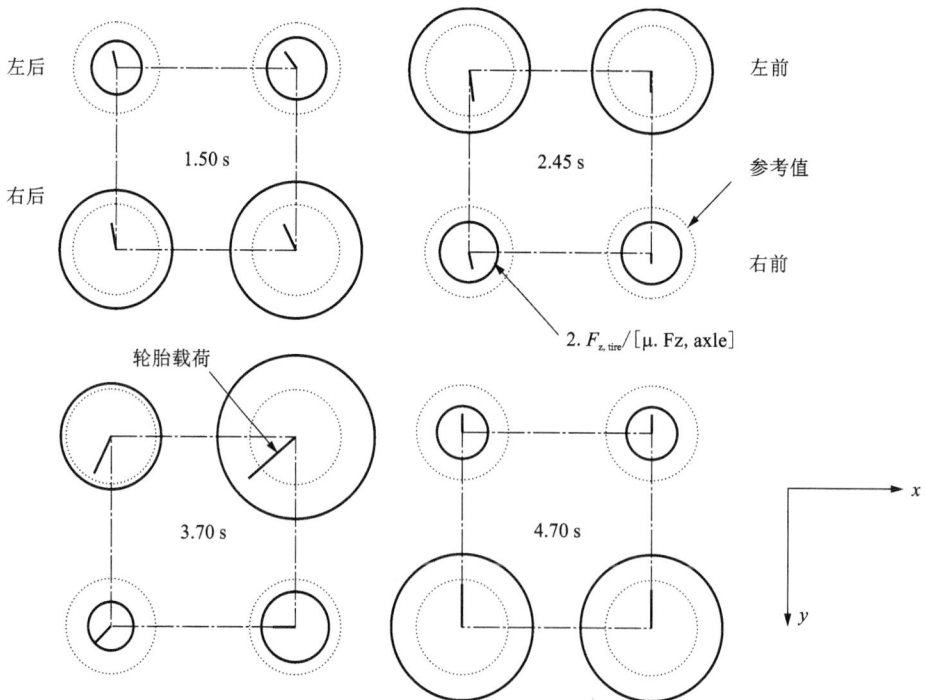

图 5-91　航线改变的不同时刻的轮胎切向力图像

理范围内,防止车辆失控。可以观察到内侧车轮(左侧)的附着力接近饱和。进入第二车道时,后轮有轻微加速,左侧车轮(现为外侧车轮)的摩擦潜力增加,而右侧车轮的潜力减少。车辆返回第一车道需要进一步减速,在 3.70 秒时驾驶员采取了明显的制动措施,前轮的摩擦潜力相对于后轮增加,左前轮具有最大的组合制动和转弯潜力。最后,在 4.70 秒时,车辆出现了接近 0.7g 的侧向加速度,且此时驾驶员没有采取制动,这意味着车辆几乎处于纯转向工况。随着车辆重新进入第一车道,驾驶员再次通过加速操作,使车速上升到 90 km/h。

图 5-91 仅显示了变道期间的四个时间点的车轮力。另一种可视化方法是忽略摩擦潜力圆的变化,无量纲地绘制整个变道过程中车轮力的变化。这种方法也可以显示出作用在车辆上的总侧向和纵向力($m \cdot a_y$ 和 $m \cdot a_x$)。为了达以相同的比例绘图,将这两个力除以 $m \cdot g$,即转化为以 g 为单位的车辆加速度,如图 5-92 所示。图中的参考圆与图 5-91 相同,即半径为 μ。由于是后驱车辆,驱动力矩仅施加在后轮,并且总是伴随着向左的侧向力。

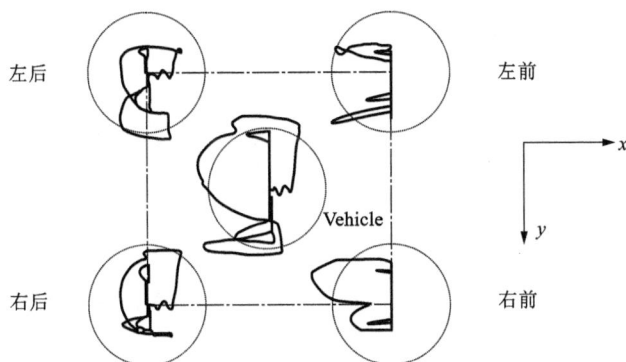

图 5-92 航线改变时车轮和汽车的切向力图

5.10 小结

本章深入探讨了汽车操纵稳定性的建模与仿真分析,这是汽车性能评估中至关重要的一环。本章首先对操纵稳定性进行了概述,明确了操纵性和稳定性的定义及其在汽车行驶中的重要性。操纵性指的是汽车响应驾驶员转向、加速和制动指令的能力,而稳定性则是汽车在受到外界干扰后能够维持或迅速恢复原有运动状态的能力。

接着,本章详细介绍了良好操纵性的标准,包括车辆响应的及时性、适度性、稳定性与灵敏性的平衡、车身侧偏角的控制、抗干扰能力以及车辆表现的一致性。这些标准通过一系列的汽车试验和分析来评价,如稳态回转实验和横向瞬态响应测试等。

本章还建立了汽车操纵稳定性的数学模型,包括运动学方程、力和力矩平衡方程以及轮胎-路面之间的本构方程。通过对这些方程的分析,可以更深入地理解汽车在不同驾驶条件下的行为。特别地,讨论了轮胎作用力对汽车性能的影响,包括在转向、制动和加速时的轮胎力。

在模型建立的基础上,本章进一步探讨了稳态和非稳态条件下的汽车操纵稳定性。稳态分析集中在车辆在恒定转向角下的行驶特性,而非稳态分析则关注车辆在转向输入变化时的动态响应。此外,本章还介绍了图解评估方法,如操纵图和 MMM 图,这些工具可以帮助可视化和量化汽车的操纵稳定性。

最后,本章通过仿真分析,展示了汽车在不同操纵条件下的性能,如在不同转向输入下的响应时间和超调量等。这些分析结果对于理解汽车的操纵稳定性和进一步优化汽车设计具有重要意义。通过本章的学习,读者可以获得关于汽车操纵稳定性的全面认识,以及如何通过科学的方法来评估和提升汽车的操纵性能。

附　录

附录 1　侧后碰撞仿真分析与碰后稳定性控制案例

随着交通环境日趋复杂，在公共交通道路上驾驶人无意或恶意地驾车碰撞前车侧后方的行为时有发生，被撞车辆的碰后失稳可能引发二次碰撞或连锁碰撞，造成严重的人员伤亡和财产损失。附图 1-1 为典型的侧后碰撞事故案例，2023 年 11 月 3 日山西大同，一辆黑色轿车多次恶意别车，后方轿车在多次超车失败后向右打转向盘，持续地撞击并侧向"推动"黑车轿车左后部分，导致黑色轿车失稳冲入道路一旁的绿化带。

为什么轻微的侧后碰撞即可导致被撞车辆失稳？针对该问题，本案例以侧后碰撞工况下车辆失稳仿真分析和实现侧后碰撞工况稳定控制为目标，围绕侧后碰撞特性与碰后稳定控制等方面开展了仿真分析。

附图 1-1　侧后碰撞事故案例（后方撞击车辆行车记录仪视角）

A 1.1　碰撞接触力作用模型

在车与车碰撞仿真研究中，常用的方法包括有限元碰撞模型、基于动量定理的碰撞动力学模型和集中参数碰撞动力学模型。在三种方法中，有限元碰撞模型的仿真精度最高，但算力要求高、计算耗时长[3]，不利于快速获得侧后碰撞工况的仿真结果。基于动量定理的碰撞动力学模型假设碰撞在瞬间发生，碰撞持续时间通常为 100~200 ms，且认为车辆在碰撞前后的侧向位移与横摆角变化极小[4]，将碰撞的动力学分析分为两个时刻：碰撞前与碰撞后。通过动量守恒定律与动量矩定理来建立碰撞前后运动状态的关系，但侧后碰撞是一个大位移、长接触时间、连续接触的接触碰撞过程，基于动量定理的碰撞模型不适用于研究侧后碰撞。与前两种方法不同，集中参数碰撞动力学模型可通过求解析解或数值计算得到接触碰撞力，有利于实现侧后碰撞的快速仿真与分析，因此本章采用集中参数碰撞动力学模型研究侧后碰撞。

由于车辆的结构材料表现出黏弹性，因此在碰撞研究中通常采用 Kelvin 模型与 Maxwell 模型分析车与车之间的碰撞接触[5,6]。如附图 1-2 所示，Kelvin 模型包含一对并联的弹性与阻尼元件，Maxwell 模型包含一对串联的弹性与阻尼元件。Kelvin 模型适用于车与车碰撞[5]，能量损失主要是由内部阻尼引起并以热量的形式耗散。而 Maxwell 模型适用于结构溃缩时间相对较长的柱碰撞和正面偏置碰撞，其碰撞后的变形量稳定在一渐近值，即发生了塑性变形[5,6]，能量损失主要由局部塑性变形引起。考虑到侧后碰撞为碰撞相对速度较低的车与车碰撞，因此选用 Kelvin 模型进行分析。

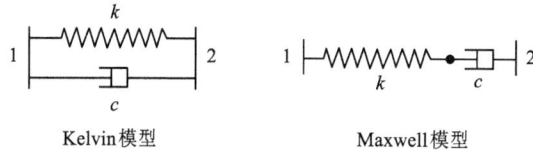

附图 1-2　Kelvin 模型与 Maxwell 模型示意图

如附图 1-3 所示，可通过两对 Kelvin 元件与集中质量块表示车与车之间的碰撞，两车之间的接触面仅能传递压力，而不能传递拉力。为了进一步简化分析，可将接触面传递压力时的两个 Kelvin 元件，合并如附图 1-4 所示的单个 Kelvin 元件，合并后 Kelvin 元件的弹性与阻尼为

$$k = \frac{k_1 k_2}{k_1 + k_2} \tag{A1-1}$$

$$c = \frac{c_1 c_2}{c_1 + c_2} \tag{A1-2}$$

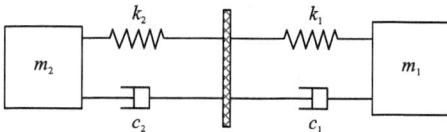

附图 1-3　两个 Kelvin 元件串联的碰撞模型　　附图 1-4　合并 Kelvin 元件后的碰撞模型

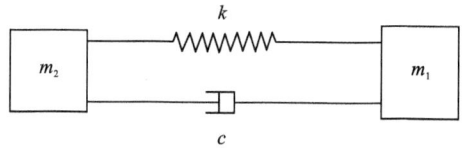

为了计算车与车之间的连续接触碰撞力，需要计算车辆接触碰撞变形量，并根据接触状态计算接触碰撞时间。如附图 1-5 所示，以 OXY 为地面坐标系，被撞车辆在地面坐标系下的坐标为 (x_1, y_1)，撞击车辆在地面坐标系下的坐标为 (x_2, y_2)。$O_1 X_1 Y_1$ 为被撞车辆坐标系，u_1、v_1、ω_1 与 ψ_1 分别为被撞车辆的纵向速度、侧向速度、横摆角速度与横摆角。$O_2 X_2 Y_2$ 为撞击车辆坐标系，u_2、v_2、ω_2 与 ψ_2 分别为撞击车辆的纵向速度、侧向速度、横摆角速度与横摆角。在执行侧后碰撞的任意时刻，令 P_1、P_2 点分别为被撞车辆与撞击车辆之间的潜在接触点，P_1 点在被撞车辆坐标系下的坐标为 (x_{P_1}, y_{P_1})，P_2 点在撞击车辆坐标系下的坐标为 (x_{P_2}, y_{P_2})。P_2 点为撞击车辆前保险杠的左前侧，P_1 点为被撞车辆侧面上距离 P_2 点最小的一点，P_1、P_2 点所在的红色区域为两车碰撞导致的变形区域，δ_y 为被撞车辆法向相对压入量。

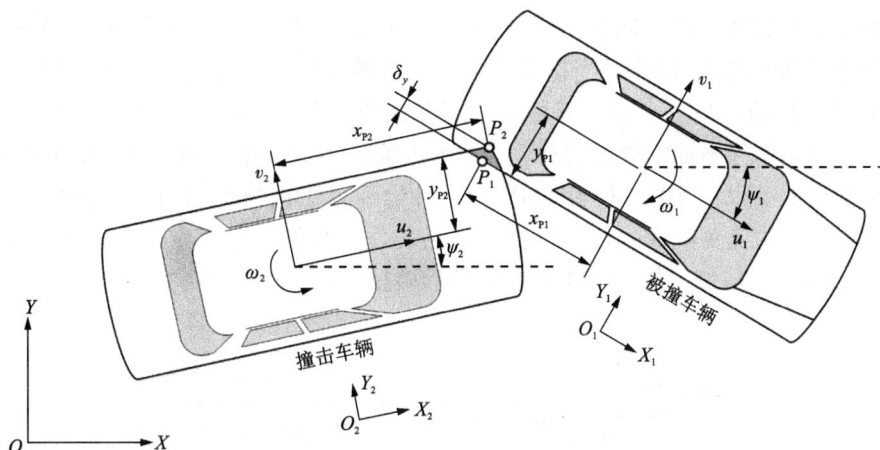

附图 1-5　被撞车辆与撞击车辆运动状态与接触示意图

由于 P_2 点为撞击车辆的保险杠的左前侧，因此假设 P_2 点为撞击车辆坐标系上一固定点，坐标为 $(x_{P_2}=d_2,\ y_{P_2}=b_2/2)$，其中 d_2 和 b_2 分别质心到保险杠左前侧的纵向距离和前保险杠宽度。P_2 点在地面坐标系下的坐标为

$$\begin{cases} X_{P_2}=x_2+x_{P_2}\cos\psi_2-y_{P_2}\sin\psi_2 \\ Y_{P_2}=y_2+x_{P_2}\sin\psi_2+y_{P_2}\cos\psi_2 \end{cases} \tag{A1-3}$$

由于 P_1 点为 P_2 点在被撞车辆侧面上的垂直投影点，因此 P_1 点的坐标满足

$$\begin{cases} x_{P_1}=\cos\psi_1(X_{P_2}-x_1)+\sin\psi_1(Y_{P_2}-y_1) \\ y_{P_1}=-b_1/2 \end{cases} \tag{A1-4}$$

其中，b_1 为被撞车辆的车宽。P_1 点在地面坐标系下的坐标为

$$\begin{cases} X_{P_1}=x_1+x_{P_1}\cos\psi_1-y_{P_1}\sin\psi_1 \\ Y_{P_1}=y_1+x_{P_1}\sin\psi_1+y_{P_1}\cos\psi_1 \end{cases} \tag{A1-5}$$

为计算两车之间的法向接触力，需要得到两车之间的法向相对压入量与法向相对压入速度。地面坐标系 x，y 轴的相对压入量为 $\Delta X=X_{P_2}-X_{P_1}$，$\Delta Y=Y_{P_2}-Y_{P_1}$，被撞车辆坐标系下的法向相对压入量为

$$\delta_y=-\Delta X\sin\psi_1+\Delta Y\cos\psi_1 \tag{A1-6}$$

当被撞车辆接触变形的法向相对压入量 $\delta_y>0$ 时，视为两车发生接触碰撞并进入碰撞计算，否则视为两车未发生碰撞或脱离碰撞。

考虑到 P_1 点是 P_2 点在被撞车辆碰撞接触面(与 x 轴平行)上的垂直投影点，因此 P_1、P_2 点在被撞车辆坐标系 x 轴上的运动速度相同，P_2 点在被撞车辆车身上的切向相对滑动速度定义为

$$v_r=\frac{\mathrm{d}x_{P_1}}{\mathrm{d}t} \tag{A1-7}$$

碰撞的接触状态判断是接触碰撞仿真中的关键环节，决定了接触碰撞的起始与结束时间。附图 1-6 展示了侧后碰撞的接触状态转移过程，侧后碰撞工况开始后，撞击车辆碰撞被

撞车辆侧后方，导致两车的法向相对压入量 δ_y 大于 0，产生了压缩变形量，接触碰撞发生；当被撞车辆潜在接触点 P_1 的 x 轴坐标小于后保险杠的 x 轴坐标 d_{LTH} 时，表明撞击车辆前保险杠已从被撞车辆的车身上滑落，侧后碰撞工况结束；当两车的法向相对压入量 δ_y 小于 0 时，由于两车之间的接触面不能传递拉力，即不可能产生拉伸变形量，因此认为两车脱离接触，侧后碰撞工况结束；当潜在接触点 P_1 的 x 轴坐标大于被撞车辆后轮挡泥板的 x 轴坐标 d_{UTH} 时，撞击车辆为避免前保险杠与被撞车辆后轮发生碰撞，导致撞击车辆失稳甚至侧翻，撞击车辆驾驶人将采取制动操作并主动结束侧后碰撞，直至两车脱离接触。

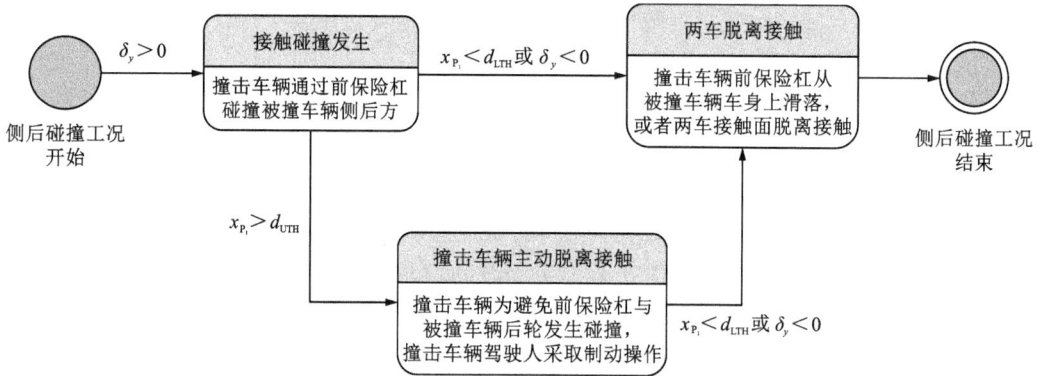

附图 1-6　侧后碰撞工况接触状态转移图

A 1.2　仿真环境的搭建

CarSim 是一款由 Mechanical Simulation Corporation 公司开发，用于模拟乘用车和轻型卡车动态行为的参数化仿真软件。该软件使用三维多体动力学模型，一个 CarSim 汽车动力学模型(不考虑传动系自由度)包含 14 个自由度，可精准地重现车辆在驾驶人(或主动安全系统控制)实施转向、加速、制动等操作后的物理响应。CarSim 可输出数百个车辆状态变量，并以动画和图表形式直观地显示车辆运动状态，为汽车动力学研究带来了极大的便利。CarSim -Simulink 联合仿真平台搭建需分别在 CarSim 和 Simulink 中完成相应模型的建立。其中，CarSim 模型主要包括整车动力学模型、仿真工况设置和输入、输出接口设置，Simulink 模型主要为接触碰撞力求解器建模。

如附图 1-7 所示，CarSim 与大多数的仿真软件类似，分为三个模块：①测试工况设置(前处理)；②求解器设置；③结果分析与后处理。通常的仿真流程为①→②→③，结果分析与后处理模块的动画和图表功能，可直观显示车辆运动状态。附图 1-8 为 CarSim 整车模型的总体架构，可根据仿真需要对 CarSim 整车模型各部分进行必要的修改。

为实现 CarSim 车辆模型在 Simulink 环境下的联合仿真，需要明确定义车辆模型的输入接口与输出接口。附图 1-9 为 CarSim-Simulink 联合仿真平台架构图，两车的输出接口的变量有：地面坐标系坐标 X、Y，纵向车速 u，横向车速 v，横摆角 ψ 和横摆角速度 ω，两车输出接口的变量输入到"车辆接触碰撞力求解器"模块中，车辆接触碰撞力求解器是根据前文侧后碰撞工况模型编写的碰撞力计算程序，输出碰撞力到两车的外力与外力矩输入接口 F_x，F_y，M_e。此外，车辆可接收来自驾驶人的操作指令，如转向、加速和制动操作。

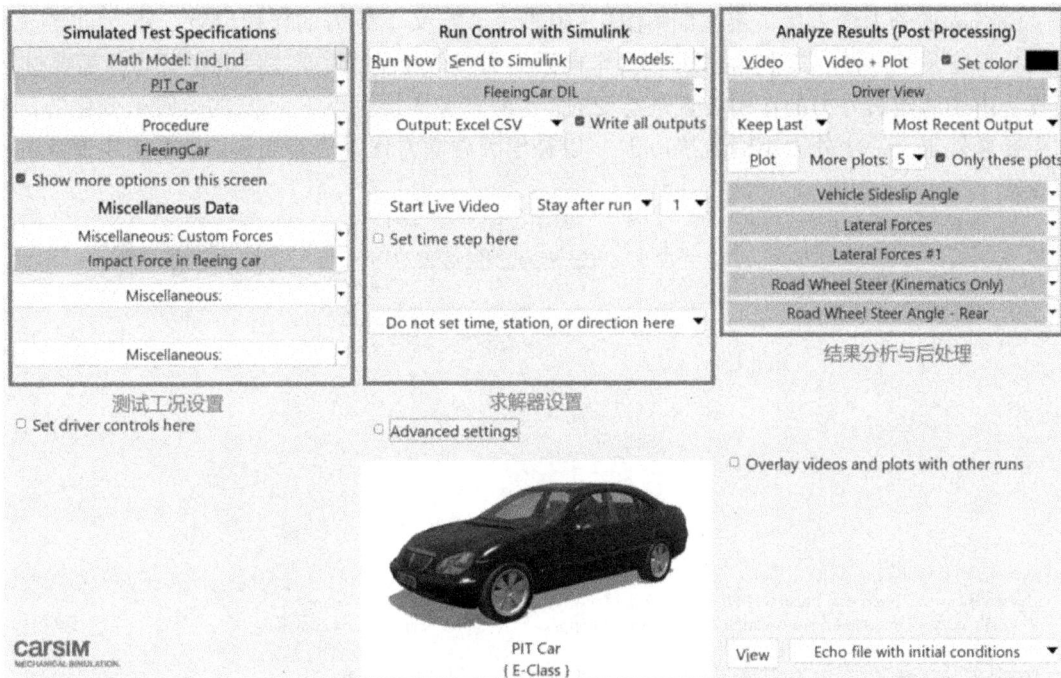

附图 1-7　CarSim 模型主界面

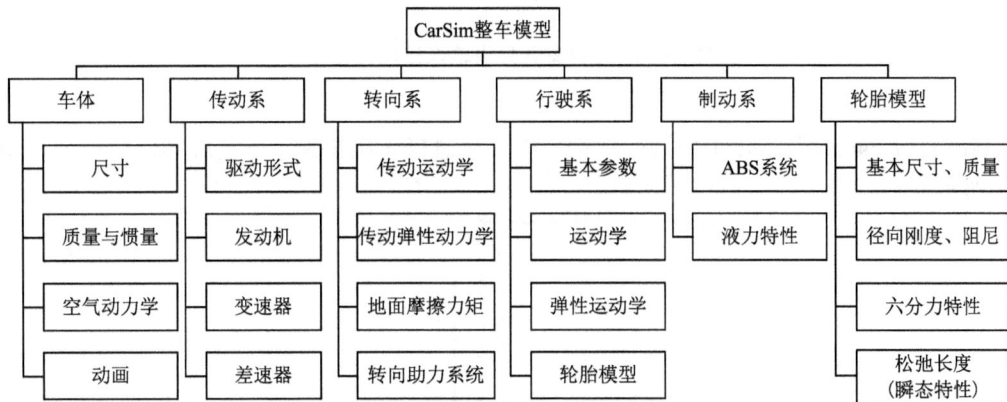

附图 1-8　CarSim 整车模型总体架构

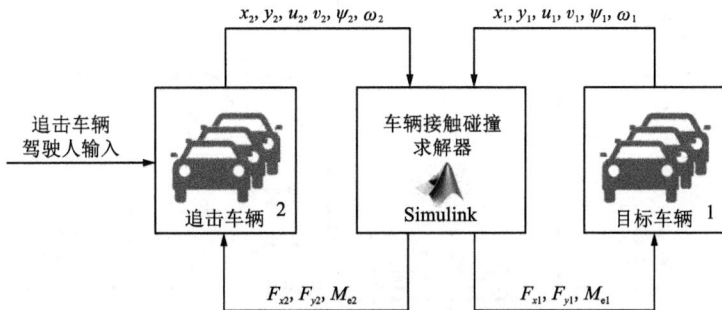

附图 1-9　CarSim-Simulink 联合仿真平台架构图

CarSim 的外力输入接口定义如附图 1-10 所示，定义了外力的作用位置、外力的方向与输入接口变量 F_x，F_y，其中 CarSim 车身坐标系的原点位于前轴中心，因此位置坐标需要进行换算。由于所定义外力的作用位置是不变的，但两车碰撞接触点 P_1、P_2 的位置是变化的，因此需要额外定义一个外力矩输入接口 M_e，以补偿因碰撞力作用位置变化导致的力矩变化。

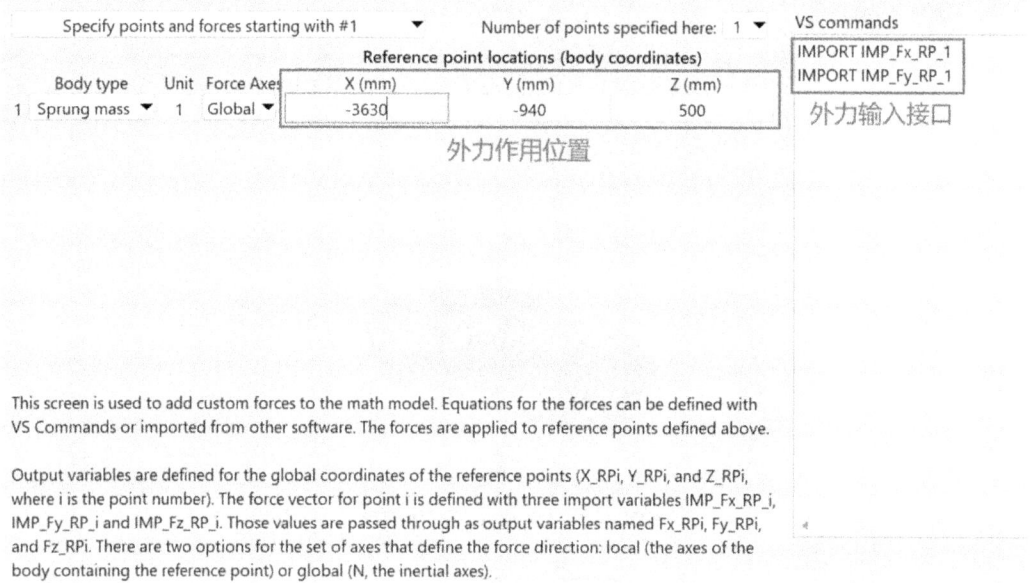

附图 1-10　被撞车辆外力输入接口设置界面

案例通过 Simulink 搭建了前述章节提出的侧后碰撞工况模型，联合仿真模型框图如附图 1-11 所示。

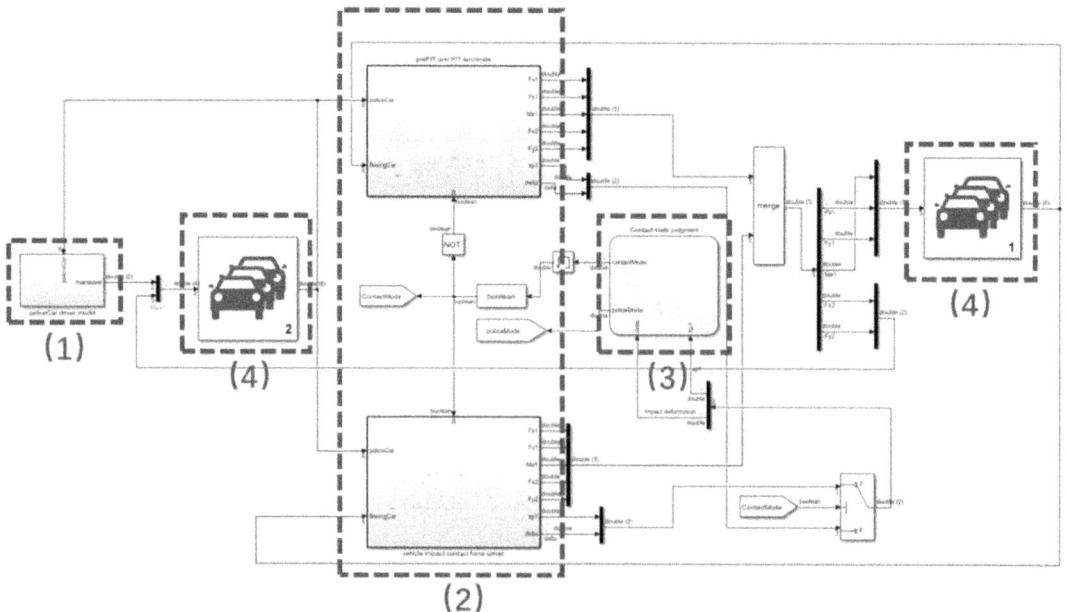

附图 1-11　侧后碰撞工况 CarSim-Simulink 联合仿真模型框图

各模块在附图 1-11 中以数字编号区分,各模块的功用如下:

(1)撞击车辆驾驶人操作模块(如附图 1-12 所示),在侧后碰撞工况开始时,用于模拟撞击车辆驾驶人的转向输入;在碰撞工况结束后,通过 PID 控制器恢复车辆方向,使撞击车辆在平直道路上保持直线行驶。

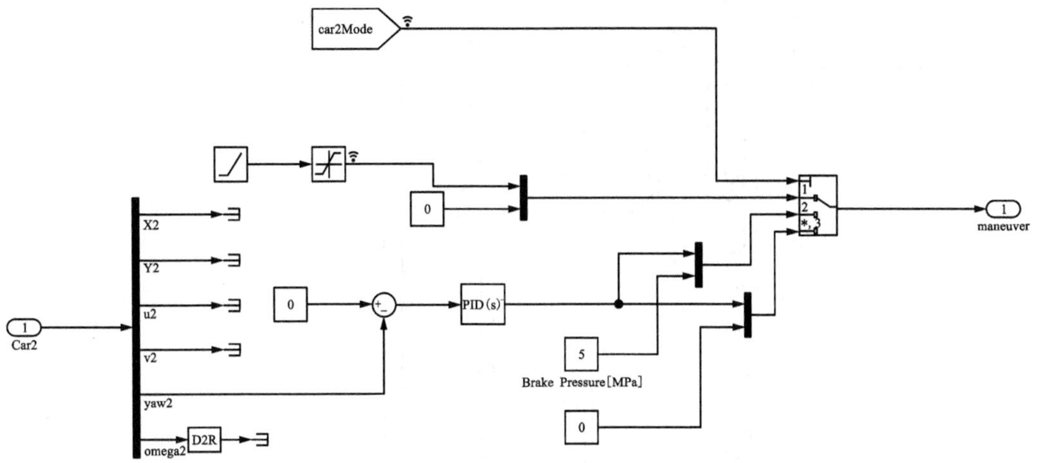

附图 1-12   撞击车辆驾驶人操作模块

(2)车辆接触碰撞力计算模块(如附图 1-13 所示),用于计算被撞车辆与撞击车辆的外力与外力矩输入。首先,由两车的运动状态计算碰撞接触点的位置、法向相对压入量、法向相对压入速度和切向相对滑动速度;然后,基于 Kelvin 模型和平滑 Coulomb 摩擦模型计算接触碰撞力;最后,根据碰撞接触点的位置和车辆的姿态,计算输入到各车的外力和补偿力矩。

(3)接触状态判断模块。通过使用 Stateflow 图形语言构建侧后碰撞接触状态转移图,可将侧后碰撞接触状态作为车辆接触碰撞力计算模块的启用条件。当侧后碰撞处于接触状态时,启用车辆接触碰撞力计算模块;而当侧后碰撞结束时,禁用车辆接触碰撞力计算模块。

(4)CarSim 多车辆仿真输入输出模块。用于实现与 Simlink 平台的交互,以及汽车动力学计算。

A 1.3   碰后失稳工况仿真分析

为了评估侧后碰撞工况 CarSim-Simulink 联合仿真模型的有效性,将仿真可视化结果与侧后碰撞真实案例影像进行对比。工况设置如下:道路设置为各处路面峰值附着系数均为 0.85 的平直路面,路面宽度为 20 m。地面坐标系下,被撞车辆的初始坐标为(4.33 m,0.94 m),撞击车辆的初始坐标为(0 m,-0.94 m)。被撞车辆和撞击车辆的初始车速设置为 60 km/h,被撞车辆加速踏板开度保持 0%不变,转向盘转角保持 0°不变;撞击车辆驾驶人的转向盘转角初始值为 0°,在时刻 $t=1$ s 开始以 180°/s 的角速度增至 90°(向左打转向盘),仿真总时长为 6.0 s。

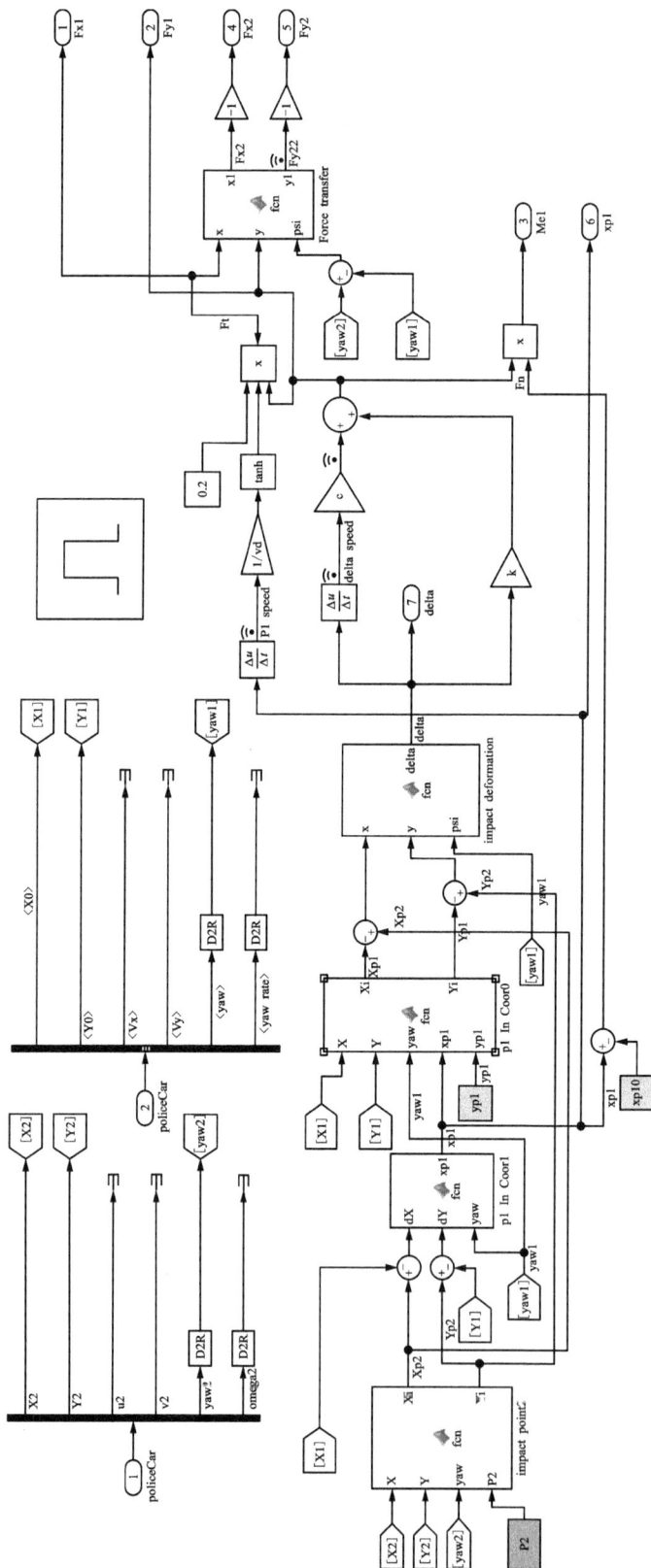

附图 1-13 车辆接触碰撞力计算模块

附图 1-14 为侧后碰撞工况 CarSim 仿真可视化结果与实车侧后碰撞案例视频对比，第 1、3 行的图片为实车侧后碰撞案例视频截图，视频来自于 Tactical Rifleman 制作的精准截停技术（PIT）实车教学录像[51]。第 2、4 行的图片为 CarSim 仿真可视化结果，在 CarSim 仿真中为区分撞击车辆与被撞车辆，用白色轿车表示撞击车辆，用黑色轿车表示被撞车辆。

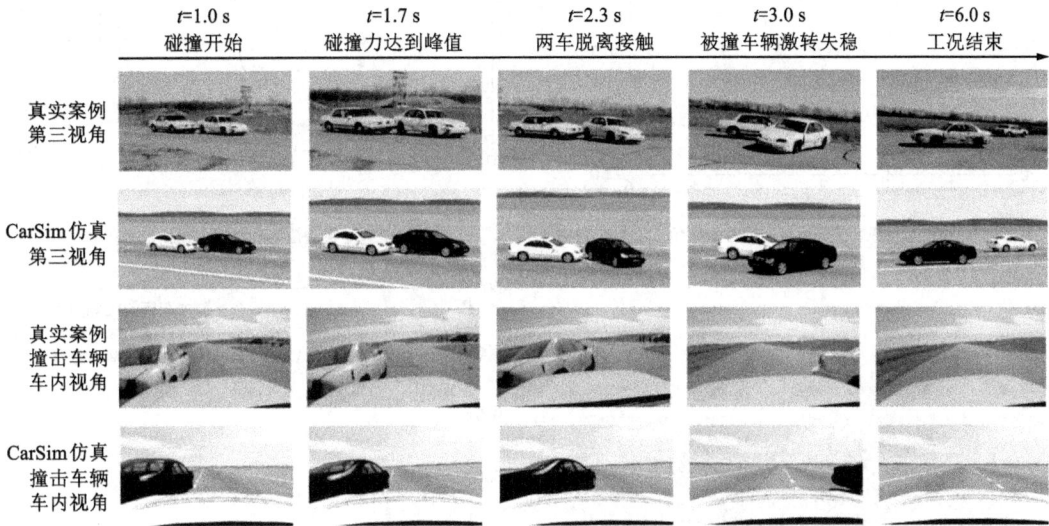

附图 1-14　实车侧后碰撞工况案例与 CarSim 仿真结果对比

时刻 $t=1.0$ s 碰撞开始，撞击车辆驾驶人向左猛打转向盘至 90°，向左持续推动被撞车辆的侧后部，时刻 $t=1.7$ s 接触碰撞力达到最大值 5688 N，在接触碰撞力的相互作用下，被撞车辆产生了负的侧倾角，最大值为 -0.0796 rad[附图 1-15(a)]；时刻 $t=2.3$ s，两车脱离接触，此时被撞车辆已进入失稳状态，撞击车辆进行制动操作并回正转向盘；时刻 $t=3.0$ s 被撞车辆发生严重的激转失稳，质心侧偏角达到 1.475 rad[附图 1-15(b)]；时刻 $t=6.0$ s 工况结束，从附图 1-15(c)被撞车辆的运动轨迹可发现：侧后碰撞导致被撞车辆产生了严重的激转失稳。

附图 1-15(d)给出了侧后碰撞过程中撞击车辆前轴侧向力，以及接触碰撞力（法向接触力与切向摩擦力的合力）作用于被撞车辆的纵向、横向分量，两车之间的接触碰撞始于 1.0 s 并结束于 2.3 s，持续时间为 1.3 s。图中可观察到接触碰撞力的横向分量和撞击车辆前轴侧向力的演化趋势基本相同，真实还原了侧后碰撞工况中撞击车辆前保险杠向一旁"推动"被撞车辆侧后部的现象，同时由于车与车接触碰撞的刚度阻尼特性、车辆自身的侧倾刚度与阻尼特性，接触碰撞力存在振荡现象。侧后碰撞过程中作用于被撞车辆的接触碰撞力纵向分量为两车之间的切向摩擦力，纵向分量由正变负说明碰撞接触点首先相对被撞车辆向前滑动，随后向后滑动。此外，作用于被撞车辆的接触碰撞力横向分量远大于纵向分量，因此可认为横向分量在侧后碰撞失稳中起主导作用。

为研究侧后碰撞严重程度与撞击车辆驾驶人转向操作的关系，本节采用平均撞击力 $\bar{F}_y$ 和被撞车辆横向位移 ΔY 评估侧后碰撞严重程度。平均撞击力 $\bar{F}_y$ 用于评价侧后碰撞的激烈

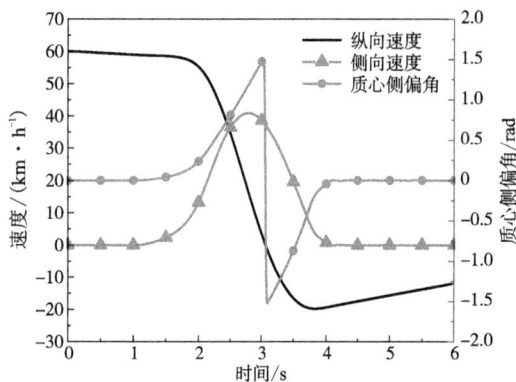

(a) 被撞车辆纵、侧向速度与质心侧偏角

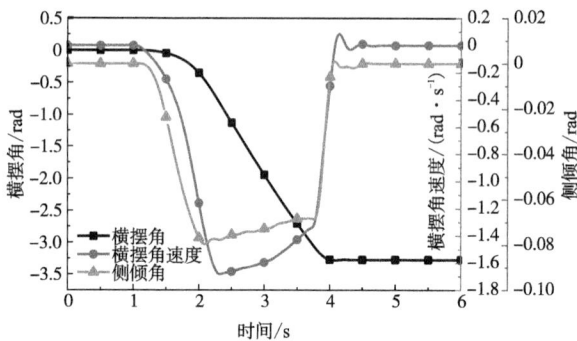

(b) 被撞车辆横摆角、横摆角速度与侧倾角

(c) 侧后碰撞工况被撞车辆失稳运动轨迹

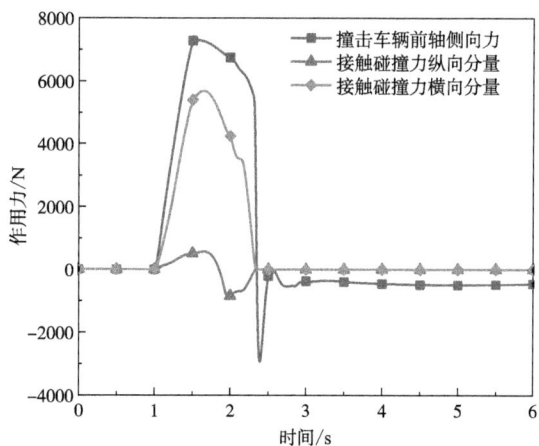

(d) 侧后碰撞过程中作用力变化

附图 1-15　被撞车辆仿真结果

程度,数值越大则代表碰撞越剧烈,平均撞击力 $\overline{F}_y$ 的定义为

$$\overline{F}_y = \frac{\int F_y \mathrm{d}t}{\Delta t} \tag{A1-8}$$

式中,F_y 为接触碰撞力作用在被撞车辆上的横向分量,Δt 为两车接触碰撞的持续时间。横向位移 ΔY 表示地面坐标系下,侧后碰撞开始时被撞车辆初始位置与被撞车辆碰后停止位置的横向相对位移,横向位移 ΔY 越大,意味着侧后碰撞过程中被撞车辆与周围车辆、路边行人、栅栏等的碰撞风险越大。

本节仿真工况设置如下:道路设置为各处路面峰值附着系数均为 0.85 的平直路面,被撞车辆和撞击车辆的车辆参数相同,地面坐标系下被撞车辆的初始坐标为(4.33 m,0.94 m),撞击车辆的初始坐标为(0 m,−0.94 m),初始车速设置为 60 km/h,被撞车辆加速踏板开度保持 0%不变,转向盘转角保持 0°不变;仿真时长设置为 5 s,撞击车辆在 0.1 s 时实施侧后碰撞,调节撞击车辆驾驶人的转向盘转向角输入与转向盘转向角速度,进行多次仿真,仿真中的所有工况均使被撞车辆的横摆角变化超过 90°并产生了严重的激转失稳,得到如附图 1-16

所示的结果。

附图 1-16(a) 展示了不同转向角速度下，撞击车辆驾驶人转向盘转向角输入对平均撞击力的影响，随着转向角与转向角速度的增大，平均撞击力 $\overline{F}_y$ 增大，碰撞更加剧烈。此外，当转向角大于 120° 时，平均撞击力 $\overline{F}_y$ 难以进一步增加，原因是撞击车辆的前轴轮胎侧向力达到饱和，无法对被撞车辆产生更大的接触碰撞力。附图 1-16(b) 的纵轴为被撞车辆碰撞前后横向位移 ΔY，随着转向角与转向角速度的增大，被撞车辆碰后停止位置与碰撞前初始位置的横向相对距离减小，被撞车辆与其他车辆、行人发生二次碰撞的风险降低。

综上，撞击车辆驾驶人的转向盘转向角输入与转向角速度是影响侧后碰撞严重程度的重要参数，随着转向角和转向角速度的增大，侧后碰撞更加剧烈，但被撞车辆发生二次碰撞的风险减小。

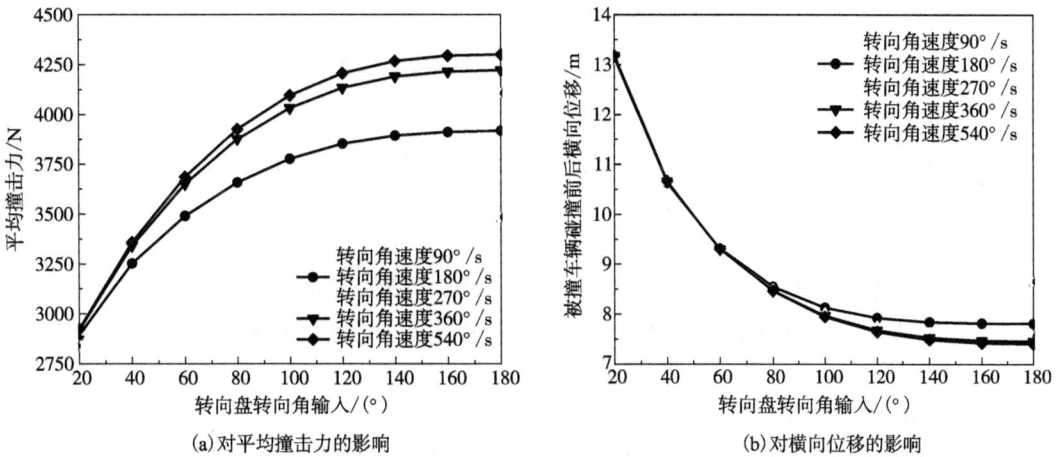

(a) 对平均撞击力的影响　　　　　　　　　(b) 对横向位移的影响

附图 1-16　撞击车辆驾驶人转向操作对侧后碰撞严重程度的影响

A 1.4　碰后稳定性控制

为辅助车辆在发生碰撞后保持或恢复稳定，避免或减缓二次碰撞导致的危害，汽车厂商与学界陆续提出了一系列车辆碰后控制系统。如附图 1-17 所示，根据碰后控制执行器配置不同，主流的碰后控制方法可分为 4 类：前轮主动转向碰后控制、主动制动碰后控制、AFS+差动制动协调碰后控制和 AFS+分布式驱动协调碰后控制。

在 4 类主流的碰后控制方法中，AFS+分布式驱动协调碰后控制的稳定效果最好，可最大化利用潜在的轮胎力，并能实现避障与避免二次碰撞的功能，在高、低附着系数路面上均有较好的稳定效果，但该方法的硬、软件需求和成本较高。主动制动碰后控制的稳定效果最差，尤其在侧后碰撞工况下的作用有限，但该方法可依托广泛普及的 AFS 实现，成本较低，因此目前已有面向量产的主动制动碰后控制系统，如 BOSCH 的二次碰撞缓解系统，Audi 的二次碰撞制动辅助系统等。

本案例采取前轮主动转向(AFS)作为碰后稳定性控制的方法，以预瞄跟踪控制器作为车辆碰后稳定的控制原理，加利福尼亚大学伯克利分校的 Tan 等人证明了通过合理配置预瞄跟

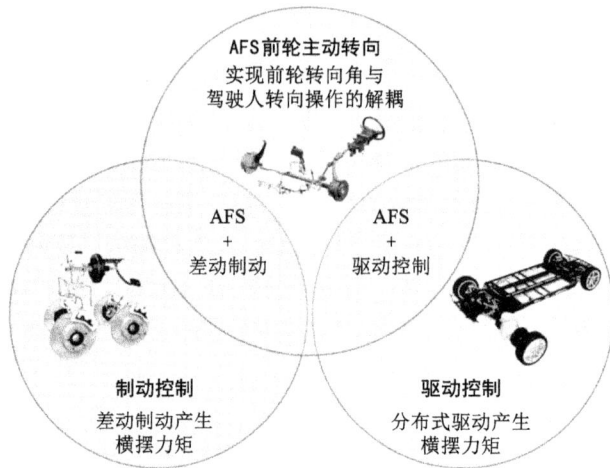

附图1-17 按执行器分类的车辆碰后控制方法

踪控制器的预瞄距离和反馈增益,可有效提升车辆的抗外部冲击干扰能力,同时展现出较好的鲁棒性,典型的预瞄跟踪控制律为

$$\delta_w = G(\Delta y + u T_p \sin \Delta \psi) \tag{A1-9}$$

其中,δ_w 为转向盘转向角,Δy 为车辆质心与跟踪路径的侧向偏差,跟踪路径为 $Y=0$ 的直线,即道路中线,u 为纵向车速,$\Delta \psi$ 为车辆横摆角偏差,待优化的参数为预瞄时间 T_p 和反馈增益 G。

针对不同的侧后碰撞工况,需要对预瞄跟踪控制器进行参数优化,使该控制器在对应碰撞工况下性能达到最优。给定工况下的预瞄跟踪控制器参数整定问题,本质上是一种函数优化问题,因此可将粒子群优化算法用于预瞄跟踪控制器参数整定,搜索出碰后稳定性能最优的预瞄跟踪控制器参数。

案例中使用的粒子群优化算法是一种基于种群搜索策略的自适应随机优化算法,广泛应用于函数优化、运动规划和神经网络训练等领域,具有易理解、易实现和全局搜索能力强的优点,该算法模拟了鸟类的群体飞行觅食行为,群体中的个体利用自身记忆以及整个群体的知识寻找最佳的食物源。

优化过程中,粒子群优化算法利用速度向量更新粒子群中每个粒子的位置,速度向量的大小与方向则取决于每个粒子的记忆,以及整个粒子群所获得的知识,且具有随机性。标准粒子群优化算法的基本步骤为:

第一步:初始化粒子群,通常使粒子在设计空间中随机分布;

第二步:根据适应度函数计算最优位置,并计算粒子群中每个粒子的速度向量;

第三步:根据先前位置和速度向量,更新每个粒子的位置;

第四步:回到第二步,直至算法收敛或达到最大迭代次数 T_R。

在第一步中,需要设置粒子群粒子个数 N,优化问题的求解维度 D,以及粒子位置的上限 x_{pmax} 与下限 x_{pmin}。初始化参数配置完成后,将 N 个粒子随机分布在维度为 D 的设计空间内,初始位置受到粒子位置上、下限的约束。

在第二步中，根据适应度函数寻找出第 i 个粒子的个体历史最优位置 p^i，以及粒子群在第 k 次迭代的全局最优位置 p_k^g。适应度函数是一种针对优化目标，用于评估粒子在设计空间中表现的函数，其自变量应为空间位置坐标。速度向量的更新计算方法有多种，一种由 Shi 和 Eberhart 提出的常用计算方法为

$$v_{k+1}^i = wv_k^i + c_1 r_1 \frac{(p^i - x_k^i)}{\Delta t} + c_2 r_2 \frac{(p_k^g - x_k^i)}{\Delta t} \tag{A1-10}$$

其中，w 为惯性系数，c_1 为粒子的个体学习因子，c_2 为群体学习因子，r_1 和 r_2 为相互独立的随机数，在 0 到 1 之间，v_k^i 和 v_{k+1}^i 分别为第 i 个粒子在第 k 次迭代和第 $k+1$ 迭代的速度向量，p^i 为第 i 个粒子的个体历史最优位置，p_k^g 为第 k 次迭代的全局最优位置，Δt 为粒子群优化算法的计算步长。

在第三步中，更新每个粒子的位置为

$$x_{k+1}^i = x_k^i + v_{k+1}^i \Delta t \tag{A1-11}$$

在第四步中，算法循环的终止条件分为两类：前后两次迭代的全局最优值变化小于阈值或达到最大迭代次数 T_R。第一种判定方法可使算法收敛于稳定解，第二种判定方法可保证粒子群优化算法的计算效率。在实际应用中通常同时使用两类终止条件，满足任一终止条件则终止优化循环。

追踪性能与控制性能是评价碰后控制器的重要指标，追踪性能是指车辆恢复到稳定状态或达到控制目标响应速度与精度，响应越快、精度越高，则追踪性能越好，本案例以侧向偏差 Δy 对时间的积分评估追踪性能；控制性能是指达到控制目标所需的控制量变化程度，以越小的代价达到控制目标，则控制性能越好，本案例以 AFS 的转向角 δ_w 对时间的积分评估控制性能，积分值越小，则达到碰后稳定所需的转向角调节量越小，有助于降低对 AFS 系统的性能需求。因此，设计粒子群优化算法的适应度函数为

$$J = \begin{cases} \varepsilon_1 \int |\Delta y| \mathrm{d}t + \varepsilon_2 \int |\delta_w| \mathrm{d}t & , |\psi_{end}| \leqslant \pi/2 \\ + \infty & , |\psi_{end}| > \pi/2 \end{cases} \tag{A1-12}$$

其中，ε_1 与 ε_2 分别为追踪性能与控制性能权重系数，分别取值 0.9 和 0.1。ψ_{end} 为仿真结束时车辆的横摆角变化，如果 $\psi_{end} > \pi/2$，说明车辆已经发生了激转失稳，因此适应度函数为无穷大。工况中车辆速度为 60 km/h，接触碰撞冲量均为 8000 N·s，接触碰撞力遵循正弦波形，持续时间为 1 s。粒子群优化算法的粒子个数 N 设置为 30，最大迭代次数 T_R 设置为 20，优化后得到对应工况的最优控制器参数 $T_p = 0.48$，$G = 4.19$。

A 1.5　碰后控制效果仿真分析

为验证控制策略的性能，使用 CarSim 内建的闭环驾驶人模型模拟驾驶人操作。驾驶人模型紧急转向时最大转向角设置为 90°，预瞄时间设置为 0.8 s，神经反应与肌肉操作滞后时间设置为 0.1 s。采用侧后碰撞工况 CarSim-Simuink 联合仿真平台模拟碰撞或直接施加正弦波外力的方式，对车辆施加接触碰撞力。

仿真工况设置如下：被撞车辆与撞击车辆初始车速均为 60 km/h，被撞车辆的初始坐标为(4.33 m, 0.94 m)，撞击车辆的初始坐标为(0 m, -0.94 m)，撞击车辆在第 1 s 时实施撞击，转向盘转向角输入为 100°，转向角速度为 180°/s，碰撞被撞车辆的右后侧，仿真时长为

10 s。分别进行两组测试，第一组由车辆完全由驾驶人操作，第二组驾驶人在控制策略的辅助下操纵车辆，得到如附图1-18所示结果。

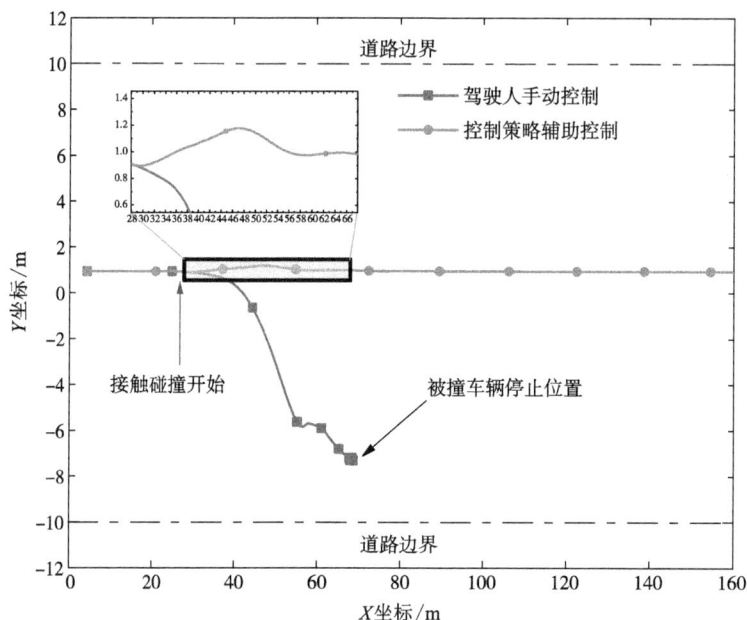

附图 1-18　侧后碰撞工况碰后稳定控制验证结果

A 1.6　小结

为分析侧后碰撞中被撞车辆往往轻易失稳的原因，本案例首先借鉴 Kelvin 模型建立了侧后碰撞工况接触碰撞模型。然后，利用 CarSim 多车辆仿真工具与 Simulink 搭建了侧后碰撞工况联合仿真平台，并将联合仿真结果与实车侧后碰撞视频对比，验证了接触碰撞模型的有效性，同时得到了接触碰撞力随时间变化曲线，因此本案例建立的联合仿真平台可用于汽车动力学研究与控制策略验证。最后，分析了撞击车辆驾驶人操作变量、车速与路面条件对侧后碰撞严重程度的影响，归纳出以下结论：侧后碰撞的剧烈程度，随撞击车辆转向盘转向角输入与转向角速度的增大而增大。此外，随着车速增加和路面附着条件下降，被撞车辆发生二次碰撞的风险升高。

此外，本案例采取前轮主动转向(AFS)作为碰后稳定性控制的方法，以预瞄跟踪控制器作为车辆碰后稳定的控制原理，实现了侧后碰撞工况的车辆碰后稳定性控制。

参考文献

[1] 张媛，王士敏，王琪.对定点运动刚体欧拉角的独立性及坐标变换矩阵的分析[J].力学与实践，2022，44(2)：385-389.

[2] 吴洋，李萧良，张邦基，等.基于轮胎力动态估计与主动转向的新型 ESP 系统[J].湖南大学学报(自然科学版)，2018，45(8)：32-41.

［3］刘倩博, 杨辉, 余良富, 等.汽车正面偏置碰撞可变形壁障壳单元有限元模型的开发与验证［J］.汽车技术, 2013(4)：10-14.

［4］Zhou J, Peng H, Lu J. Collision model for vehicle motion prediction after light impacts［J］. Vehicle System Dynamics, 2008, 46(1)：3-15.

［5］Huang M, Jones N. Vehicle Crash Mechanics［M］.Florida：CRC Press, 2002.

［6］Pawlus W, Karimi H R, Robbersmyr K G. Development of lumped-parameter mathematical models for a vehicle localized impact［J］.Journal of Mechanical Science and Technology, 2011, 25(7)：1737-1747.

附录 2　动力学系统的建模分析方法

A 2.1　在 N 维空间中的一般方法

考虑 n 维自治常微分方程为

$$\dot{\underline{x}} = \underline{F}(\underline{x}, \underline{u})\, t \geq 0 \qquad (\text{A2-1})$$

其中，$\underline{x}$ 是时间的 n 维函数，$\underline{u}$ 是 m 维时间依赖的输入，即

$$x: [0, \infty) \to IR^n, \ \underline{u}: [0, \infty) \to IR^m$$

同样，右侧函数 $\underline{F} = (F_1, F_2, \cdots, F_n)^T$ 也将是 n 维的，并且可能是非线性的。在许多情况下，人们首先检查式（A2-1）的稳态解，即输入在时间上是恒定的：

$$\underline{u}(t) = \underline{u}_s, \ t \geq 0 \qquad (\text{A2-2})$$

这意味着我们寻找在时间上恒定的解，满足方程：

$$\underline{F}(\underline{x}_s, \underline{u}_s) = 0 \qquad (\text{A2-3})$$

这些解被称为式（A2-1）的平衡点、临界点或奇异点。接下来的问题可能是，对于恒定输入 $\underline{u}$ 的式（A2-1）的解，从 $t=0$ 时接近 $\underline{x}_s$ 开始，是否在时间上保持接近 $\underline{x}_s$ 或增加。这是稳态解的稳定性问题。

定义 1：稳定性

式（2.1）的稳态解 $\underline{x}_s$ 在恒定输入 $\underline{u}_s$ 下是稳定的，如果对于每一个 $\varepsilon_1 > 0$，存在一个值 $\varepsilon_2 > 0$ 使得：

$$\| \underline{x}(0) - \underline{x}_s \| < \varepsilon_2$$

这意味着有

$$\| \underline{x}(t) - \underline{x}_s \| < \varepsilon_1, \ \forall t > 0$$

一般来说，解的行为可能更好，从平衡解的偏差随着时间的增加而变得任意小，这被称为渐近稳定性。

定义 2：渐近稳定性

式（A2-1）的稳态解 $\underline{x}_s$ 在恒定输入 $\underline{u}_s$ 下是渐近稳定的，如果存在一个值 $\varepsilon_2 > 0$ 使得

$$\| \underline{x}(0) - \underline{x}_s \| < \varepsilon_2$$

这意味着有

$$\| \underline{x}(t) - \underline{x}_s \| \to 0, \ t \to \infty$$

$\| \cdot \|$ 表示向量的大小，通常被确定为各个元素的平方和的平方根：

$$\| \underline{x} \| = \sqrt{\sum_{i=1}^{n} x_i^2}$$

考虑一个由于输入 $\underline{u}_s$ 而静止的系统，例如，选择了转向角的车辆。车辆应该完美地跟随一个圆圈。然而，世界并不完美，车辆的路径可能会受到风、道路干扰、倾斜等的影响。因此，圆圈也不会完美；车辆状态会有小的偏差。人们期望车辆是宽容的，这意味着这些小的偏差不会导致过度的车辆行为，而不需要驾驶员干预。这意味着我们期望车辆在偏航和漂移干扰方面是稳定的。我们定义

$$\underline{d}_x = \underline{x}(t) - \underline{x}_s$$

其中，$\underline{x}(t)$ 是 $\underline{u} = \underline{u}_s$ 时式（A2-1）的解。这个函数满足以下向量方程：

$$\underline{\dot{d}}_x = \underline{F}(\underline{x}(t), \underline{u}_s) - \underline{F}(\underline{x}_s, \underline{u}_s) \, t>0 \tag{A2-4}$$

假设 $\underline{F}$ 是可微的，并且假设 $\underline{x}(t)$ 接近 $\underline{x}_s$，这个方程可以近似为

$$\underline{\dot{d}}_x = D_x\underline{F}(\underline{x}_s, \underline{u}_s) \cdot \underline{d}_x, \ t>0 \tag{A2-5}$$

其中 $D_x\underline{F}$ 是 $\underline{F}$ 的雅可比矩阵：

$$(D_x\underline{F})_{ij} = \frac{\partial F_i}{\partial x_j} \tag{A2-6}$$

这个雅可比是一个 $n \times n$ 矩阵，时间上是恒定的。这意味着方程（A2-1）的解的行为可以在平衡（临界）点附近局部地通过线性 n 维微分方程来描述：

$$\underline{\dot{d}} = A \cdot \underline{d}, \ t>0 \tag{A2-7}$$

我们用矩阵 A 表示雅可比，并在向量函数 $\underline{d}(t)$ 中去掉了索引 x。式（A2-7）的解可以表示为指数函数的叠加：

$$\underline{d}(t) = \sum_{i=1:n} \underline{a}_i \cdot e^{\lambda_i t}, \ t>0 \tag{A2-8}$$

对于常数特征向量 $\underline{a}_i$，其中 λ_i 是（雅可比）矩阵 A 的特征值：

$$|A - \lambda_i I| = 0, \ i=1, 2, \cdots, n \tag{A2-9}$$

其中，I 是单位矩阵，对角线项等于一，所有其他元素为零。稳态解 $\underline{x}_s$ 的稳定性取决于这些特征值。如果至少有一个特征值的实部 $Re(\lambda)>0$，则 $\underline{d}(t)$ 将变得无限大。因此，将没有稳定性。另一方面，如果对于所有 $i=1, 2, \cdots, n$，$Re(\lambda) \le 0$，则 $\underline{x}_s$ 根据前面给出的定义是稳定的。如果对于所有 $i=1, 2, \cdots, n$，$Re(\lambda)<0$，则 $\underline{d}(t) \to 0$ 且 $\underline{x}_s$ 是渐近稳定的。

A2.2　二维系统动力学

让我们考虑 $n=2$ 的情况。这允许我们在二维中绘制解曲线，即绘制 x_1 与 x_2，或者如果我们只考虑从平衡解的偏差，则绘制 d_1 与 d_2。这种解曲线的绘制被称为相平面，解曲线被称为轨迹。从式（A2-7）开始意味着我们考虑在平衡解附近等于 $d=0$ 的解曲线，这导致在 $\underline{x} = \underline{x}_s$ 附近与式（A2-1）相同的局部行为。前面的讨论解释了临界点附近的局部行为，就系统矩阵 A（非线性方程组的情况下为右侧的雅可比）的特征值而言。我们现在最多有两个特征值（λ_1 与 λ_2），这意味着我们可以根据不同情况识别这种局部行为，取决于特征值是实数还是非实数，以及特征值的实部是正数、零还是负数。一个特征值等于零的情况对应于矩阵 A 是奇异的。

（1）λ_1 与 λ_2 都是实数，且 $\lambda_1 \cdot \lambda_2 < 0$。

当一个特征值是正的，另一个是负的时，局部解由以下描述：

$$\underline{d}(t) = \underline{a}_1 \cdot e^{\lambda_1 t} + \underline{a}_2 \cdot e^{\lambda_2 t} \tag{A2-10}$$

这部分解试图接近原点 0，而解的另一部分试图远离它。如果 $\lambda_1<0$，则 (d_1, d_2) 平面上沿着 $\underline{a}_1$ 方向的所有解都在向 0 移动。这是唯一一个发生这种情况的方向。所有其他方向都会有 $\underline{d}(t)$ 的第二部分的一部分，并且在首先接近 0 后，将改变方向并再次远离 0。唯一立即远离的解曲线的方向是由 $\underline{a}_2$ 给出的。绘制解曲线的结果如附图 2-1 所示。虚线对应于向量 $\underline{a}_1$ 和 $\underline{a}_2$，其中交点是临界点。解曲线（实线）接近这个点但从未到达它，弯曲远离它。具有这

种局部行为的临界点被称为鞍点。

（2）λ_1 与 λ_2 都是实数，且 $\lambda_1 \cdot \lambda_2 > 0$，且 $\lambda_1 \neq \lambda_2$。

两个特征值都是正的或负的。这意味着所有轨迹都远离临界点（轨迹的源）或接近它（轨迹的汇）。假设所有轨迹都接近稳态点，即特征值是负的。式（A2-10）中的每一项都趋于零。具有最小绝对值的特征值的项在接近 0 时占主导地位。当其他项已经相当小的时候，它仍然在远离零的地方具有显著的值。绘制解曲线的结果如附图 2-2 所示。两条虚线再次对应于特征向量 $\underline{a}_1$ 和 $\underline{a}_2$。大多数曲线沿着具有最小绝对值的特征值的线进入。具有这种局部行为的临界点被称为双侧节点。

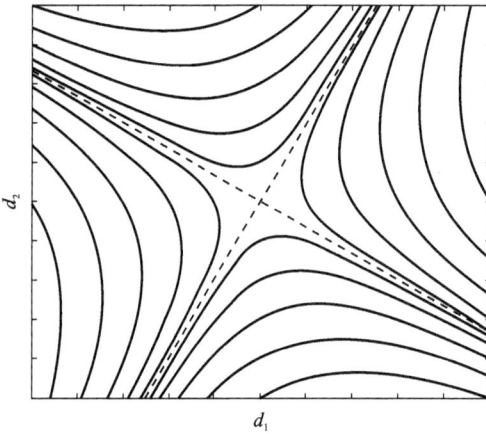
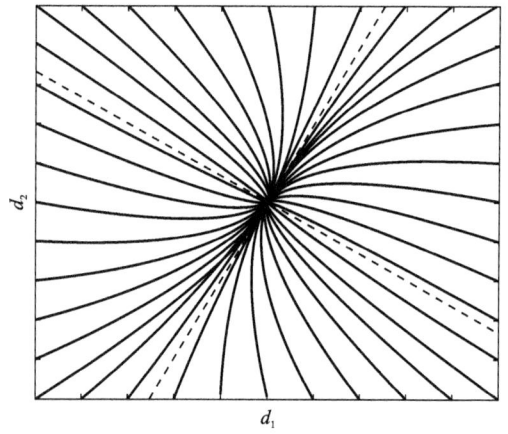

附图 2-1　$\underline{d}(t)$ 在系统关键点附近时的行为（鞍点）

附图 2-2　$\underline{d}(t)$ 在系统关键点附近时的行为（双侧节点）

（3）λ_1 与 λ_2 都是实数，且 $\lambda_1 = \lambda_2$。

这里有两种可能性：特征值可以有重数为 1 或 2 的重根。重数为 2 意味着 IR^2 中的所有向量都是特征向量。这种情况唯一可能发生的方式是当矩阵 $\boldsymbol{A}$ 是一个对角线项相同的对角矩阵。在这种情况下，式（A2-7）的任意解由以下给出：

$$\underline{d}(t) = \boldsymbol{a} \cdot e^{\lambda_1 t}$$

这意味着向量 $\underline{d}(t)$ 沿着直线向临界点 0 移动（如果 $\lambda_1 < 0$）或远离 0（如果 $\lambda_1 > 0$）。因此，局部行为是星形的，如附图 2-3 所示，临界点被称为星形。对于重数为 1，意味着特征向量的集合是一维的，式（A2-7）的一般解可以写成

$$\underline{d}(t) = [C_1 \cdot \underline{a}_1 + C_2 \cdot \underline{a}_2] \cdot e^{\lambda_1 t} + C_2 \cdot \underline{a}_2 \cdot t \cdot e^{\lambda_2 t}$$

对于任意系数 C_1 和 C_2，特征向量 $\underline{a}_1$，以及一些依赖于 $\underline{a}_1$ 的向量 $\underline{a}_2$。现在，所有轨迹都沿着一条线向或远离临界点移动，由特征向量 $\underline{a}_1$ 的方向给出。这被称为单侧节点（附图 2-4）。

（4）λ_1 与 λ_2 都是非实数，且 $\lambda_1 = \lambda_2$，$Re(\lambda_i) \neq 0$，$i = 1, 2$。

特征值是复数并且互为共轭（实部相同，虚部相反）。我们得到式（A2-7）的解的形式为

$$\underline{d}(t) = e^{\mu_1 \cdot t} [\underline{a}_1 \cdot \cos(\mu_2 \cdot t) + \underline{a}_2 \cdot \sin(\mu_2 \cdot t)] \tag{A2-11}$$

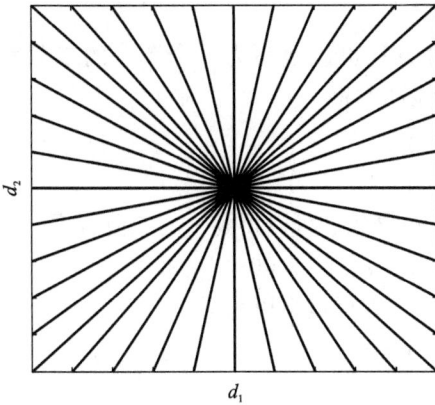

附图 2-3　$\underline{d}(t)$ 在系统
关键点附近时的行为（星形）

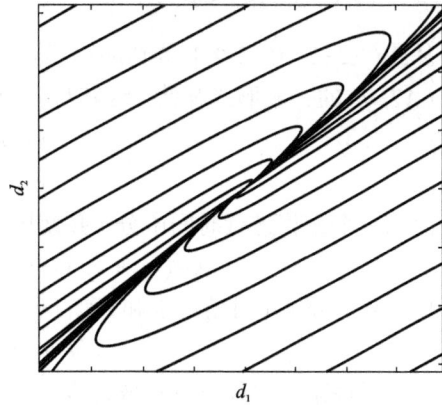

附图 2-4　$\underline{d}(t)$ 在系统
关键点附近时的行为（单侧节点）

其中，特征值 λ_i 用实数 μ_1 和 μ_2 表示。

$$\lambda_i = \mu_1 \pm \mu_2 \cdot i$$

对于一些向量 $\underline{\boldsymbol{a}}_1$ 和 $\underline{\boldsymbol{a}}_2$。虚部 μ_2 对应于径向特征频率。解曲线（轨迹）分别在 $\mu_1<0$ 和 $\mu_2>0$ 时螺旋形进入（汇）和外出（源）围绕临界点（附图 2-5）。具有这种局部行为的临界点被称为焦点或螺旋点。

（5）λ_1 与 λ_2 都是非实数，且 $Re(\lambda_i)=0$。

这是最后一个案例，特征值是纯虚数。式（A2-11）现在变为

$$\underline{d}(t) = \underline{\boldsymbol{a}}_1 \cdot \cos(\mu_2 \cdot t) + \underline{\boldsymbol{a}}_2 \cdot \sin(\mu_2 \cdot t) \tag{A2-12}$$

因此，解 $\underline{d}(t)$ 没有衰减到零或无界增长。临界点既不是汇也不是源，轨迹以椭圆的形式围绕这个点移动，如附图 2-6 所示。具有这种局部行为的临界点被称为中心点。

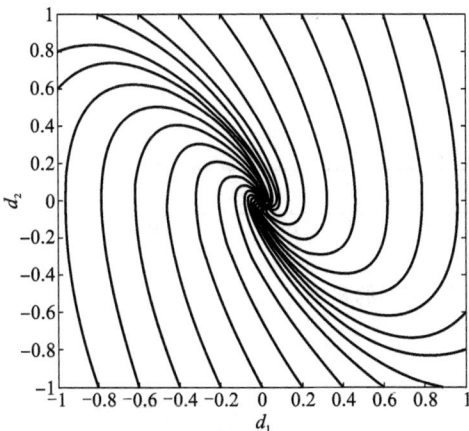

附图 2-5　$\underline{d}(t)$ 在系统
关键点附近时的行为（焦点）

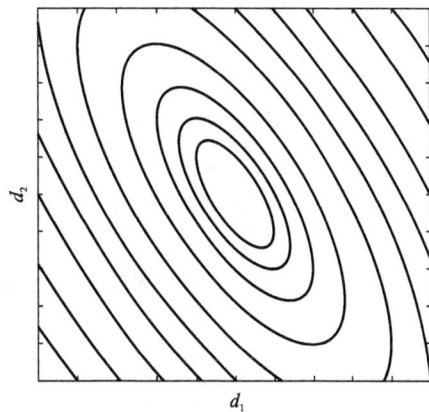

附图 2-6　$\underline{d}(t)$ 在系统
关键点附近时的行为（中心点）

A 2.3 标准形式的二阶系统

从式(A2-7)在二维中得到的一组两个一阶线性方程可以重写为一个单一的二阶系统。从式(A2-7)的一般形式开始,将其写成两个耦合的线性方程:

$$\dot{x} = a_{11} \cdot x + a_{12} \cdot y$$
$$\dot{y} = a_{21} \cdot x + a_{22} \cdot y$$

对第一个方程进行时间微分,并使用两个方程进行替换,可以得到 x 的二阶方程:

$$\ddot{x} - (a_{11} + a_{22}) \cdot \dot{x} + (a_{11} \cdot a_{22} - a_{12} \cdot a_{21}) \cdot x = 0$$

用矩阵 A 的迹(对角项之和)和行列式来表示,这个方程也可以写成:

$$\ddot{x} - tr(A) \cdot \dot{x} + |A| \cdot x = 0$$

二阶线性微分方程可以写成标准形式:

$$\ddot{x} - 2 \cdot \zeta \cdot \omega_0 \cdot \dot{x} + \omega_0^2 \cdot x = 0 \qquad (A2-13)$$

其中, $\omega_0 > 0$ 和 ζ 分别是无阻尼自然频率和阻尼比。式(A2-13)的一般解可以表示为

$$x = C_1 \cdot e^{\lambda_1 t} + C_2 \cdot e^{\lambda_2 t}$$

其中, C_1 和 C_2 为待定系数。

$$\lambda_{1,2} = -\zeta \cdot \omega_0 \pm \omega_0 \cdot \sqrt{\zeta^2 - 1} \qquad (A2-14)$$

显然,如果 $\zeta > 1$,所有解将单调地衰减到 0,这对应于 A 2.2 节中的(2)。如果 $0 < \zeta < 1$,解将以振荡的方式衰减到 0,这对应于 A 2.2 节中的(4)。阻尼的径向特征频率(ω)由以下给出:

$$\omega = \omega_0 \cdot \sqrt{1 - \zeta^2} \qquad (A2-15)$$

我们在附图 2-7 中绘制了式(A2-13)的解,初始值为 $x(0) = 1$ 和零初始斜率。

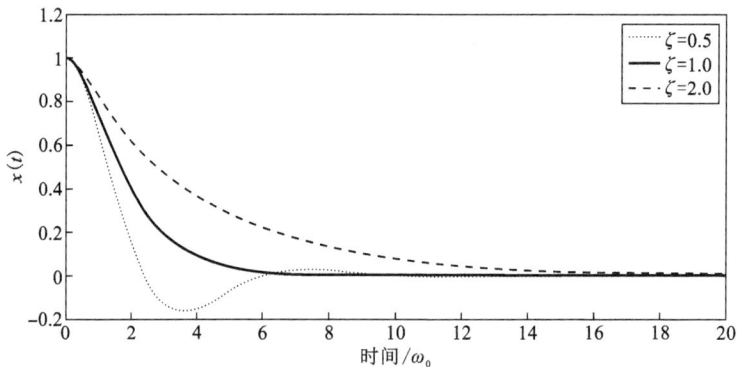

附图 2-7 二阶系统在不同阻尼时的响应

附录3　伯德图

假定线性微分方程的解在 s 域中的传递函数可以写成以下形式：

$$G(s) = \frac{K}{s^n} \cdot \frac{S_1 \cdot S_2 \cdots S_k \cdot Q_1 \cdot Q_2 \cdots Q_l}{S_{k+1} \cdot S_{k+2} \cdots Q_{l+1} \cdot Q_{l+2} \cdots Q_{l+n}} \quad (A3-1)$$

其中，n，l，$k \geqslant 0$，S_i 和 Q_j 是 s 的线性和二次表达式。

$$S_i = s \cdot \tau_i + 1 \quad (A3-2)$$

$$Q_j = \left(\frac{s}{\omega_j}\right)^2 + 2 \cdot \zeta_j \cdot \omega_j + 1 \quad (A3-3)$$

假定参数 τ_i、ω_j 和 ζ_j 都是正数。式（A3-2）和（A3-3）决定了传递函数 $G(s)$ 的极点（特征值，特征频率）和零点。在这里采用 Van de Vegte 对伯德图的处理方法。对于输入 $u(s)$，可以在 s 域中找到形式为 $x(s)$ 的解：

$$x(s) = G(s) \cdot u(s) \quad (A3-4)$$

这是通过对微分方程进行拉普拉斯变换得到的。考虑时间域中的复数输入：

$$u(s) = A \cdot e^{i \cdot \Omega \cdot t} \quad (A3-5)$$

可以找到形式为 $x(t)$ 的时间域解：

$$x(t) = M(\Omega) \cdot A \cdot e^{i \cdot \Omega \cdot t} \quad (A3-6)$$

因此，振荡（例如，正弦波）输入将导致强迫响应也是振荡的（正弦波），其幅度增加了一个因子 M，相位移动了一个角度 φ，这两个都取决于强迫输入频率 Ω。将式（A3-5）和式（A3-6）与式（A3-4）进行比较，可以得出，乘法因子 M 对应于传递函数 $G(s)$ 的幅度，其中 s 被替换为 $i \cdot \Omega$：

$$M(\Omega) = |G(i \cdot \Omega)|$$

这个幅度通常用分贝（dB）表示：

$$M_{dB} = 20 \cdot \lg M$$

输出和输入之间的相位角 φ 对应于频率传递函数 $G(i \cdot \Omega)$ 的参数。

一组伯德图显示了 M 与 Ω 和 φ 与 Ω 的对应关系。对于非常小的 Ω，M 将对应于稳态增益 M_0。对于大的 Ω，预计系统无法再跟随输入，这将导致 M 的值很小，φ 的值很大（大相位移动）。

若 $G(i \cdot \Omega)$ 是具有幅度 M_j 和相位 φ_j 的因子的乘积时，可以表示如下

$$G(i \cdot \Omega) = \prod_j M_j e^{i \cdot \varphi_j}$$

可以得出

$$M_{dB} = 20 \cdot \sum_j \lg M_j \varphi = \sum_j \varphi_j$$

因此，可以从式（A3-1）的基本元素的幅度和相位组成伯德图，包括增益、积分器、微分器、一阶和二阶超前[式（A3-1）的分子]，以及滞后[式（A3-1）的分母]。

1）简单增益 K 环节
对于简单的增益 K 情况，幅度和相位被发现是与 Ω 无关的：

$$M_{dB} = 20 \cdot \lg K = 0$$

2)纯积分环节

在纯积分的情况下,传递函数 G 由下式给出:

$$G(i \cdot \Omega) = \left(\frac{1}{i \cdot \Omega}\right)^n$$

其中,n 为正整数。传递函数的幅度和相位分别是

$$M_{dB} = 20 \cdot \lg |i \cdot \Omega|^{-n} = -20 \cdot n \cdot \lg \Omega \quad \varphi = -n \cdot \frac{\pi}{2}$$

在对数刻度(对于 Ω)上,幅度与频率是一条直线,通过点 $(\Omega, M_{dB}) = (1, 0)$,斜率为 $-20n$ dB。通过选择 $n < 0$,我们得到一个微分器,导致在幅度和相位图上的图表是积分器的镜像,相对于 0 dB 和 0°线。

3)纯滞后环节

在纯滞后的情况下,频率传递函数由下式给出:

$$G(i \cdot \Omega) = \frac{1}{i \cdot \Omega \cdot \tau + 1}$$

对于低频情况,可以发现当 Ω 趋于 0 时,有

$$M_{dB} \to 0, \quad \varphi \to 0$$

对于高频情况,可以发现当 Ω 趋于无穷时,有

$$M_{dB} \to -20 \cdot n \cdot \lg \Omega - 20 \cdot n \cdot \lg \tau \varphi \to -\frac{\pi}{2}$$

两个近似值在对数刻度上的幅度图上都是直线,交点在 $\Omega \cdot \tau = 1$。一阶滞后的伯德图如附图 3-1 所示。

我们在这里对延迟进行一个说明,它在频域中被描述为

$$G(i \cdot \Omega) = e^{-i \cdot \Omega \cdot \tau_R}$$

对于小的延迟时间 τ_R(通常为 0.1 s 到 0.3 s),可以用一个简单的滞后近似(泰勒级数展开):

$$G(i \cdot \Omega) = \frac{1}{i \cdot \Omega \cdot \tau_R + 1}$$

对于不是太高的频率(Ω)及更高的频率,主要的区别是增益的变化(延迟时恒定,对于简单滞后则降低到较低的值)和相位。如附图 3-1 所示,简单滞后的相位在非常大频率时下降到 $-\pi/2$,而延迟的相位($-\Omega\tau_R$),可能导致非常大的负值。

4)纯超前环节

在纯超前的情况下,频率传递函数由下式给出:

$$G(i \cdot \Omega) = i \cdot \Omega \cdot \tau + 1$$

其响应特性在低频率时与原信号是类似的,而高频时($\Omega \to \infty$)则由下式给出:

$$M_{dB} \to 20 \cdot n \cdot \lg \Omega + 20 \cdot n \cdot \lg \tau \varphi \to \frac{\pi}{2}$$

同样,两个近似值在对数刻度上的幅度图上都是直线,交点在 $\Omega \cdot \tau = 1$;然而,在这里,幅度随着频率 Ω 的增加而增加。纯超前环节的伯德图(对于相同的 τ 值)也如附图 3-1 所示。

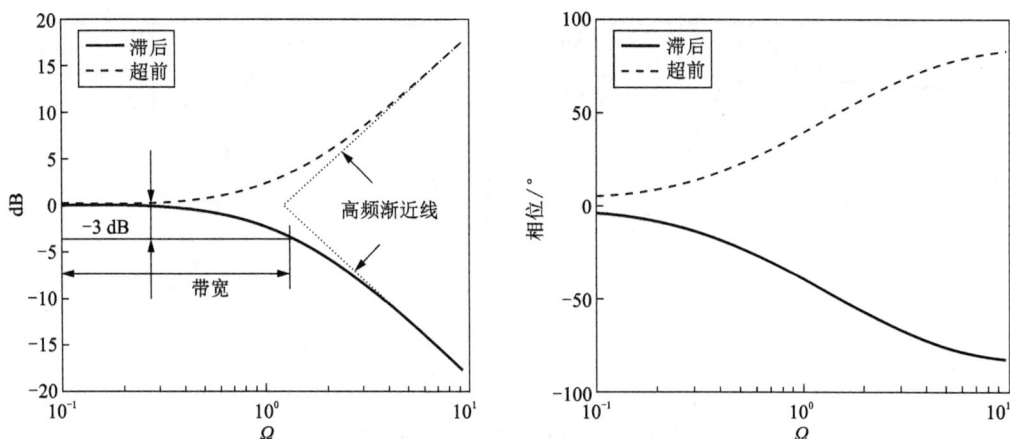

附图 3-1　一阶滞后和超前环节的伯德图

5）二次滞后环节

在二次滞后的情况下，频率传递函数由下式给出［见式（A3-3）］：

$$G(i \cdot \Omega) = \frac{1}{\left(i \cdot \zeta \cdot \frac{\Omega}{\omega}\right)^2 + 2 \cdot \zeta \cdot \frac{\Omega}{\omega} + 1}$$

从而有

$$M(\Omega) = \left[\left(1 - \left(\frac{\Omega}{\omega}\right)^2\right)^2 + \left(\frac{2 \cdot \zeta \cdot \frac{\Omega}{\omega}}{\omega}\right)^2 \right]^{-\frac{1}{2}} \qquad \varphi(\Omega) = -\arctan \frac{2 \cdot \zeta \cdot \frac{\Omega}{\omega}}{1 - \frac{\Omega^2}{\omega^2}}$$

对于小频率(Ω)，幅度接近 0 dB，相位趋向于 0°，系统响应类似于简单滞后。对于非常大的Ω，$M(\Omega)$的响应是Ω的二次方：

$$M_{dB} \rightarrow -40 \cdot \lg\left(\frac{\Omega}{\omega}\right) \varphi \rightarrow -\pi$$

我们为不同的ζ值描绘了如附图 3-2 所示的二次滞后响应。特别注意$\Omega = \omega$附近的共振特性，以及大Ω和小Ω的所对应的系统响应特性。

引入增益裕度GM和相位裕度φ_m来总结这个部分，对于开环传递函数$G(s) = G(i \cdot \Omega) = e^{-i \cdot \Omega \cdot \tau_R}$。考虑如附图 3-3 所示的闭环系统，它描述了驾驶员对来自车辆性能输出x（即路径偏差、偏航率、横向加速度）的反馈的控制。频域中的开环传递函数表示为$G(i \cdot \Omega)$。根据这个功能块图，我们得到

$$x = G(s) \cdot (u - x)$$

因此有

$$x = T(s) \cdot u = \frac{G(s)}{1 + G(s)} u \tag{A3-7}$$

特征方程由下式给出：

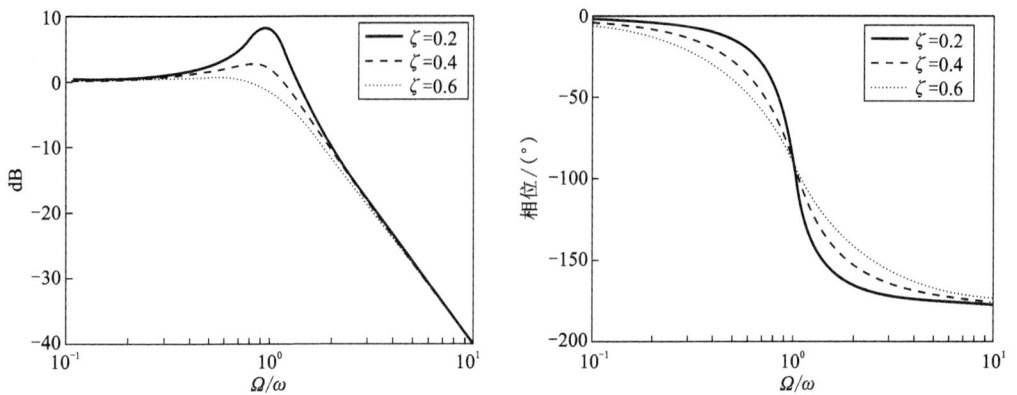

附图 3-2 不同阻尼的二阶滞后环节

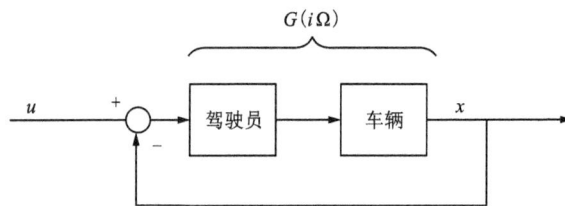

$G(i\Omega)$

附图 3-3 车辆–驾驶员闭环系统

$$1+G(s)=0 \qquad (A3-8)$$

如果式(A3-8)的解 s_i 存在正实部,即位于复数 s 平面的右半部分,那么系统是不稳定的。在这种情况下,使用部分分数将式(A3-7)逆变换到时间域将导致 $x(t)$ 中的指数贡献 $e^{\lambda t}$,其中 $Re(\lambda)>0$,即产生无界解。让 $s=i\cdot\Omega$ 沿着虚轴移动,意味着环绕这些点 s_i,因此通过 $1+G(s)$ 环绕原点,这与通过 $G(i\cdot\Omega)$ 环绕 $G=-1$ 是相同的。当 Ω 沿着实轴增加时,$G(i\cdot\Omega)$ 的图像称为极坐标图。因此,稳定性的临界条件是极坐标图刚好通过 $G=-1$ 的点。这意味着闭环传递函数 $T(i\cdot\Omega)$ 的分母消失:

$$|G(i\cdot\Omega)|=1,\ \arg[G(i\cdot\Omega)]=\pm\pi$$

作为例子,我们取

$$G(s)=\frac{1}{(s+a)^2\cdot(s+1)} \qquad (A3-9)$$

对于 $a>0$,我们在附图 3-4 中为 $s=i\Omega$ 绘制了 $G(s)$,并在附图 3-5(波特幅度图)中绘制了 $a=0.2,0.3$ 和 0.4 相应闭环传递函数的幅度。显然,对于通过 $G=-1$ 的极坐标图,当参数 a 接近 0.3(实际上,$a=0.2972$)时,闭环传递函数变得无界。对于较小的 a 值,相应的闭环系统是不稳定的。这个结果被称为简化的 Nyquist 准则。

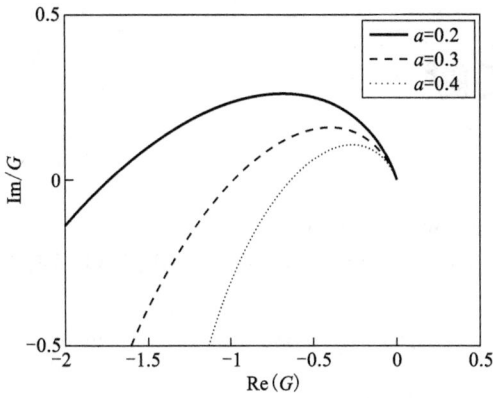

附图 3-4　式(A3-9)对应的传函极坐标曲线

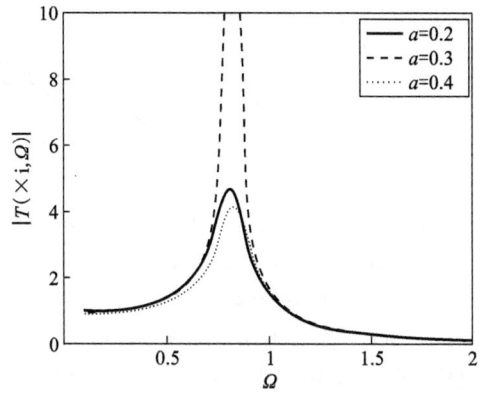

附图 3-5　式(A3-9)对应的传函幅值曲线伯德图

　　该准则指出，对于一个没有右半 s 平面极点的开环传递系统 $G(s)$，相应的闭环系统只有在极坐标图通过右侧的-1 点时才稳定。这意味着，如果极坐标图与负实轴相交，它将在幅度小于 1 的点相交。定义增益裕度 GM 为 $G(i\Omega)$ 的倒数幅度，当相位 $\varphi=-2\pi$ 时，$GM_{dB}=20\times\log$(GM)，这意味着在 $\varphi=-2\pi$ 时，$M(\Omega)<1$，因此 $GM_{dB}>0$。附图 3-6 中的极坐标图和附图 3-7 中的波特幅度和相位图中都指出了增益裕度和相位裕度。

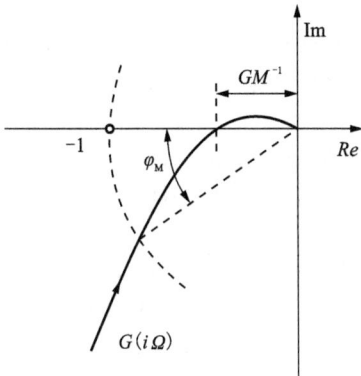

附图 3-6　式(A3-9)对应的
增益边际与相位边际极坐标曲线

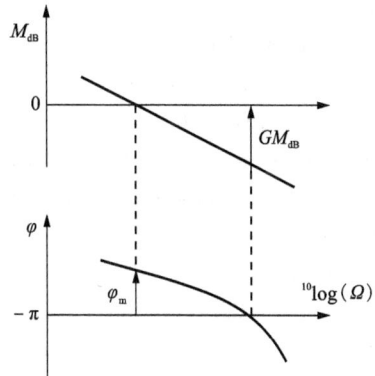

附图 3-7　式(A3-9)对应的
增益边际与相位边际伯德图

参考文献

[1] H. B. Pacejka, Tyre and Vehicle Dynamics, (Elsevier-Butterworth Heinemann), 2004.

[2] R. N. Jazar, Vehicle Dynamics: Theory and Application. New York, NY: Springer New York, 2014. doi: 10.1007/978-1-4614-8544-5.

[3] R. Rajamani, Vehicle Dynamics and Control. in Mechanical Engineering Series. Boston, MA: Springer US, 2012. doi: 10.1007/978-1-4614-1433-9.

[4] M. Guiggiani, The Science of Vehicle Dynamics: Handling, Braking, and Ride of Road and Race Cars. Cham: Springer International Publishing, 2018. doi: 10.1007/978-3-319-73220-6.

[5] J. P. Pauwelussen, Essentials of vehicle dynamics. Oxford: Elsevier/Butterworth-Heinemann, 2015.

[6] R. Marino and S. Scalzi, "Asymptotic sideslip angle and yaw rate decoupling control in four-wheel steering vehicles," Veh. Syst. Dyn., vol. 48, no. 9, pp. 999-1019, 2010.

[7] G. Warth, M. Frey, and F. Gauterin, "Usage of the cornering stiffness for an adaptive rear wheel steering feedforward control," IEEE Trans. Veh. Tech., vol. 68, no. 1, pp. 264-275, Jan. 2019.

[8] S. Wagner, J. M. Schilling, J. L. Braun and G. Prokop, "Design and assessment of optimal feedforward control for active steering configurations in passenger vehicles," Veh. Syst. Dyn., vol. 55, no. 8, pp. 1123-1142, 2017.

[9] A. Tahouni, M. Mirzaei and B. Najjari, "Novel constrained nonlinear control of vehicle dynamics using integrated active torque vectoring and electronic stability control," IEEE Trans. Veh. Tech., vol. 68, no. 10, pp. 9564-9572, Oct. 2019.

[10] J. Ahmadi, A. K. Sedigh, and M. Kabganian, "Adaptive vehicle lateral-plane motion control using optimal tire friction forces with saturation limits consideration," IEEE Trans. Veh. Tech., vol. 58, no. 8, pp. 4098-4107, Oct. 2009.

[11] H. E. B. Russell and J. C. Gerdes, "Design of variable vehicle handling characteristics using four-wheel steer-by-wire," IEEE Trans. Control Syst. Technol., vol. 24, no. 5, pp. 1529-1541, Sept. 2016.

[12] T. Shim and C. Ghike, "Understanding the limitations of different vehicle models for roll dynamics studies," Veh. Syst. Dyn., vol. 45, pp. 191-216, 2007.

图书在版编目(CIP)数据

汽车动力学原理与性能仿真 / 欧阳鸿武主编. --长沙：
中南大学出版社, 2025.5. --ISBN 978-7-5487-6142-6

Ⅰ. U461.1

中国国家版本馆 CIP 数据核字第 2025074DN0 号

汽车动力学原理与性能仿真
QICHE DONGLIXUE YUANLI YU XINGNENG FANGZHEN

主　编　欧阳鸿武

副主编　李　洲　吴　洋

□出 版 人　林绵优
□责任编辑　谭　平
□责任印制　唐　曦
□出版发行　中南大学出版社

　　　　　　社址：长沙市麓山南路　　　　　邮编：410083
　　　　　　发行科电话：0731-88876770　　传真：0731-88710482
□印　　装　广东虎彩云印刷有限公司

□开　　本　787 mm×1092 mm 1/16　□印张 13.75　□字数 347 千字
□版　　次　2025 年 5 月第 1 版　　　　□印次 2025 年 5 月第 1 次印刷
□书　　号　ISBN 978-7-5487-6142-6
□定　　价　68.00 元

图书出现印装问题，请与经销商调换